과학의 역사

제3권 현대편

J. D. 버날 지음/김성연 · 이덕희 · 김상민 옮김

한울

Science in History

Volume 3 : The Natural Sciences in Our Time

J. D. Bernal

The M.I.T. Press Cambridge, Massachusetts, 1971

감사의 말

본서는 필자에게 조언을 해주고, 정보에 접근하는 데 방향을 잡아 주었던 본인의 많은 지우들과 버크벡대학 동료들의 도움이 없었다면 쓰여질 수 없었을 것이다.

특히 나는 E. H. S. Burhop박사, Emile Burns씨, V. G. Childe교수, Maurice Cornforth씨, Cedric Dover씨, R. Palme Dutt씨, W. Ehrenberg 박사, B. Farrington교수, J. L. Fyfe씨, Christopher Hill씨, S. Lilley박사, J. R. Morris씨, J. Needham박사, D. R. Newth박사, M. Ruhermann 박사, G. Thomson교수와 Dona Torr교수께 감사드려야겠다. 그분들은 본서가 출판되기 이전에 본서의 여러 부분을 읽어보고 평을 해주었다. 필자는 그분들이 비판한 부분은 다시 쓰려 하였다. 그렇지만 그분들은 다시 완성된 원고는 살펴보지 않았으며, 본인이 표현한 명제나 견해에 대해 그분들은 어떤 의미에서도 책임이 없다.

그리고 필자는 본인의 비서인 A. Rimel양과 그녀를 도와준 Y. Fergusson 여사 및 R. Clayton양께 본서의 기술적인 준비작업——거의 여섯 번이나 전체적으로 원고를 다시 쓰다시피한 상당한 작업이었다.——과 색인 작성작업을 도와준 데 대하여 특별히 감사의 말을 전하고 싶다.

필자는 또 왕립 학술원, 왕립의과대학, 런던대학교, 버크벡대학, 동양 -아프리카 연구학교 등의 사서님들과 런던과학박물관의 관장님 및 임직원님들께 고마움을 표시하고 싶다.

마지막으로 필자는 Francis Aprahamian씨에게 꾸준히 집필하는 데 필요한 단행본, 인용문을 비롯한 기타 일차자료를 모이 주고 초고와 교정쇄를 교정보아준 데 대하여 고마움을 전하고 싶다. 그의 도움이 없었더라면 필자는 결코 이만한 분량의 책을 만들 엄두도 내지 못했을 것이다.

1954년
J. D. 버날

일러두기

본서의 초판에서 필자는 각주의 사용을 피했다. 그러나 몇차례 재판을 찍으면서 *표시로 몇개의 주를 첨가하였다.

본서의 참고문헌의 일련번호는 각권의 끝부분에 있는 참고문헌목록을 보라. 참고문헌목록은 본서의 구성에 맞추어 8부로 구성되어 있다. 참고문헌목록의 7부에는 본서의 서론과 12장, 13장――사회과학부분――에 관계되는 문헌이 실려 있다.

참고문헌은 다음과 같은 순서로 표시하였다. 처음의 수자는 인용된 책이 몇부에 속하는지를 나타내며 두번째 수자는 인용된 책의 번호를 나타내고, 세번째 수자는 인용된 책의 페이지를 나타낸다. 예를 들어 7. 22.56은 참고문헌목록 제7부의 22번 문헌, 즉 Chambers가 쓴 *Thomas More* 중 p. 56를 인용했음을 나타낸다.

옮긴이 일러두기

1. ( ) 속에 있는 말들 중 옮긴이가 첨가한 부분은 '―옮긴이'라고 표기했으며, 나머지는 모두 원저자의 말이다.

2. *Science in History*의 다른 곳에 관련된 논의가 나와있을 경우에는 본번역서에 포함된 부분은 (p. xx)로 표기하였으며, 본번역서에 포함되지 않은 부분은 (X장 X절)로 표기하였다. 예를들어 (10장 8절)로 표기되어 있을 경우에는 *Science in History* 10장 8절에 관련된 논의가 나와있음을 나타내면, (p. 120)으로 표기되어 있을 경우에는 본번역서의 p. 120에 관련된 논의가 나와있음을 나타낸다.

과학의 역사 제3권/차례

과학의 역사 전권의 차례

제 1 권

제 1 부 과학의 탄생과 성격

제 2 부 고대 세계의 과학

제 3 부 신앙 시대의 과학

제 2 권

제 4 부 근대 과학의 탄생

제 5 부 과학과 산업

제 8 부 결 론

제 6 부

20세기의 과학

제 6 부

20세기의 과학

20세기의 배경 : 과학의 혁명과 사회의 혁명

현대로 오면 역사는 우리가 기억하고 있는 경험들과 뒤섞인다. 현재 우리는, 주역들이 아직 살아서 활동중인 사건들과 밀착해 있고 그런 미해결의 갈등들을 지켜보고 있다. 따라서 우리는 현재 일어나는 사건을 이해하고 또한 과학과 사회의 진전의 의미를 분석하고 판단하는 데 어려움을 겪는다. 그래도 이러한 노력들은 행해져야 한다. 왜냐하면 대개의 역사가들은 공정한 평가가 허용되기까지 최근 시기를 다루기를 회피해 왔지만 여기서는 두 가지 이유로 그러기가 불가능하기 때문이다. 이 책과 같이 과학과 사회세력간의 관계를 보여주려는 책은 그 관계들이 이전의 역사로부터 어떻게 생겨났는가를 우리가 지금 그것을 발견하는 것처럼 보여줄 수 있을 때만 유효하다. 현대와 과거 사이에 어떤 틈도 허용될 수 없다. 그러나 20세기의 과학이야기를 빠뜨리는 것은 전체 논의 중 가장 중요한 부분을 제외하는 것이다. 왜냐하면 과학이 본모습을 드러낸 것은 20세기이기 때문이다. 지난 60년 동안에 이루어진 과학의 업적은 이전의 전체 역사에서 이루어진 것보다 훨씬 많다. 그리고 이것은 양적인 성장만이 아니다. 동시에 생물과 무생물의 기본 성질에 대한 지식은 과거의 어느 시기와도 비교될 수 없을 만큼 크게 진보했다. 우리는 20세기를 제2의 **과학혁명기**라고 해도 무리가 없을 것이다.* 더구나 이것은 이 책의 목적과 보다 가까와지는 것인데,

---

* 필자에 대한 비평가 중의 일부는 "20세기를 제2차 과학혁명기"라고 평가한 말의 정당성을 의심한다. 그것은 이 시기에는 고전시대와 르네상스시대 사이에 발생한 것과 같은 연구의 불연속이 없고 발전속도가 현저하게 둔화되지도 않았기 때문이다. 그런데 혁명이나 연속성이란 용어는 불가피하게 상대적이다. 필자는 심지어 르네상스와 중세사고방식의 연속성을 평가절하했다고 비판받기도 했다. 그러나 우리가 어떤 경우에 혁명이란 용어를 승인한다면 다른 경우에도 승인해야 된다고 필자는 생각한다. 지구의 혁명과 피의

왜냐하면 역사상 처음으로 과학과 과학자가 그 시대의 경제·산업·군사적 발전에 직접적이고 명백하게 관계하게 되었기 때문이다.

문제는 앞에 서술한 장에서처럼 과학이 역사의 흐름에 어떠한 영향을 끼쳤는가를 논증하는 것이 아니다. 과거에 과학의 영향은 충분히 실재했지만 확인되지는 않았다. 과학은 화려하고 흥미는 있지만 역사의 주류와는 거리가 먼 부속물로 여겨질 위험이 있었다. 20세기의 절반이 지난 지금은 정반대의 위험이 있다. 20세기에 이미 목격된 전쟁과 혁명 같은 공포스럽고 혼란스런 변화들에 내재하는 선악의 책임을 너무 많이 과학에 돌리려고 한다.

과학과 사회에서의 혁명이 동시에 일어난 것은 우연이 아니지만, 한 쪽을 다른 쪽의 결과로 보는 것은 너무 단순한 견해이다.* 과학과 사

순환, 망원경과 진공펌프, 그리고 이들이 의미하는 기존 관념의 전복에 저항하여, 우리는 생화학 과정과 세포내부구조, 전자현미경과 전자계산기뿐 아니라 핵 원자, 상대성,양자론의 발견을 강행하는지도 모른다. 이에 원자분열과 텔레비전에서 질병의 통제까지 모든 과학적 활동과 적용의 갑작스런 가속화를 첨가했을 때, 이것이 과학혁명이 아니라면 어느 것도 과학혁명이라고 할 수 없을 것이다. 그럼에도 불구하고 두 혁명이 맞먹을 수 없다는 주장은 다른 의미에서 사실일 수도 있다. 1차혁명은 실제로 과학의 방법을 발견했지만, 2차혁명은 그것을 단지 응용했을 뿐이다. 20세기의 새로운 혁명적 성격은 과학에만 한정될 수는 없다. 그것은 우리 시대에야 비로소 과학이 산업과 농업을 지배하게 되었다는 사실이다. 그 혁명은 아마 더욱 정확하게는 제1차 과학기술혁명이라 할 수 있을 것이다 (p. 31).

* 리히터 박사(Dr. Richter)는 과학에서의 혁명과 사회에서의 혁명이 부합된다는 필자의 주장에 반대한다. 필자가 여기서 실제로 말한 것은 두 혁명이 거의 동시에 일어난다는 점이다. 사실 과학혁명은 정치혁명에 비해 20년 먼저 시작되었다. 그러나 필자는, 과학혁명이 실제로 정치혁명을 초래했다고 말할 생각은 없다. 필자가 설명하는 대로 과학혁명이 기반한 이론적 개념은 최초의 획기적인 실험의 진전 이후로 계속 발전했다. 가스방전과 전자의 성질에 관한 연구는 고전물리학이론을 수정했다. 따라서 양자론과 상대성이론은 원래 정치적 분위기 때문에 나온 것이 아니고, 필자가 지적한 것처럼, 상대적으로 부차적인 산업적 응용을 통해서 내적으로 결정되고 도움을 받았다. 그러나 어떤 직접적 관계, 즉 과학과 과학의 적용에 대한 레닌의 관심은 대단히 중요했다. 레닌의 관심은, 이론적으로는 그의 『유물론과 경험론비판』

회의 상호작용은 미묘하고 상대적이며 이를 해명하는 것이 이 책의 주된 과제가 될 것이다. 사건들의 주요 전환점에서 우리가 확인해야 될 것은 과학발전의 일반적 방향과 속도를 결정하는 데 사회경제적 세력이 조력했다는 것, 그리고 거꾸로 과학상의 발견이 경제적·정치적 사건들의 진로를 크게 변화시켰다는 점들이다.

이행의 시대

광장하고 급격하며 혼란스러운 사건이라도 거기에는 일반적인 양식이 존재한다. 우리는 아직 해결되지 않은 갈등의 와중에서 한 사회로부터 다른 종류의 사회로 이행하는 전환기에 살고 있다. 1917년 처음 나타난 세계의 분열은 낡은 사회형태와 새로운 사회형태 사이의 첨예한 대립을 나타냈다. 그런데 그것은 19세기의 단지 외면적으로만 균일한 사회 속에 숨어 있던 모순이 표면화한 데 불과했다. 갈등이 무엇을 의미하며 어떤 결과를 초래할까에 대해서는 사람마다 다르게 느낄지 모르지만, 누구도 그 갈등의 존재를 부정할 수 없다. 300년 전에 처음 수립된 자본주의체제는 이제 자체내의 모순에서 발생한 사회주의라는 다른 체제로부터 도전받고 있다.

그렇지만 20세기에 세계 역사에서 주된 결정적 요인이 된 것은 소련의 등장과 성장으로 제기된 공공연한 도전이 아니다. 그것은 차라리 과거로부터의 세력이 계속 작용한 것이다. 20세기의 결정적인 두 가지 사건인 제1차세계대전과 1930년 대공황은 완전히 자본주의 내부의 정치적·경제적 곤경의 산물이었고, 또한 제2차세계대전의 준비이고 전단계였다. 자본주의는 전기간 동안 계속 발전하였고 사멸하고는 있지만 전세계의 광대한 지역에서 아직도 지배적인 경제제도이다.

처음에는 소련뿐이었고 현재에는 중국과 다른 많은 나라들이 포함된

(*Materialism and Empiro−Criticism*)에서, 실제로는 러시아혁명이 직접적으로 과학을 장려하고 이용한 처음부터의 정책('공산주의는 소비에트권력＋전국토의 전화[電化]이다')에서 명백히 나타난다. 과학에 기초하여 나타난 소련에서의 성공은 역으로 자본주의국가에서도 과학의 이용에 대한 더 많은 관심을 초래했다. 특히 1957년 이후, 새로운 과학기술혁명의 존재는 사회주의국가뿐 아니라 자본주의국가에서도 인정받게 되었다.

사회주의진영의 발전은 필연적으로 다른 길을 걸어 왔다. 한편으로는 각 나라의 애초부터의 빈곤 때문에, 또 한편에서는 외부의 적으로부터 끊임없이 도전받으면서 근본적으로 새로운 경제를 건설하기 위해 힘겹게 투쟁해야 하였기 때문에 사회주의국가들이 세계의 경제와 기술, 과학 등에서 주도적인 자리를 차지하게 된 것은 매우 최근일 뿐이다.

그러나 이렇게 늦었음에도 불구하고, 사회주의국가에서 성취된 발전의 중요성은 단지 규모가 가리키는 것보다 훨씬 지대하다. 그 발전은 천연자원과 인적 자원을 사용하는 새로운 방법을 제시하여 자본주의국가의 노동자와 저개발국 민중들에게 감명을 주고 있다. 저개발국들은 어느 정도 정치적 자유를 얻었고, 이제는 자본주의로부터 이행하는 데 강력한 추가요소인 사실상의 경제적 해방을 요구하고 있다.

독점과 제국주의

자본주의세계에서 20세기에 나타난 주요한 특징은 부분적으로는 상업적이고 부분적으로는 공업적인 대규모 기업결합인 트러스트, 카르텔 등이 급속히 성장하여 완전한 지배력을 갖게 된 것이다. 명의상 분산된(nominally distributed)스탠더드 석유(Standard Oil) 제국이나 모르간 재벌(Morgan Interests)의 넓은 영역은 말할 것도 없고, 듀퐁(Du Pont), 제너럴 모터즈(General Moters), 크룹(Krupp), 슈나이더 크로이소트(Schneider Creusot), 제국화학(Imperial Chemical), 파벤(I. G. Farben) 등의 이름은 전세계에 친숙하다. 이미 19세기말에 명백해진 독점 경향은 첫째로 경제적인 원인에 기인한다. 트러스트는 부분적 또는 완전한 독점력을 발휘하여 소규모 경쟁회사에 비해 시장변동에 좌우되거나 불경기를 타지 않고 이윤을 확보할 수 있는 큰 장점을 지닌다. 트러스트는 또한 자동차산업을 창출하고 이어서 석유산업에 광대한 시장을 제공한 내연기관의 발달과 같은 기술적인 요인에서도 유리했다. 대량생산 같은 기술혁신은 이윤을 내기에 충분한 규모의 공장을 건설하는 데 필요한 자본의 양을 독점자본만이 감당할 수 있는 수준으로 끌어올렸다. 마침내 과학 자체에도 대자본 투자가 필요하게 되면서 과학은 독점 형성을 돕게 되었다. 화학공업과 전기공업과 같이 거의 또는 완전히 과학에 기초한 산업은 출발할 때부터 독점적이었다. 그 결과는 나중에 언급하겠지만(제14장 5절), 산업 과학의 약 80%가 독점회사의 연구부서에서 수행되고 있다(6.66 ; 6.67).

　트러스트와 카르텔의 존재는 가격을 경쟁수준 이상으로 보호한다. 이것은 또한 과학과 공학 연구를 충분히 이용하고 대량으로 생산하여 원가를 절감함으로써 독점회사에 더욱 막대한 이윤을 보장했다. 따라서 독점회사는 합병과 새로운 투자를 통하여 세력을 증대해갈 수 있었다. 겨우 일부만이 공개된 독점회사의 지배망은 그들을 난공불락의 경제적 지위로 밀어올렸다. 생산업체로서 독점회사는 그들이 파산시켰거나 흡수한 전통적인 주먹구구식의 소기업들보다 확실한 향상을 기록했다. 그러나 오로지 이윤을 위한 생산이란 인과응보에서 벗어나는 데는 독점회사도 마찬가지로 불가능함이 경험적으로 증명되었다. 노동착취율이 높을수록 그들이 생산하는 상품을 구매할 소비자를 노동자 중에서 찾기는 곤란하게 된다. 따라서 새로운 시장을 개척하고 이미 획득한 시장을 보호할 필요가 생겨서 독점재벌은 자기의 목적을 진전시키기 위해 정부의 기능을 실질적으로 장악하는 데 이르렀다(제13장 2절).

　1880년 이래 정부의 정책, 특히 외교와 식민지정책은 강철과 기계 같은 자본재를 수출하기 위해 세계상품시장을 더 많이 확보하려는 독점재벌의 압력에 의해 좌우되었다. 이것은 **제국주의**──한때는 뽐내어 휘날렸지만 이제는 변명에 급급한 비난의 표적이 되었다──의 전형으로서, 유니언 잭(Union Jack)이나 성조기(Stars and Stripes) 아래 여러 모습으로 자본주의의 지배적인 행태로 남아 있다.

　여러 국가들의 독점회사 사이에 세계시장을 분할하는 협정이 때때로 체결되었음에도, 이 협정들은 지속될 수 없었고 경쟁자들은 증가하는 경향을 보였다. 열강들은 시장분할이 자신의 실제적 세력에 맞게 대응하지 않으면 이것을 변경시킬 유일한 수단을 군사력에서 찾았다. 이로 말미암아 크든 작든 많은 전쟁이 지난 70년 동안 세계 도처에 전염병처럼 번졌다. 전쟁과 전쟁준비는 철강공업과 화학공업 독점회사의 생산품에 필수적인 판매처가 되었으며, 무제한의 수요와 과다한 가격책정을 초래했다. 냉전기간 중 막대하고 계속 늘어나는 군비는 기계제생산의 잉여생산물을 처리하는 문제를 어느 정도 손쉽게 했다. 사실 전쟁준비는 모든 자본주의 대국의 경제에 없어서는 안될 부분이 되었으며, 이윤이 아니라 사용을 위해 생산하는 사회주의 국가경제에는 추가적인 부담을 안겨주었다. 따라서 군축은 정치적 이유만큼이나 경제적 이유에서 서방측에 더욱 두려운 것이었고, 계속해서 거부되었다.

이러한 배경 조건은 20세기 후반 과학 진보의 속도와 과학 이용방향의 상위(相違)를 설명하는 데 도움이 된다. 물리학적이고 생물학적인 세계의 성격에 기초한 모든 과학의 공통적인 토대로 인해 자연히 과학적 패턴과 기술적 패턴은 수렴되기 마련이다. 이러한 상위는 기본적으로 정치적이고 경제적인 성격 때문에 나타난다.

이 책의 목적상 세계를 세 부류로 나누어 고찰하기로 한다. 첫째는 자본주의권으로서 서유럽과 북아메리카, 그리고 그들의 전진기지인 오스트레일리아와 남아프리카공화국 같은 나라, 또한 제국주의시대에 독립을 유지하면서 공업화를 이룬 아시아의 유일한 나라 일본 등이 포함된다. 둘째는 사회주의국가로 구성되는데 우선 소련, 동유럽의 여러 나라들, 다음에는 중화인민공화국, 그리고 더 최근의 북한과 북베트남 등을 포함한다. 세째 범주에는 나머지 세계가 속하는데 이들은 사회주의도 아니기 때문에 정치적으로 중립으로 간주되지만 경제적으로는 사실상 자본주의 '자유세계' 진영을 이룬다. 이들 국가는 매우 불평등한데, 스페인과 포르투갈로부터 이식된 르네상스문화 유산을 가진 라틴 아메리카, 고전 힌두문화와 이슬람문화를 가진 인도와 중앙 아시아 및 북아프리카, 마지막으로 최근에 부분적으로 해방된 아시아와 아프리카 국가들이 포함된다. 각 지역에서 과학의 업적과 전망은 각기 다른데 이것은 과학 진보의 일반적인 경로가 고찰된 후에 개별적으로 고찰되어야 할 것이다.

우선 이 간략한 서술은 우리 시대의 정치적·경제적 기반에 대한 소개가 될 수 있다. 좀더 면밀하고 비판적인 접근은 사회과학을 논의할 때까지 미루기로 하겠다(제14장 5절).

독점시대의 과학과 기술의 위치

자본주의국가에서 정부의 주요한 책무이자 가장 큰 지출의 원천은 군비(軍備)이며, 독점과 제국주의 및 전쟁이 점차 결합되면서 거대 독점회사가 제조하는 신무기를 개발하는 데 정부가 직접 관여하게 되었다. 이 병기들——제트 비행기, 유도 미사일, 탄도 로케트, 원자폭탄, 수소폭탄——이 처음 발명되고, 계속해서 개량된 것은 과학의 힘에 의지해서였다. 그 결과 신병기는 정부를 과학의 연구 개발에 끌어들이면서 대단히 빠르게 늘어나고 있다. 정부의 군사연구비는 벌써 순수과학은 물론 산업연구비조차도 상회하고 있다(pp. 196f.).

　산업국유화가 과학에 끼친 영향은 군사연구 수행이 끼친 것과 비교하면 부차적이다. 이것은 이 산업들이 사기업일 때는 이윤이 적기 때문에 조금밖에 연구하지 않았고, 국유화되었을 때에는 연구에 매우 낮은 순위가 부여됐다는 사실에 기인한다. 반면에 영국에서뿐만 아니라 자유기업의 최후거점인 미국에서조차 국방 연구계약의 압력하에서 사실상 정부가 대학 재정을 장악함으로써 과학 연구의 지위에 막대한 차이를 낳았다. 적어도 영국에서는 과학 연구에 대한 정부의 통제가 당분간 매우 간접적일지라도, 그것은 실제로 기초연구의 일반적 방향이 이미 정부의 수중에 있음을 의미한다.

　이처럼 권력이 집중되는 사이에 19세기 경제를 지배하던 독립 경쟁 자본가들은 급속히 몰락하고 있다. 그러나 소자본가들이 설 자리를 완전히 잃은 것은 아니다. 사실 현대의 대규모 공업은 보조적인 역할을 수행할 수많은 하청업과 부품업을 필요로 한다. 그러나 그것들의 상대적인 중요도는 줄어들었고 대기업에 종속되어 있다. 17세기 이래로 과학 발전에 지대한 역할을 해 온 발명가나 아마추어 과학자들에게도 마찬가지로 지위 상실이 닥쳤다. 이제는 과학자도 기술자도, 대부분의 의사와 함께 예전의 의미로는 사례를 받기 위해 자신의 기술을 발휘하거나 자신을 위하여 일하는 전문인이 아니라, 정부기관의 고용인이나 행정원이 되어버렸다.

　이러한 변화는 초기에는 점진적으로 제2차세계대전 중에, 그리고 그 이후에는 급속히 진행되었는데, 과학자 개인으로서의 태도뿐만 아니라 그들의 연구상의 태도에도 심각한 영향을 주지 않을 수 없었다. 따라서 생계수단에 직접 종속되어 있다는 점과 과학을 지키고 발전시키고 이용하는 데 책임을 져야 한다는 점 사이에 갈등이 빚어졌는데, 이 문제는 뒤에 다시 다루도록 하겠다(제14장 5절 ; 제14장 8절).

사회주의 경제에서의 과학

　소련 : 지금까지 필자는 자본주의국가에서 과학에 영향을 준 경제동향만을 논의하였다. 소련을 비롯하여 사회주의노선을 밟아 온 나라의 과학 발전은 그와 매우 달랐다. 여기에서는 모든 주요 산업을 국가가 장악했고 독점도 경쟁도 없으며, 과학을 최대한 발전시켜 이용하려는

신중하고 의식적인 노력이 있다. 이것은 사기업에 대신한 공업 및 농업 조직에 과학을 종속시킴으로써가 아니라 구시대에는 단지 명예기관이었던 아카데미(제14장 5절)를 연구와 고등교육의 활발한 중심으로 전환시킴으로 달성되었다. 과학의 내적 성장을 최대한 열매맺도록, 동시에 과학이 천연자연과 인적 자원을 충분히 활용하는 데 기여하도록 보장하기 위하여 과학 연구를 계획하는 것은 바로 과학 아카데미와 산하 기관, 수적으로 증가하고 있는 대학 등에 소속된 과학자들이다. 이는 과학 연구의 다양한 측면과 관련지어 다시 언급하겠다(제13장 6절).

동유럽 : 동유럽 각국——폴란드, 헝가리, 루마니아, 불가리아——의 과학교육과 연구 양식은 국가마다 다소 차이는 있지만 소련과 동일한 일반노선에 따라 재건되었다. 주된 특징은 아카데미를 부활하고, 과학 연구를 공업 및 농업개발과 결부한 것이다. 이 국가들은 크든 작든 오랜 과학의 전통과 그에 상응하여 발전된 산업을 갖고 있었다. 그러나 사실상 과학자라는 직업은 노동자와 농민을 제외한 소수의 지식층에 한정되어 있었다. 이들 나라들이 노동자와 농민에게 고등교육의 기회를 확대함으로써 세계의 과학발전에 기여할 것이라고 확신한다.

중화인민공화국 : 1949년 이후 중국의 상황은 소련과 동유럽 국가들의 경우와는 많은 점에서 판이하게 달랐다. 그 까닭은 중국이 영토가 광대하고 세계에서 가장 많은 인구를 가졌으며, 또한 가장 오래되었으면서 완전하게 연속된 학문전통을 가진 대국이라는 점 때문이 아니다. 오히려 중국에는 제국주의적 착취의 결과로서 근대과학이 겨우 들어왔고, 19세기 후반과 20세기 전반에 걸쳐 전쟁과 압제가 더욱 지독한 형태로 지속되었다는 점 때문이다.

그 결과 중국은 생활수준이 지극히 낮은 국가였고 사실 1949년까지는 전형적인 저개발국이었다. 그러나 중화인민공화국 건국 이후 일어난 변화는 다른 어떤 곳에서 일어난 것과는 완전히 다르고 그것들보다 훨씬 위대했다. 특히 교육을 집중적으로 추진함으로써 천연자원은 물론 인적 자원을 전면적으로 개발하는 데 기초하여 부흥의 기적이 이룩되었다(제13장 6절).

근대공업국가에 필요한 과학과 기술의 일꾼을 수십년내에 길러내려는 노력이 진행되고 있다. 이 나라는 국내의 천연자원을 이용하고 중공업을 건설하는 데 너무 오래 기다릴 수 없기 때문에 지금까지의 자본주의국가보다 훨씬 큰 규모로 지질학자와 야금학자들을 양성하려는

특별한 노력을 쏟고 있다.* 동시에 부활된 중국 과학원(Academia Sini-
ca)이 전반적으로 관리하면서 과학연구를 활발히 장려하고 있는데, 과
학원은 소련에서와 같이 기초과학의 진흥과 국가의 경제적 요구에 대
한 봉사를 동시에 수행하고 있다. 이미 일급(first class)과업이 수행되
고 있으며, 중국이 세계 과학의 선두에 나설 날은 멀지 않을 것이다.

저개발국에서의 과학

지난 20년간 아시아와 아프리카의 약 십억 민중에서 최소한 정치적
으로 해방을 이룩하고, 옛날 스페인과 포르투갈 제국이 지배하던 라틴
아메리카 국가들에서 경제적 독립을 향한 운동을 재각성시킨 것과 관
련된 대사건들은 자본주의권이나 사회주의권에서의 사건들과는 또 다
른 성격을 갖는다. 오직 쿠바에서만 토지개혁, 공업화, 교육, 문맹퇴치,
과학 연구를 동반한 마르크스적 사회주의국가가 수립되었다. 역사적
이유들로 인해 다른 여러 국가의 경제적 상황은 아직도 자본주의경제
에 크게 종속되어 있다.

게다가 종래부터 이 나라들의 기본적인 경제적 기능은 유럽과 북아
메리카의 산업국에 원료를 제공하는 것이었지, 자국의 산업을 발전시
키는 것은 아니었다. 결과적으로 이 나라들의 과학은 해방 이전에는
물론 해방 직후에조차 주로 건강한 노동력을 확보하기 위한 의학, 환
금작물생산, 그리고 천연원료 처리에 한정된 특수한 형태를 유지했다.
광물이 저개발국 생산물의 대부분을 차지하고 있지만, 지질학과 채광
학 연구는 거의 산업국 자체내에서 수행되었다. 전면적인 과학의 발전
은 해방과 그에 따른 자국 산업의 건설, 그리고 무역과 소비에 필요한
상품이 공급되어야 가능하지만, 이런 과정은 가장 오랫동안 영국의 지
배를 받았던 인도 같은 나라에서조차 별로 진전이 없었다.

저개발국 어디에나 최소한 정치적 독립뿐 아니라 경제적 독립을 희
망할 정도로 다소 사회주의적 성격의 정부를 수립함으로써 촉진된 일

---

* 옛 대학의 지질학과에 부가해서 지질학 4년과정을 갖춘 3가지의 주요기구
가 설립되었다. 이중 하나는 몇 천명의 학생을 수용하는데, 일본인이 전(前)
만주국 황제를 위해 장춘에 건립한 궁전을 사용한다. 그외에 광산과 석유기
술을 위한 독립기구가 있다. 이 기구의 학생은 이미 현장에 배치되었는데,
특히 미개척의 서부에 배치되어 새로운 석탄, 철광석, 광물을 많이 발견했다.

련의 움직임이 있다. 그러나 가장 곤란한 문제는 과학 발전에 적대적인 봉건적 토지소유이다. 저개발국 가운데 인도와 아랍 각국은 근대과학의 오랜 경험을 갖고 있는데, 그들은 이 경험을 유럽의 어느 문화보다도 오래된 자기 문화에 성공적으로 접목시켜왔다. 하지만 여기저기에서 뛰어난 개별 과학자들이 나타나 그 경험들을 과학 생산의 전열로 이동시켜왔지만, 가야 할 길은 아직도 멀다──특히 문맹 때문에 과학자를 보충하기가 극히 어려운 나라들에서는.

국제협력

어느 정도까지는 유네스코 같은 국제기구가 이 나라들의 과학을 보다 빨리 발전하는 산업국의 과학과 접속시키는 데 도움을 주고 있다. 그러나 현재 그들의 과학 진보속도가 아무리 빨라도 선진국의 속도보다 느리며, 양자 사이의 격차는 좁아지기는커녕 점점 넓어지고 있다. 이 나라들이 과학을 세계적인 일반수준에 도달시키려면 훨씬 더 많은 노력을 기울여야 될 것이다.

그러한 노력의 출발점은 1963년 2월 제네바에서 열린 '저개발지역을 위한 과학과 기술의 응용에 관한 국제연합협의회'(UNCSAT)였다(6.136). 저개발지역에서는 봉건적 토지소유와 환금작물생산, 그리고 외국인의 광산 및 공익사업소유가 과학의 효과적 사용을 저해하고 있었음에도 불구하고 이 협의회는 후원자들의 압력 때문에 이러한 경제적·정치적 곤경을 조금도 언급하지 않는 한계가 있다. 특히 중화인민공화국이 불참함으로써 참가자들은 세계 최대의 국가가 경제·복지·교육을 건설하기 위해 과학을 얼마나 광범하고 신속하게 사용했는가를 배울 기회를 잃었다. 이같은 결함은 1959년 바르샤바에서 세계과학노동자연맹이 똑같은 일반주제로 개최한 소규모 회의에서는 없었던 것이었다(6.13).

과학과 산업의 상호작용

과학은 근대산업에 깊이 스며들어 있고, 전기와 화학 같은 몇몇 계통의 근대산업은 대부분 과학의 산물이다. 따라서 과거를 살필 때처럼 산업의 특성을 설명하고, 그 다음에 그것들이 과학적 사고에 끼친 영향을 설명하는 것은 더 이상 적절하지 않다. 상호침투의 정도가 이미 대단히 크다. 기술이 과학에 끼친 영향의 일반적 성격을 파악하고 특별한 상호작용을 묘사하는 것만이 가치있는 시도이다.

20세기의 기술 발전은 우리가 이미 제2, 아니 오히려 제3의 산업혁명에 직면하고 있음을 보여준다(pp. 183f.). 그러나 이렇게 비교하면 그것이 개인적인 기계적 재능을 계획적인 과학 연구로 점점 더 대치시켜가는 새로운 형태의 혁명이라는 사실을 흐릴 우려가 있다. 최초의 산업혁명이 주로 동력의 생산과 수송에 관계되는 것으로 원론적으로는 인간을 고된 육체노동에서 해방시킨 데 반해, 20세기의 혁명은 주로 노동자의 기술을 기계나 전자장치로 대체하여 단조로운 사무나 기계적인 일에서 인간을 해방시킬 것이다.

혁명의 첫단계는 자동화와 자동제어장치(servo-mechanism)의 발전에서 나타났는데, 이것은 최근의 일이다. 20세기 산업의 초기 특징은 19세기의 발명품들을 새로운 분야에 확대 적용하는 데 있었다. 20세기의 기술을 그러한 방향으로 자극한 것은 대중적 교통·통신·오락수단의 특별한 수익성이었다. 교통수단에서 19세기에 개발된 내연기관을 이용하여 자동차, 트랙터, 비행기가 처음으로 만들어졌다. 이것들로 해서 경직되고 제한된 철도 설비는 어디든지 갈 수 있고 무엇이든지 할 수 있는 유연성있는 수백만의 소단위로 대체되었다.

값싸고 거대한 새 시장을 위해 이런 것들을 만드는 것은 대량생산 방법이 급속히 전파됨을 의미했다. 자동차산업은 계속해서 석유, 고무, 철판, 플라스틱 등의 생산을 거대하게 확장시켰고, 이들은 즉시 수많은 다른 용도로 사용되었다. 새로운 공학과 경공업이 성장하였고 중앙집중식으로 생산된 전기가 국지적인 증기기관을 대신하게 되어, 가정에의 전기공급과 더불어 새로이 거대한 전기산업이 창출되었다. 라디오와 텔레비전 같은 새로운 전기통신산업, 값싼 출판 및 영화에서의 사진술 이용은 경제적으로는 별로 중요하지 않지만, 더욱 두드러지고 과학의 공헌에 크게 힘입었다.

그러나 불행하게도 이러한 목록은 기술이 평화적으로 이용된 것으로만 채워지지는 않는다. 항공기는 거의 처음부터 군사적인 목적을 갖고 있었고 민간항공은 그 부산물일 뿐이었다. 전쟁은 또한 전기통신분야에서 전자공학을 다각적으로 발전시켰고 원자력분야에서 새로운 살인무기를 등장케 하였다.

기계적·전기적 발명품의 그늘에 가려 눈에는 훨씬 덜 띄지만 적용범위가 넓은 새로운 과학적 화학공업이 급속히 성장했다. 여기에서는 비료에서부터 세제까지, 그리고 나일론에서 항생제까지 모든 것이 생산된다. 그것은 전쟁에 쓰일 폭탄과 독가스를 만들어냈으며, 지금은 핵과 동력 생산의 근간이 되어 있다.

동력과 제어(control)

우리들의 생활에서 갈수록 더 많이 사용되는 다양한 과학의 생산물들은 매우 일반적이고 극히 중요한 두 가지의 새로운 기술적 원리에 의존한다.

첫째는 부엌에서 달걀을 굽는 경우든, 공장에서 20톤짜리 주물을 처리하는 경우든, 깊은 산에서 나무를 베는 경우든 필요한 바로 그곳에서 적당한 만큼의 **동력**을 이용할 수 있어야 한다는 점이다. 지난 50년 동안 미국의 시간당 노동생산성은 다섯배 이상 증가하였는데, 그 이유의 하나는 송전망과 도처의 석유 엔진이 동력을 공급한 점에 있다.

둘째는 기계공업이든 화학공업이든 모든 산업공정에 점점 정밀한 자동제어가 사용되는 점인데, 앞으로 더욱 중요해질 것이다. 이미 많은 화학공장들이 모든 변수를 제어하는 전자장치를 사용하여 완전자동화되어 있다. 공학에 있어서 제작공정과 조립공정은 같은 경로에 배치된다. 이들 공정 사이의 이 두 가지 원리는 과학이 산업공정 전반에 걸쳐, 기술자의 머리와 팔에 의존하지 않고도 무한히 힘과 기술을 확장시킬 수 있음을 의미한다. 그중 첫번째 원리는 산업혁명에 따른 기계력의 확대이며, 후자는 전혀 새로운 것, 즉 전기장치로 인간의 감각과 신경 및 두뇌를 확장하여, 무한한 그것들의 결합을 통해 예측할 수 없이 큰 물리적이고 사회적인 영향을 미치게 될 것이다(pp. 182f.).

이러한 발전은 벌써 시작되고 있다. 원자력이 확보되고 자동화가 이루어졌다. 앞의 단계들에서 중요한 변화는 산업 집중과 규모 증대에 따라 일어났다. 이에 따라 단순한 시험소에서부터 거의 대학수준을 육박할 정도에 이르기까지, 산업연구소의 규모가 다양화될 수 있었다. 19세기 후반에는 극히 예외적이던 일(제8장 7절)이 지금은 지배적이게 되었다. 과학은 이제 산업에서 뚜렷한 위치를 확보하고 있다. 정부내의 비슷한 실험소의 증대와 더불어 이것은 이제 과학과 생산과정 사이의 상호작용이 모든 분야에서 훨씬 밀접하고 중요하게 되었다는 것을 의미한다. 20세기에 있어서 이 상호작용은 실로 이전과는 전혀 다른 방식으로 이루어지고 있다. 그것은 대규모로, 훨씬 빠르며, 또한 완전히 의식적인 상호작용이 되었다.

과학 진보의 규모

20세기에 들어와 과학적 노력의 규모는 인식할 수 없을 정도로 증가되었다. 1896년에는 전세계적으로 약 5만명이 과학의 모든 전통을 이어받아 연구를 수행했고, 그들 중 연구를 통해 지식을 늘리는 데 종사하던 사람들은 1만 5천명을 넘지 못했다. 66년이 지난 오늘날에는 최소한 백만명의 활동적인 연구노동자가 있으며, 전체 수자를 정확히 산출하기가 거의 불가능하지만, 산업체와 정부 및 교육계의 과학노동자는 200만명에 육박할 것이 틀림없다. 과학에의 지출은 훨씬 큰 비율로 늘어나서, 50만 파운드 미만에서 100억 파운드로, 화폐가치의 변동을 고려해도 약 2,000배나 늘어났다. 이것은 매년 평균 10%씩 성장했음을 의미하며(6. 115), 지난 수년 동안의 성장율은 훨씬 높아서 25%에 달하고 있다(p. 175). 이와 같은 성장율은 사회의 다른 어떤 부분보다도 훨씬 높은 것으로, 군사비 지출의 성장율보다도 높다. 그러나 과학 지출의 거의 90%가 전쟁 연구와 발전에 쓰이는데, 이것이 군사비 지출의 겨우 12%에 불과한 것을 보면, 과학은 아직도 한참 뒷전에 있음을 알 수 있다(6.114 ; 6.125).

그러한 성장율은 단순한 규모의 변화 이상이라는 것을 보여준다. 그것은 본질적으로 과학의 성격과 사회의 관계에서 깊은 변화가 있었음을 보여주는 지표이다. 그 변화의 광범한 징후가 과학 내부로부터, 그리고 산업과 정부의 과학에 대한 점증하는 의존에서 나타난다. 그 의존은 완전히 상호적이다. 과학의 총비용이 헤아릴 수 없을 만큼 증가했을 뿐 아니라 개별 부분들의 비용도 그러했다. 많은 물리학 연구분야에서 현재 필수적인 수백만 달러짜리 기계는 제외하더라도, 보통 실험실 비용조차 부유한 몇몇을 제외한 개인은 물론 대부분의 교육기관에서도 감당할 수 없을 정도이므로, 과학 연구는 대기업이나 정부에 의존하지 않을 수 없게 된다.

변화의 또 다른 중요한 특징은 지리적 위치의 변화이다. 1896년에는 실질적으로 세계과학이 모두 독일과 영국 및 프랑스에 집중되어 있었으며, 유럽과 미국에 있는 나머지 과학연구소는 사실상 중심국의 과학에 종속된 지역적 분파에 불과했다. 그리고 아시아와 아프리카에는 과학이라는 것이 보잘것없었다. 1954년이 되자 옛 중심지의 과학도 불균등하지만 상당히 성장했다. 하지만 미국과 소련의 대대적인 과학 발전은 옛 중심지의 성장을 완전히 압도해버렸다. 일본과 인도가 20세기 이후로 세계 과학의 진보에 상당한 공헌을 하고 있지만, 본질적으로는 서유럽의 운명에 처할 것이다. 중국의 해방은 급속히 발전하는 경제적 요구에 직접 연결된 과학을 대중적 기반 위에서 대규모로 건설하는 신기원을 열었다. 이러한 형태는 이미 북한과 북베트남 및 인도네시아 같은 아시아의 다른 나라들로 퍼져가고 있다. 식민주의가 물러감에 따라 제기된 고등교육과 연구의 필요성은, 아프리카의 신생 독립국들에서 여러 가지 방식으로 강조되고 있으며, 현재 쿠바의 예에서 볼 수 있듯이 남아메리카의 지배적인 고전문화 속에 과학적인 관심을 부활시키고 있다.

세계과학은 실로 형성과정에 있으며, 바로 출발점에서부터 공업 및 농업생산 확충과 의식적으로 연결되어 있다. 그와 더불어 과학에 대한 철학이 자본주의국가와 사회주의국가에서 서로 다름에도 불구하고 과학이 제공할 수 있는 커다란 효용가치 때문에 두 체제는 모두 더욱 절실히 과학을 필요로 하고 있음을 우리는 또한 주목해야 된다.*

과학 응용의 속도

20세기 과학의 세째 특징은 과학적인 발견을 훨씬 직접적이고 신속하게 응용한다는 점이다. 비록 대부분의 20세기 기술이 동력생산과 전

---

* 기본적으로 과학적이기도 한 새로운 기술혁명의 도래는 마르크스주의 이론과 일치한다. 이것은 서구, 특히 미국에서는 스푸트니크 1호의 결과로만 인식되었다. 자만하는 자본주의의 지배자들은 오랫동안 소련에서는 스푸트니크의 과학적·역학적 성공을 볼 수 없으리라 믿었다. 러셀(Bertrand Russell)은 '마르크스주의원리로 만든 원자폭탄은 터지지 않을 것'이라고 말하기조차 했지만, 그에게는 불행하게도 바로 한달 전에 소련 최초의 원자폭탄이 개발되었다. 이렇게 과학의 필요성을 알게 된 이후의 결과는 효율적이지는 않지만 열광적으로, 과학교육을 늘이려는 요란한 계획으로 나타났다.

기 및 화학 같은 19세기 과학에 기초하고 있지만, 전적으로 그 이후의 발견에 힘입은 발명품들이 작지만 결정적인 역할에서 힘을 발휘하고 있다. 전파탐지기와 텔레비전, 플라스틱과 인공섬유, 합성 비타민, 호르몬, 그리고 항생제 등은 20세기의 거대한 과학혁명의 결과 중 일차적인 견본에 불과하다. 그리고 우리가 주의하지 않는다면, 원자폭탄과 수소폭탄, 방사선과 세균무기 등이 대대적으로 사용될 수 있다. 이들은 개개의 결과보다 중요한 하나의 원칙, 즉 실생활의 모든 문제를 계통화하여 해결하는 데에 즉시 또는 길어도 몇 달이나 몇 해 안에 자연과학을 보편적으로 이용할 수 있다는 원칙의 본보기일 뿐이다. 19세기에는 거의 우연히 일어나거나 파스퇴르(Pasteur) 같은 애국적인 과학자나 베세머(Bessemer) 같은 외로운 발명가의 특별한 힘과 재주에 의해 이뤄졌던 것들이 이제는 공업과 농업 및 건강문제를 해결하는 일상적인 방식으로 여겨진다.

실로 이러한 문제들을 어림짐작이나 우연에 내맡겨 두는 것은 자멸적이고 어리석다고 생각할 단계에 도달했다. 연구와 개발은 원칙적으로 급속히 늘어나는 연구소에서 행해진다. 과학은 이제 산업과 밀접해져서 확장되고 변화된다. 발전은 거기서 멈추지 않는다. 과학의 응용규모의 증대와 전쟁 및 전쟁준비가 강요하는 긴박함은 과학을 정부에 더욱 밀착시켰다. 반면에 새로 수립된 사회주의국가들에서의 모든 건설계획은 반드시 처음부터 과학을 요구한다. 과학의 이러한 경험으로부터 과학의 힘을 사회변혁의 한 동인으로 보는 새로운 의식이 자라났다. 현대 사회는 단지 존재하기 위해서라도 과학에 의존하게 되었다. 우리는 과학을 통해 '자연을 지배하고 소유할' 수 있다고 주장했던 데카르트(Rene Descartes) 같은 17세기 사람들의 희망이 실현되기 시작했음을 지금 보고 있다(제7장 7절).

오늘날 우리는 데카르트 같은 사람들이 400년 전에 시작한 혁명의 정점에 서 있다. 이것은 인류사회의 시작을 알린 것과 비길 만큼 중요하며, 무한한 미래의 전망에 비추어보면 농경 발명의 결과보다도 훨씬 굉장하다. 인간은 이제 과학을 의식적으로 사용함으로써 인간의 물질적 환경을 조절할 수 있는 상태에 거의 도달했음이 분명하다(6.19). 인간은 결핍에서 벗어나고 지루한 노동을 폐지하며 신속히 질병의 불행을 감소시킬 수 있게 되었다. 이것이 얼마나 이루어질 수 있는가는 전적으로 해방을 가로막는 기득권을 깨부수고, 이러한 목표들을 성취하기 위해 필요한 상호협력을 마련하는 사회형태를 만들어낼 인간의 능력에 달렸다고 생각된다. 따라서 인류사회와 사회변화법칙의 과학은 미래를 결정하는 데서 중심적인 위치를 차지하게 될 것이다.

좋은 쪽으로든 나쁜 쪽으로든, 과학이 인간생활에 미치는 힘은 더이상 의심할 여지가 없다. 문제는 오히려 과학이 건설적인 목표를 지향하도록 하는 방법을 찾아내는 데에 있다. 그러나 이것은 우리가 고려하고 있는 과학의 어떤 부분보다도 훨씬 큰 문제이다. 우리는 물리과학과 생물과학 및 사회과학을 모두 다루고 있는 제14장의 마지막 부분에서 이 문제로 돌아갈 것이다. 여기에서는 과학을 가장 빨리 이용하는 데에서 발생하는 더욱 직접적이고 실질적인 문제, 또는 과학적 착상과 그것을 이용하는 데서 나타나는 간격을 좁히는 문제를 생각해 보는 것으로 충분하다. 19세기에는 기본적으로 기술적인 이유가 아니라 경제적인 이유에서 생겨난 이 간격이 상당했는데(제9장 6절), 간격이 좁혀질 수 있음을 실제적으로 증명하고 또 평화적으로 이용될 수도 있음을 보여준 것은 두 차례의 세계대전이라는 비정상적 조건에서였다.

전쟁이 과학의 진보에 미친 영향

폭격기와 전차, 그리고 유독가스의 발전을 촉진한 제1차대전은 과학이 전쟁에서 할 수 있는 아주 무서운 전조를 보여주었다. 군사적 요구와 비교적 무한정한 자금에 과학자와 기술자를 결합시키자 어떤 생각을 단계적인 실험을 통해 완전한 생산으로 이끄는 데 몇 년씩 기다릴 필요가 없음을 인식하게 되었다. 이 교훈은 배우자마자 거의 잊혀졌는데, 이는 양차대전 사이에 제트엔진(p 137)이나 텔레비전(p. 104) 같은 성과의 발전속도가 느린 경우를 경험했기 때문이었다. 이 교훈이 완전히 알려지고 활용된 것은 제2차대전 이후였다. 이 교훈이 처음으로 확실히 증명된 것은, 1938년 감지하기도 힘들 정도의 핵분열이라는 과학적 발견에서 1945년 죽음의 전율을 가져온 원자폭탄의 생산이었다. 이것을 위해 그때까지 인류역사상 과학에 사용된 자금의 총계보다도 많은 돈이 지출되었다. 냉전의 도래는 당시까지의 유사한 모든 노력들을 무색하게 할 정도로 과학이 파괴적 분야에 봉사하도록 강요하였다. 그리하여 과학은 미증유의 성장율을 보여주고 있으며, 점점 더 많은 부분이 무기 연구에 할애되고 있다. 다음 장에서 우리는 이러한 왜곡된 현상이 과학과 과학자에게 끼친 영향을 추적하게 될 것이다(p.82).

과학과 계획

전쟁은 20세기 과학이 의식적으로 사용된 가장 뚜렷한 실례를 제공했다. 공업과 농업의 모든 분야에서 이와 같이 새롭고 통합된 접근방법이 사용되기 시작했다. 실제로 1917년혁명 이후 새로운 사회주의사회에서는 처음부터 이런 정책이 시행되었다. 공업, 농업, 의학 심지어 과학 자체까지도 우연적인 경제적 영향 대신 계획적으로 추진되기 시작했다. 자본주의국가의 정부와 산업계는 소련을 명백히 거부하고 있음에도 불구하고 소련의 계획화경향을 모방하기 시작했다. 과학은 이제 저절로 응용되는 것이 아니다. 그간의 성공과 실패를 거울삼아 인간에게 필요한 것을 먼저 결정하고, 그 다음에 신중하고 계획적인 과학적 노력을 통해 그것들을 충족시킬 방법을 찾게 되는 것이다. 과학의 기능에 대한 이러한 인식은 20세기 사회혁명의 가장 특징적인 모습 가운데 하나였다. 그것은 함께 나아가고 있지만 아직 불완전한 과학내의 혁명과 대응한다.

공황, 전쟁 그리고 혁명 등 당시의 거대하고 무서운 역사적 사건은 모두 과학과 기술이 사용된 주된 목적과 관계가 있고, 알다시피 과학의 새롭고 거대한 융성과 완전히 일치했다. 그러나 새로운 발명과 발견의 방향, 새로운 과학이론의 범위와 깊이는 아무리 새롭더라도 르네상스 이래 계속 진보하여 온 과학적 실험과 사고의 내적인 운동의 연속일 뿐이다. 우리 시대에 있어서 과학 진보의 내적 본질은 비록 외부적 요인의 영향이 클 때도 종종 있었지만 과학의 내적 역사로부터 끌어낸 이유로서 설명될 수 있다. 그럼에도 불구하고 전체 운동의 전례없는 **규모와 속도**는 기술적·경제적 요인과 직접 관련되어 있다. 또한 일반적인 발전 **전략**과 과학의 각 부분에 기울인 상대적인 노력도 마찬가지다(제14장 8절).

과학은 대가를 지불한다

1890년대에 시작되어 두 차례의 세계대전에서 급속히 증가하는 여세를 몰아 과학이 수지를 맞추기 시작했다는 것은 주요하고 확실한 사실

이다. 완전히 의식적이고도 즉각적으로 생산의 필수적인 부분을 차지
했다(그것은 얼마나 오랫동안 무의식적이고 우연적으로 수행되었는가!).
과학은 투자할 가치가 있는 것이다. 직접적인 투자방법은 새로이 연구
실험실을 세우는 것이고, 간접적인 투자방법은 모두에게 유용한 기초
연구를 수행할 수 있고 실험실의 근무자가 기초훈련을 받을 수 있는
대학을 보조하는 것이다.

지난 50년 동안 과학의 사회적 위치는 완전히 변화되었는데, 그 변
화과정은 세 단계로 구별된다. 처음 단계——1890년대——는 개인 과
학의 시대로서 과학활동은 교수의 작은 실험실이나 발명가의 골방에서
이루어졌다. 다음 단계는 20세기의 20년대와 30년대로서 **산업**과학의 시
대였다. 이 시대의 과학활동은 수만 파운드짜리 연구실험소와 그에 따
라 확대된 대학 학과, 그리고 보조를 받는 연구기관에서 수행되었다.
세째 단계는 소련에서 처음 시작되었고 제2차세계대전 이후 보편화된
정부과학의 시대이다. 이 단계에서는 연구개발비의 지출이 수억 파운드
에 이르고 필요한 설비와 사람들을 수용하기 위해서 도시 정도 크기의
시설이 필요하게 되었다. 여기에 소요되는 자금은 오직 국가만이 마련
할 수 있다. 물론 국가는 자체가 이미 국가와 같은 독점기업에 도움을
요청할 것이며 개발계약의 형태로 자금을 조달하게 된다.

과학의 규모가 증대함에 따라 과학응용의 전망도 증대되어간다. 첫
째 단계에서는 미세한 개량과 작은 기구에 응용되었고, 둘째 단계에서
는 라디오와 정제 알약 등을 생산하는 완전히 새로운 과학산업에 이용
되었다. 세째 단계에서 과학은 국가자본주의 기업의 중심을 이룬 거대
한 무기생산회사 또는 사회주의국가의 극히 건설적인 자연개조사업에
도달했다.

과학과 일상생활

과학적 노력의 확대에 따라 과학은 산업공정과 일상생활용품이라는
두 방향으로 뻗어가고 있다. 과학은 더욱 유용해지고 동시에 더욱 친
밀해지고 있다. 이제 과학은 공업과 농업의 모든 국면에 침투해 있으
며 더욱더 의식적으로 그렇게 되고 있다. 과학적인 기계가 사용되고
과학적 개념이 작업장과 논밭의 오랜 전통을 대신하고 있다.

이러한 경향은 이제 가정으로 확대되고 있다. 텔레비전과 같은 아주

정교한 장치들이 더욱 친밀해질 뿐 아니라 요리나 세탁 같은 일상적인 일, 아이돌보기, 그리고 건강과 아름다움을 유지하는 데 과학적 원리와 생산물이 사용되고 있다. 선전광고로 기만과 거짓말을 해도 과학에 대한 흥미진진한 새로운 관심이 확대되는 것을 막지는 못한다. 이러한 관심은 곧이어 과학에 대한 실질적인 추진력을 낳는다. 과학적 고안품의 대중시장은 이윤창출의 주요 원천이 되고 있으며, 이런 현상은 연구활동을 촉진한다. 다른 한편으로 과학 자체에 대중의 관심은 **과학잡지**와 많이 읽히는 **과학소설**을 만드는 새로운 직업을 창출했다.

과학 진보의 전략

이렇게 일반적으로 고찰하면 20세기 과학의 규모와 발전속도가 급속히 증가한 것을 설명하는 데는 어느 정도의 도움이 된다. 그러나 이런 고찰을 더욱 엄밀하게 검토한 후에야 우리는 과학 진보의 각 분야에서 적용된 특별한 방향성을 설명할 수 있다. 어떤 경우, 그것도 과학적으로는 별로 중요하지 않은 경우에만 경제적 요구가 특정 과학분야의 진보에 직접적 영향을 미친다. 예를 들면 방전(放電)의 연구는 무선통신의 발전에 기여했고 반사원리는 전파탐지기(radar)에 응용되었다(pp. 101 f.). 보다 일반적으로 보면 기본적인 추진력은 과학의 내적 발전으로부터 부여되었고, 전쟁시나 평화시에 과학 발전이 광범위하고 유리하게 응용하는 기초가 될 때마다 과학은 꽃피었다. 페니실린 분리에 따른 항생제의 폭넓은 연구(pp.258 f.), 핵분열 발견에 따른 원자폭탄 연구(p. 81) 등에서 많은 실례를 찾을 수 있다. 과학과 사회의 이러한 관계는 이미 나타나 있다. 20세기에 두드러진 것은 과학에 기초한 산업활동의 거대한 규모와, 과학적 진보와 기술적 진보 사이의 상호작용의 신속성이다. 이 상호작용은 뒤에서 개략적으로 살펴보게 될 것이다.

역사적 사건에 대한 과학자들의 반응

그러나 과학 내적 발전의 영향과 기술적·경제적 요소의 영향으로는 20세기 과학 진보의 성격과 정신을 충분히 설명할 수 없다. 대사건이 과학자들의 마음에 끼친 영향과, 과학자의 참여와 책임감이 점점 중요해짐에 따라 그들에게 개인적으로 닥친 물질적·도덕적 문제에도 상당한 비중을 두어야 한다. 그러한 영향은 일반적이었으므로 과학에서의 특별한 진보를 그 영향 덕분이었다고 말할 수는 없다. 그러나 그런 영향으로 핵물리학이나 미생물학을 원자폭탄이나 세균무기와 동일시하게 되어 이런 말썽많은 분야로부터 과학노동자를 쫓아내거나 그런 분야로 끌어들이는 경향이 있었다.

대다수 과학자들의 보편적인 반응은 그들의 양심에 거리끼는 일들을 회피하는 것이었는데, 이런 반응이야말로 그들의 과학적 관심을 더욱 추상적인——그들의 표현대로 하면 더욱 순수하게 과학적인——방향으로 전환시키는 것을 뜻했다. 과학의 자유와 순수성을 완강히 고집하는 것이야말로 과학활동의 사회적 결과에 대한 그리고 사회적 변화가 과학 자체의 미래에 끼칠 영향에 대한 불안감을 나타내는 것이다(제14장 8절). 다른 한편 아직은 적지만 점점 많은 사람들이 구질서의 붕괴를 목격하고 환영했으며, 간접적으로는 산업의 변혁을 통하여 그리고 직접적으로는 사람들을 결속하고 그들에게 능력을 실현시킬 보다 큰 가능성을 줌으로써 과학 자체가 어떻게 해방의 원동력이 될 수 있는지를 알게 되었다. 이렇게 분화됨으로써 과학은 분열되어 대립되었다. 그러나 과학은 언제나 비판을 통해 성장해왔으므로, 그 싸움은 결과적으로 과학의 발전을 돕게 될 것이다. 특히 20세기에는 어떤 이론이나 주장도 안전하지 못하다. 내부적으로 과학은 자체 모순으로 말미암아 불안한 상태에 있으며, 외부적으로는 과학자들이 시대의 경제적·정치적 투쟁 속으로 더욱 깊이 끌려들어가고 있다.

나찌즘의 대두

제1차세계대전의 혼란에도 불구하고 1933년까지는 과학자들이 국가적으로나 국제적으로나 안정되고 어느 정도 특권적인 지위를 누리고 있었다. 진리의 확립과 인류의 이익추구라는 명분으로 그들은 계급이나 국가간의 일반적인 투쟁을 초월한 위치에 있었다. 그러나 히틀러가 권력을 장악하자 탄압——그 자체가 이전에는 과학의 악용에 기반을 두고 종교적 편견을 정당화하곤 했던——의 첫번째 파도가 그들을 덮쳤다. 인종적 원리에 기반을 둔 나찌즘은 맨처음 유태인 과학자들의 생계에 타격을 가했고 이어서 그들의 과학적 신념을 공격했다. 그리하여 저명한 과학자들이 귀중한 학문적 지식, 또한 독일 지식층의 편견과 철학도 약간 지닌 채 다른 많은 나라에 망명했다.

결국 무서운 전쟁과 수천만의 무력한 사람들에 대한 광적인 학살로 끝난 나찌 치하의 12년은, 무엇보다도 자본주의의 무책임한 탐욕에 내재된 위험성과 그것들의 재현을 막기 위한 조치가 필요함을 과학자들에게 실감시키기에 충분했다. 그러나 재난의 막대함과 그로 인한 미래에 대한 공포는 안보 및 충성검사(loyalty test)의 강력한 힘에 눌리어 자본주의국가의 과학자 대부분을 무력화시켰다. 그들은 스스로를, 작동법은 알고 있으나 그 운동을 멈출 힘은 갖고 있지 못한, 거대한 기계의 일부라고 생각했다. 거의 벗어날 수 없었던 이런 순응주의적 태도가 경제적 또는 정치적 문제에만 국한될 수는 없었다. 필연적으로 그런 태도는 과학적 사고의 성격에 채색되어, 모든 점에서 사고를 더욱 조심스럽고 모호하고 신비한 것으로, 무엇보다도 비관적인 것으로 만들었다(제13장 1절).

사회주의세계의 과학자

사회주의국가에 있는 과학자들의 태도는 그들 나름의 경험 때문에 다른 방향으로 극단화되어 있다. 한편으로 그들은 아시아와 유럽에서 피나는 노력과 희생의 산물들을 쓸어가버린 무자비한 파괴를 경험했다. 이러한 경험을 통해 그들은 그 파괴가 자본주의세계의 지도자들에게 불어넣은 좌절된 증오에 관하여 어느 정도는 알게 되었다. 다른 한편 그들은 희망과, 파괴된 지역의 민중들이 보여준 회복과 재생 능력, 그리고 이전보다 훨씬 성공적이고 확실하며 평화적인 전망으로 고무되었다. 이런 결과는 자본주의의 파괴적이고 한정적인 성격과 관련된 것같이 보이는 과학의 모든 측면——법칙과 실천까지를 포함한——에 대한 비판적인, 때때로 극단적으로 부정적인 태도를 낳았다.

그와 더불어 **자연**을 이해하고 조절하는 인간의 능력에 대한 긍정적인 믿음을 낳았다. 자연은 이미 고유의 한계를 거부한다. 이러한 태도는 중요한 건설적 과학활동에서 잘 나타났다. 동시에 그것은 불행하게도 부정적인 결과를 나타냈다. 부분적으로는 외부적 압력 때문에 부분적으로는 스탈린주의의 폐해로 인해 독단주의적 정신이 소련과 그 영향을 받은 나라의 과학에 스며들었다. 이것은 논쟁으로 이어졌는데 그중 유전학에 관한 논쟁은 뒤에 살펴보겠다(p.291).

이것은 소련의 과학에 해로운 영향을 끼쳤으며 많은 과학자들을 추방시켰다. 이런 경향 때문에 자기나라의 업적을 과대평가하고 자본주의국가의 과학적 업적을 따라서 얕보게 되었다. 그러나 스푸트니크(Sputnik)로 대표되는 소련 과학의 자랑할 만한 업적에 대한 확신과 자신, 그리고 외국 과학자들과의 보다 폭넓고 친밀한 접촉 덕택에 이런 독단주의적 경향은 사라져가고 있다. 자본주의국가와 사회주의국가 사이의 과학적 교환은 주고 받는 방식(give-and-take basis)을 기초로 하여, 특히 원자력이라는 결정적인 분야에서 증가되고 있다. 이것은 그들 사이에 차이가 없어졌음을 뜻하지는 않는다. 그러나 이런 차이들이 논리와 실험에 호소하여 필연적으로 잠정적인 동의가 마련되는 과학 자체의 분야에는 이런 차이가 없어지고 있으며, 반면에 사회적·역사적 이데올로기의 영향이 크게 작용하는 철학이론분야에서는 아직도 큰 차이가 잔존하고 있다. 비록 상이한 문화 속에서 겪은 서로 다른 경험이 과학의 본질과 목적에 대해 대조적인 개념을 낳기는 하지만, 그들 사이의 투쟁은 급변하는 세계의 기본적인 힘을 밝혀낼 것이다.

20세기 변혁의 국면들

정치적·경제적 요인들과 과학 발전의 상호작용 방식은 여러 과학분야들의 발전과 연결시켜 논의할 때 더욱 분명하고 확실하게 드러난다. 이러한 접근방법은 필연적으로 시간의 연속성을 파괴해 버린다. 그러나 과학이 너무나도 다양하게 성장하고 급속히 발전되기 때문에 앞시대를 구분한 다음 각 시대별로 과학 전체의 진보를 논의하려 하는 것은 무리이다. 그 사건들은 최근의 일이고 대다수 독자들의 기억속에 너무도 선명하게 남아 있기 때문에 먼저 그것들을 개괄하고, 다음에 부분별로 살펴보면 충분하리라고 생각된다. 우리 시대는 뚜렷한 분기점에 의해 매우 분명한 단계로 구분될 수 있으며, 그 단계는 각각 독특한 성격을 갖고 있기 때문에 이런 분석방법이 효과적이다. 두 차례의 세계대전은 그 여파로서의 혁명과 더불어 19세기를 부숴버렸다. 이것은 인류역사뿐만 아니라 과학사상으로도 중요한 사건이었다.

제1차세계대전 이전에 세계를 지배한 자본주의는 자본주의의 마지막 단계——풍부하고 평화롭지만 점증하는 문제를 갖고 있는 제국주의시기——에 도달했다. 1차대전과 2차대전 사이에 소련은 자립가능한 경제단위로 확립되었으며, 자본주의쪽에는 경제대공항이 일어났고 그 여파로 나찌즘이 등장했다. 제2차세계대전과 아시아, 유럽 해방운동의 승리 이후 반동세력은 똘똘 뭉쳤고 **냉전**이 선언되었다. 냉전체제는 한국, 베트남, 수에즈, 헝가리, 콩고, 그리고 쿠바 등에서 첨예한 위기를 겪으면서 벌써 15년이나 지속되고 있다. 긴장완화의 국면은 희망적이긴 하나 아직은 불확실하며 무기감축의 첫걸음조차 내딛지 못한 채 벽에 부딪혀 있다.

그러나 이 시기 동안 아시아와 아프리카, 그리고 남아메리카 전체 민중의 성공적인 해방운동의 물결은 점점 거세어졌다. 지금까지의 해방운동은 본질적으로 정치적인 운동이었다. 경제적인 자유를 획득하는 문제가 남아 있는 대다수 신흥 저개발지역에서는 민족주의, 사회주의, 자본주의 세력간에 복잡한 투쟁이 계속되고 있다. 이러한 투쟁의 긴장 때문에 강대국간에 상상할 수도 없이 파괴적인 핵전쟁이 발발할 위험성은 계속되고 있다. 우리는 아직도 핵전쟁의 그림자 속에 살고 있으며, 그것은 과학자들의 사고와 작업을 지배하고 있다.

현대 사회에서는 새로이 해방된 과학기술의 거대한 건설적 힘이, 깊이 분열되고 불평등하게 발전된 세계에 영향을 주고 있다. 그러나 우리 시대의 신속한 변화는 우리가 전반적 사회변혁의 새로운 국면에 도달했다는 사실을 알아채지 못하게 할 수도 있다. 그럼에도 불구하고 1960년대에는 전반적 사회변혁의 새로운 국면이 열리고 있음이 분명하다.

과학과 사회의 상호작용을 자세히 파악하기 위해서는 각 시대들의 일반적인 특징을 기억하는 것, 1917년 이후로는 두 개의 세계경제를 고려해야 한다는 것, 그리고 1945년 이래 아시아와 다른 미개발국의 민중들이 등장하고 있다는 것을 확실히 기억해야 한다.

제10장과 제11장에서는 물리과학과 생물과학의 진보를 추적한다. 불가피하게 우리는 각각을 다른 방법으로 접근한다. 제10장에서 논의될 물리과학은 20세기에 들어와 17세기의 거대한 혁명만큼 중요한 혁명을 훨씬 빨리 수행했다. 그 결과 물리과학은 물리학과 화학뿐 아니라 과학의 모든 분야를 이해하는 데 획기적으로 중요한 부분이 되었다. 한편 제11장에서 다룰 생물학은 생물학적 현상들을 원자 차원에서 설명할 정도로 크게 변화되었다. 예를 들면 유전현상을 분자구조에서 핵산과 단백질의 상호작용으로 설명한다. 긴밀히 연결된 이러한 발견은 1960년경 정점에 달했으며, 50년 전 물리학에서의 양자론만큼 생물학에서

중요성을 갖는다. 생물학의 새로운 경지를 개척한 방법들은 다른 과학 분야의 새로운 기술이나 개념, 설명으로부터 도입되었는데, 확장되는 농업·의학분야에서 새로이 제기된 문제들이 이 과정을 촉진시켰다.

제10장 20세기의 물리과학

10.0 머리말

이 장에서는 일반적으로 물리과학(physical science)이라 부를 수 있는 현대 과학의 가장 넓은 분야를 다루며, 이에 기초를 둔 기술(technique)도 포함시킨다. 물리과학은 무엇이 여기에 속한다고 정의하기보다는 무엇이 제외된다는 식으로 정의하는 것이 훨씬 낫다. 즉 생물 및 생물의 생산물에 관한 연구를 제외한 범위의 과학을 말한다. 예를 들면 석탄을 연료 또는 화학제품의 원료로서 연구하는 것은 분명히 물리과학에 속한다. 그러나 석탄의 형성과정이나 그것이 형성된 석탄기의 삼림조건을 연구하는 것은 생물과학(biological science)에 속한다. 물리과학은 정량적으로 문제에 접근한다는 공통점으로 통일성을 확보하고 있다. 단 우주과학——천문학과 지질학——의 많은 부분에서는 아직도 정성적(定性的) 설명이 지배적이다. 이런 통일성은 19세기의 전문화로 인한 분립적 경향 때문에 위협받았지만, 원자와 양자에 대한 광범위한 새로운 관측과 이론으로 보강되었다. 물리학, 화학, 우주과학이란 오래된 개략적 구분은 여전히 존재하지만, 이제와서는 단지 실제 연구상의 구분에 불과한 것으로 인식되고 있으며, 어느 것이나 기본적인 물질관은 동일하다. 따라서 물리과학을 다룰 때 원자물리학의 발전에 최고의 지위를 부여하지 않을 수 없다. 그것은 원자물리학의 절대적인 중요성과 함께 원자물리학의 최초의 발견과 연구 성과들이 거의 20세기에 이루어졌기 때문이다.

20세기의 물리학 혁명은, 이론과 실용 사이의 지체가 크게 감소했음에도 불구하고, 이전의 어느 시기에서보다 현저하게 과학과 기술(technology) 사이의 불연속을 초래했다. 기초적 공산품과 비교적 신종의 자동차와 비행기조차도, 또한 대량생산방식도 20세기의 과학보다는 19세기의 과학에 기초하고 있다. 20세기의 진보가 점점 더 빨리 진행될수록 그 차이는 좁혀지고 오히려 산업공정의 모든 영역에서 진행되고 있다. 따라서 새로운 물리학적 지식——처음에는 전자공학, 다음에는 핵물리학——에 기초한 기술이 옛 산업에 침투하여 텔레비전과 원자력 같은 새로운 산업을 창조하였다. 지금까지와는 순서를 바꾸어 이 장에서는 기술적 발전보다 먼저 과학적 발전을 논의하는 것이 바람직하게 보이는 것은 이러한 차이가 존재하고 산업에서 활발한 혁신이 진행된다는 점이 하나의 이유다. 또 다른 더욱 근본적인 이유는 20세기에는 과학과 기술의 관계가 급속하게 뒤바뀌고 있다는 점이다. 첫번째 이유는 사실상 두번째의 결과일 뿐이다. 과학은 기술을 점점 덜 쫓아가고, 기술은 과학을 점점 더 쫓아간다.

이 장은 따라서 물리학에서의 거대한 혁명에 관한 논의(10. 1, 10. 2, 10. 3)와 그것의 좀더 직접적인 기술적 결과인 원자력과 전자공학(10. 4), 고체물리학(10. 5)에 관한 논의에서 시작된다. 다음은 원자이론의 충격과 그것과 연루된 새로운 기술, 화학, 우주과학으로 이어진다(10. 6). 다음에(10. 7) 자동차와 비행기를 중심으로 20세기의 기술에 관한 논의가 진행되는데, 이것은 더욱 전기화된 대량생산산업과 과학적 화학산업(10. 8)의 도움을 받았다. 그리고 대량생산산업과 화학산업은 모두 천연자원의 보다 지능적 개발(10. 9)과 전쟁을 위한 과학의 주된 사용(10. 10)과 관련되어 있다. 끝부분(10. 11)에서는 과학과 기술의 상호관계를 밝히고, 당시의 사회운동에 대한 양자의 관계를 보여주려는, 또한 미래가 축적하고 있는 것을 어느 정도 예견하려는 시도가 행해질 것이다(10. 12). 과학의 건설적 이용과 파괴적 이용에 관한 논쟁은 생물과학과 사회과학이 고찰된 후 이루어진다(제14장 10절).

물리학에서의 혁명과 각 국면

19세기 물리학은 인간정신의 장대한 업적, 갈릴레오와 뉴튼 역학의 안정된 기초 위에서 자연력의 작용이론을 완성하기 위해 전진하는 것처럼 보인 업적이었다. 그러나 그 이론은 20세기가 시작하자마자 산산조각나면서 여전히 미완성인 채 다른 것으로 대치될 운명이었다. 이 혁명의 속성을 연구하면 과학의 내적 발전과 과학의 사회와의 관계에 관한 중요한 교훈을 얻을 수 있다.

물리학에서의 혁명은, 갑자기 돌발했지만——1895년까지 거슬러 올라갈 수 있다—— 운동량을 착실히 증가시키면서 계속 전진하여 물리과학 전반을 넘어서까지도 널리 퍼졌다. 여기에는 1895~96년 엑스선과 방사선의 발견, 1912년의 결정체(crystals)구조의 발견, 1932년의 중성자 발견, 1938년의 핵분열 발견, 1936년과 1947년 사이의 중간자의 발견 등 같은 예기치 않은 계기들이 포함된다. 여기에는 플랑크(Planck)의 양자론(1900), 아인시타인(Einstein)의 특수상대성이론(1905년)과 일반상대성이론(1916년), 러더포드(Rutherford)와 보어(Bohr)의 원자(1913), 1925년의 새로운 양자론 등과 같은 종합적인 위대한 이론적 업적들도 포함된다. 그렇지만 이 주요 업적들 밑에 하나의 거대한 운동이 놓여 있다는 사실, 그리고 이 운동이 통일적으로 진행되지는 않았지만, 경제적, 사회적 유형의 특수한 성격과 연관을 맺고 있는 최소한 세 개의 뚜렷한 국면으로 나뉘어져 있다는 사실을 파악할 수 있다.

첫째 국면은 1895년부터 1916년까지로서 영웅시대, 또는 다른 측면에서 근대 물리학의 아마추어 단계라고 불러도 무방할 것이다. 이때는 주로 낡은 19세기의 기술적·지적 수단을 사용하여 새로운 세계를 탐험하는 중이었고, 새로운 개념이 창조되고 있었다. 당시는 아직 기본적으로 퀴리(Curie), 러더포드, 플랑크와 아인시타인, 브랙(Bragg)부자와 보어 등 개인적 업적의 시기였다. 물리과학, 특히 물리학 자체는 아직 대학 연구실에 속해 있었고 산업과의 연관은 거의 없었으며, 실험 장치들은 값싸고 단순했고 아직 수공업적 단계에 있었다.

그럼에도 불구하고 산업은 이미 과학에 침투했다. 예를 들면 1884년에 세워진 라이든 대학(Leyden University)의 저온연구실은 냉동산업과 밀접한 연결을 가지고 있었다. 과학 연구에 관한 독일 중공업계의 이해관계가 작용해 카이저 빌헬름 연구소(Keiser-Wilhelm-Gesellschaft Institute)가 1911년에 베를린 달렘(Berlin-Dahlem)에서 설립되었다. 제너럴 일렉트릭사(the General Electric Company)가 이미 유명한 물리학자 어빙 랑무(Irving Langmuir : 1881~1957)에게 새 연구소를 지휘하게 한 것도 1909년이었다. 산업 과학에서 대확장이 일어난 것도 실제로 그때부터였다.

둘째 국면은 1919년부터 1939년까지의 시기로 최초로 산업체의 기술과 조직이 물리과학에 대규모로 유입되었다. 기본적 연구는 여전히 대학의 연구실에서 주로 수행되었지만, 개인적으로 탁월한 과학자들이 팀을 지도했고, 비싼 장비들을 쓰기 시작했으며, 대기업 연구실과 밀접한 연결을 갖게 되었다. 훨씬 많은 물리학자들이 작업하여 전례없는 부를 만들어내는 동안 물리학 자체는 더 넓은 영역을 섭렵하고 새로운 질을 보여주기 시작했다. 과학은 또한 라디오, 텔레비전, 제어장치 등의 산업에서 이익을 남겨주기 시작했다. 30년대에는 벌써 전쟁 준비의 영향이 눈에 띄게 물리과학을 왜곡하기 시작했다. 전쟁에 봉사하기 위해 물리학 및 화학의 연구 지도자들과 산업 및 정부 연구기관 사이에 긴밀한 연계가 조장되었다.

세째 국면은 현재에 이르기까지 얼마되지 않은 기간이지만 뚜렷이 구분되는데 2차대전 중 물리학이 폭발적으로 확장된 데서 유래한다. 이것은 본질적으로 정부과학(government science)의 첫 단계로서 거대하게 증대된 설비를 사용하므로 그만큼 큰 방향 착오과 제약의 위험이 따른다. 물리학의 팽창은 수자로 보아도 알 수 있는데, 영국의 대학에서 한 해에 배출되는 우등(honours)의 물리학 졸업생들이 1938년과 1962년 151명에서 1,045명으로, 물리학 연구소의 전문적 종사자 수는 908명에서 6,863명으로 늘어났다.

이 증가는 앞의 국면들에서보다 훨씬 높은 물리과학의 집중을 의미한다. 과학의 진보를 바로 산업과 무기의 진보에 연결시키면서, 자본주의세계에서 물리과학은 점점 더 현저하게 미국에 집중했다. 장비가 매우 비싸지고 연구팀은 그것을 광범위하게 운용할 필요가 있었으나 기업에서조차도 비용을 감당할 수 없을 정도였으므로 몇몇 강대국만이 물리과학에 있어 의미있는 공헌을 할 수 있게 되었다. 문화의 옛 중심지는 미국에 비해 과학 연구에의 기회와 유인(誘引)을 거의 제공할 수 없었으므로, 상대적으로 전망이 어두워졌다. 더우기 역사상 처음인 과학과 전쟁의 결합은 과학 자체를 분열시켰다. 비밀주의가 강요되었고 정치적 충성검사가 행해짐으로써 과학 자체는 부득이 정치적 중립이라는 성격으로 더 이상 위장할 수 없게 되었다.

이 세 국면 사이에 1914~18년과 1939~45년이라는 전쟁과학의 시기가 놓이는데, 우리는 이것을 또한 20세기의 특징으로 보아야 한다. 그렇지만 이때의 과학적 성과는 아주 달랐다. 전쟁기, 특히 2차대전 동안은 무엇보다 과학의 가속적이고 계획적으로 응용된 시기였다. 양 대전 동안에 미래는 고의적으로 현재에 희생당했다. 엄청난 과학적 노력이 파괴와 재난을 생산하기 위해 기울여졌다. 그럼에도 불구하고 바로 그런 노력이 성공함으로써, 같은 노력이 건설적인 목적에 돌려지면 무엇이 이루어질 수 있을지 알게 되었다. 그리고 양 대전, 특히 2차대전은 풀어야 할 문제들과 그것들을 물질적 수단을 물리과학에 제공했다.

10.1 전자와 원자

1896년의 물리학

20세기의 위대한 운동과 그에 수반된 물리과학의 혁명은 50여년 사이에 물리학을 거의 완전히 다른 것으로 변화시켰다. 그 혁명을 이해하기 위해서는 20세기초의 과학의 위치와 태도를 다시 고찰할 필요가 있다. 19세기말 물리학의 분위기는 조리있고 지적 만족을 얻을 수 있는 이론과 점점 더 성공하고 있던 실제적 응용이 결합된 분위기였다. 패러데이(Faraday)와 맥스웰(Maxwell)의 전자기학(electromagnetism)은

207. 19세기말에 이르러 대중적 전기공급이 확립되어졌다. 가정의 전기불은 일찌기 런던에서 1882년에 일반적으로 이용되었다. 메트로폴리탄 전기공급회사의 런던 사르디니아가에 있는 고전압 교류 변전소. R. Wormell, *Electricity in the Service of Man*, London, 1896에서.

새로운 전등과 전력망에서 그 응용을 찾게 되었다. 클라우지우스(Clau-sius)와 깁스(Gibbs)의 열역학(thermodynamcics)은 열기관과 화학공업시설을 설계하는 데 영향을 주기 시작했다. 확실히 신발명은 널리 퍼져 있었다. 전자기 이론에서 무선전신이 발명되었다. 열역학은 이미 내연기관의 발명에 사용되었고, 내연기관은 운송을 값싸게 하였으며 인간이 하늘을 날 수 있게 하였다. 그러나 이 모두는 이미 성립된 지식의 연장에 불과했다. 그것들은 근본적으로 새로운 것으로 이끄는 것을 약속하지는 않았다.

방전

변화는 물리학에서 무시되어온 분야로부터 시작되었다. 그 현상은 고전적 설명에는 쉽게 들어맞지 않았으나 별로 중요하지 않았으므로, 궁극적인 불일치에도 불구하고 아무도 의심을 하지 않았다. 19세기 물리학의 자기만족의 벽을 깬 최초의 연구는 방전에 대한 연구였다. 스파크(spark), 아크(arc), 브러시(brush), 방전(electrical discharge) 현상은 늘 매력적이긴 하지만, 막연하고 취급할 수 없는 물리학의 중요하지 않은 분야라고 생각되었다. 19세기 중엽 이 현상들은 아크등이 유행함으로써 약간의 관심을 끌었으나, 세기말에는 백열전등에 자리를 비켜줄 운명이었다. 그러나 방전은 진공에서 밝게 빛나는데, 새로운 전구산업의 요구는 진공기술의 향상에 추진력이 되었다. 관심의 부활과 새로운 기술의 결과로서 19세기말에 몇 가지 새로운 현상이 관찰되었다. 이들 중 많은 부분은 고전물리학으로 설명이 불가능하다고 생각되었다. 1876년 윌리암 크룩스경(Sir William Crookes : 1832~1919)은, 1838년 패러데이의 발견에 뒤이어 진공도가 높은 방전관의 **음극**(cathode)에서 밝은 빛이 나오는 것을 발견했다. 그것은 음극에서 나온 어떤 입자로 이루어져 있다고 생각되었다. 그는 이것을 물질의 새로운 **방사** 형태(radiant form)라고 생각하고 **음극선**(cathode rays)이라 불렀다. 이것은 예언적이었다. 그러한 높은 속도 또는 방사입자에 대한 연구에서 새로운 물리학의 건설이 시작되었기 때문이다.

뢴트겐과 X선

존스톤 스토니(Johnstone Stoney : 1826~1911)가 가능성을 얼핏 보았

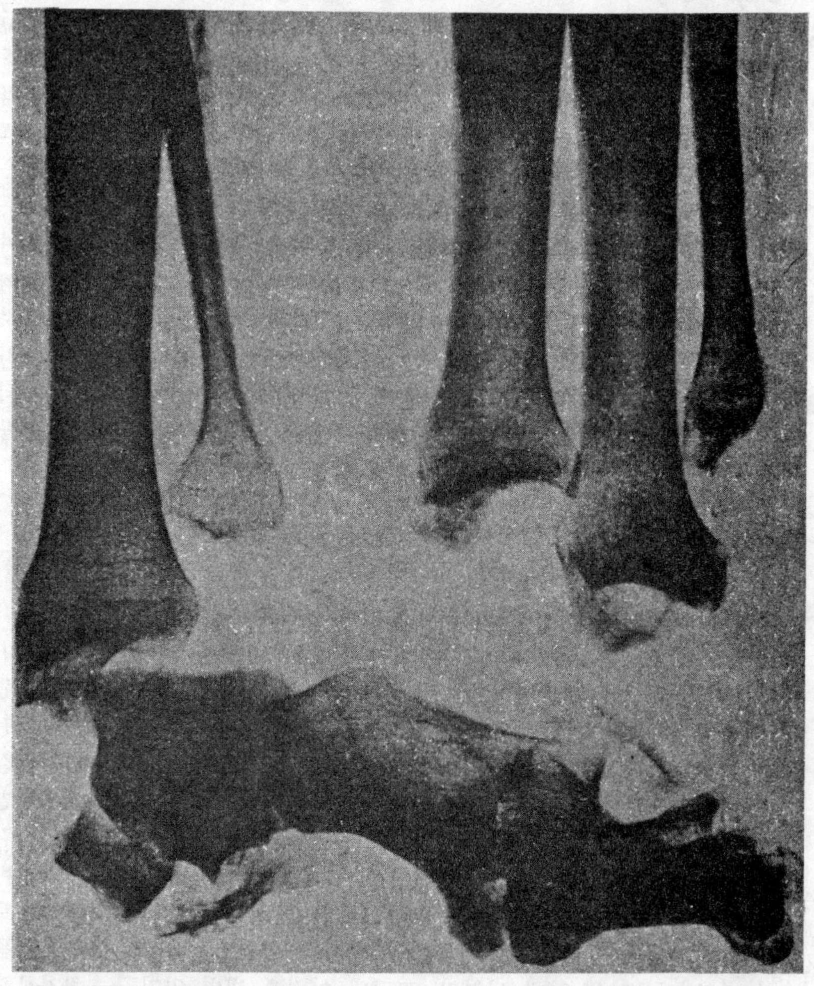

208. 1895년 11월 뢴트겐이 엑스선을 발견하자, 거의 즉각적으로 여러 분야에서 광범위하게 적용되었다. 이 사진이 보여주듯이 1898년에 고고학자들은 이 기술을 미이라화된 화석을 조사하는 데 사용했다.

뢴트겐과 X선

52

고, 1894년에 이 음극선을 전자(electrons)라 불렀다. 쟝 페랭(Jean Perrin : 1870~1942)은 전자가 음전하를 나르는 것을 증명했고(1885), 톰슨(J. J. Thomson : 1856~1940)은 음극선의 속도를 측정했다(1897). 1895년 11월 전혀 예상하지 못한 우연한 발견 때문에 연구 경향은 돌변했다. 당시 뷔르쯔부르크(Würzburg)의 무명의 물리학 교수였던 뢴트겐(Konrad von Röntgen : 1845~1923)은 음극선의 내부 구조(mechanism)를 밝히기 위해 새 음극선 방전관을 하나 샀다. 일주일도 채 안되어, 그는 방전관의 외부에서 어떤 일이 일어나는 것을 발견했다. 이제까지 자연계에서 결코 상상할 수 없었던 성질을 가진 무엇인가가 빠져나오고 있었다. 그것은 어둠 속에서 형광판을 빛나게 했고, 먼지를 뚫고나가 사진 건판을 뿌옇게 할 수 있었다. 그리고 그것은 지갑 속의 동전과 손의 뼈를 보여주는 아주 놀라운 사진이었다. 그는 그것이 무엇인지를 몰랐으므로 엑스선(X-ray)이라 불렀다. 이것은 너무나도 과학적인 발견이었다. 그것은 누구나 볼 수 있는 것이었고, 며칠동안 전세계 신문의 머릿기사가 될 만큼 놀라운 것이었다. 그것은 음악당의 재미있는 이야기거리가 되었고, 몇 주일 내에 명성있는 모든 과학자들이 그 실험을 스스로 반복해본 다음 감탄하는 관중들에게 그것을 설명해주었다.

전자

그러나 엑스선의 직접적 가치는 특히 의학에서 아주 컸을지 모르나 궁극적인 중요성은 물리학과 자연지식 모두에 있어서 훨씬 더 컸다. 왜냐하면 엑스선의 발견이야말로 물리학의 많은 분야에 열쇠를 제공했기 때문이다. 첫째로 톰슨은 엑스선의 발생원인 음극선과 전자를 완전히 이해할 수 있었다. 그는 물질에 충돌한 전자가 엑스선을 발생시킬 뿐 아니라, 모든 물질에 충돌한 엑스선이 전자를 발생시키는 것도 발견했다. 엑스선은 기체 속에서 이온 또는 하전(荷電) 입자를 발생시킬 수 있는데, 이것은 가장 큰 방전현상인 번개를 포함하여 방전의 신비로운 성질을 대부분 설명했다. 아주 다양한 물질들로부터 외관상으로 동일한 전자들을 추출할 수 있다는 사실을 발견함으로써 전자의 흐름이 바로 전류임을 알게 되었다. 그러나 이것은 개별 입자――원자론적인――로 구성된 톰슨은 이 사실을 고찰하여, 원자의 내부구조를 발견하기 위한 결정적인 첫발을 내디뎠다.

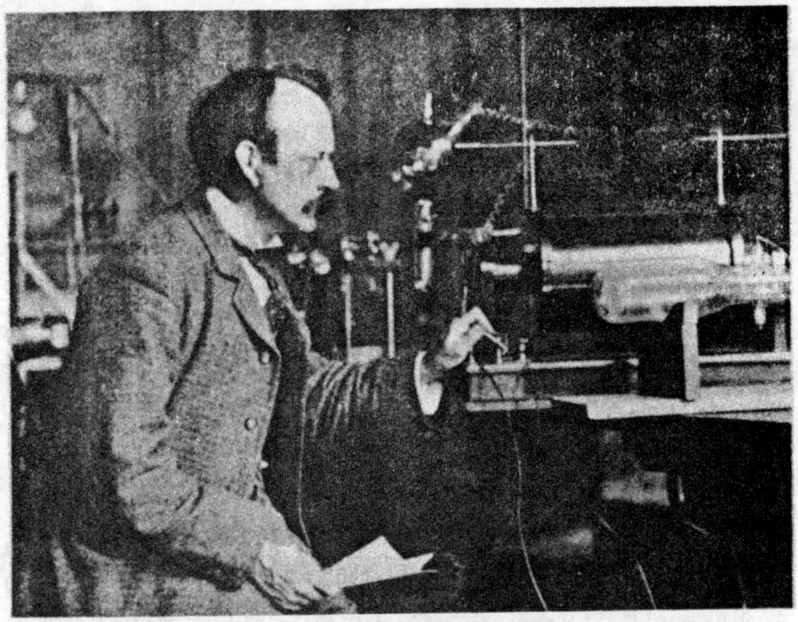

209. 1890년 케임브리지 대학 카벤디시 연구소에서 당시의 과학 기재에 둘러싸여 있는 톰슨 경(Sir John Joseph Thompson).

원자론의 부활

20세기 물리학은 원자를 구체적인 실체라 주장하는 점에서 19세기의 물리학과 다르다. 19세기는 화학에서의 돌턴(Dolton)의 원자론과 더불어 시작되었다. 그것은 유기화학의 구조식에 있어서 원자론의 승리로까지 이어졌다. 그러나 제5부(제9장 1절)에서 지적한 것처럼 19세기말의 주된 경향은 마하(Mach)와 오스트발트(Ostwald)의 영향을 받아 반원자론적(anti-atomistic)이었고, 원자의 성질이 아니라 일반적인 원소(substances)와 비율(ratios)로 설명하였다. 뉴튼은 원자론자였지만 그러나 그의 역학이 라그랑제(Lagrange)와 해밀톤(Hamilton)에 의해 일반화되었을 때는 장소에 따라 조금씩 속성이 변화하는 공간의 모습을 설명하는 데 원용되었다. 이와 같은 장(場 : field) 형태의 이론은, 패러데이의 직관과 그것을 빛의 전자기이론——본질적으로 세력장(fields of force) 이론——으로 변화시킨 맥스웰 덕분에 막대한 위신을 얻었다. 앞으로 살펴보겠지만 이것은 아인시타인의 상대성이론으로 더욱 일반화된다.

장의 물리학(field physics)에서는 연속성이 최고의 개념이었으므로, 원자의 불연속성은 물론 양자론과 더불어 나타날 보다 큰 불연속성도 포함할 수 없었다. 물리 현상에 대한 의식적인 사고가 막 시작된 때와 같이 원자개념은 혁명적이었고, 언제나 일반적인 무신론과 혁명적 사고에 결부되었다. 장은 완전한 기하학적 형태와 같아서 보존적이고 연속적이다. 장의 물리학은 훨씬 안전하게 생각되었지만, 그것을 재건하려는 시도는 원자적 관점에서만 설명할 수 있는 새로운 지식의 홍수를 막을 수 없는 최후의 몸부림이었다.

베크렐과 방사능

1897년 원자는 결정적으로 무대에 등장했다. 그러나 역설적으로 그것은 더 이상 원자(나눌 수 없는 것, 제4장 5절)로서가 아니라, 나눠질 수 있다는 아주 당혹스런 가능성을 보여줌으로써 가능했다. 톰슨이 보여 준 간단한 방법만이 있었던 것은 아니었다. 동시에 또 하나 훨씬 더 중요한 사실이 발견되었다. 엑스선이 발견된 지 네달도 못 되어 프랑스의 베크렐(Becquerel : 1852~1909)은, 엑스선이 방전관에 나타난 광채와 관계가 있으리라 생각하고, 비슷한 광채를 가진 다른 물질——광물 및 염류, 특히 우라늄염——도 비슷한 성질을 갖고 있는지를 실험했다. 놀랍게도 그것들은 비슷한 성질을 보여주었다. 과학사에서 우연과 같은 일이 실제로 일어났다(제9장 3절). 엑스선과 인광(燐光) 사이에 어떤 관계가 있으리라고 베크렐이 확신할 수 있었던 것은 포앙카레(Henri Poincaré : 1854~1912)의 암시 덕분이었다. 그의 부친은 아주 많은 인광체를 수집해 놓았다. 베크렐이 질산우라늄(uranium nitrate) 대신 황산아연(zinc sulphide)으로 눈을 돌렸다면, 방사능과 그것의 원자물리학적 의미는 50여년 뒤에나 밝혀졌을지도 모른다. 과학을 혁명화할 수 있는 단순 현상들이 마찬가지로 우리 주위에 얼마나 많이 널려 있는지 누가 알겠는가 ?

우라늄에서 나오는 새로운 광선 또한 물질을 투과할 수 있었다. 그리고 그 광선은 겉보기에는 불활성이고 영구불변인 화학 물질로부터 아무런 장치도 없이 저절로 생산되었다.

퀴리 부부와 라듐 : 원자의 변환(transmutation)

이것은 19세기의 물리적·화학적 신념에 대한 보다 큰 충격이었다. 위대한 화학자 라보아제(Lavoisier)의 작업으로 원소불변의 법칙이 확립되었다. 그것은 물질을 창조하거나 원소를 바꾸려던 옛 연금술사의 주장을 직접적으로 논박하면서 확립되었다. 그러나 베크렐의 실험에서 물질은 아무런 자극을 받지 않았음에도 불구하고 스스로 변해가고 있었다. 이것은 에너지 보존의 법칙에 비춰보아도 역시 하나의 충격이었다. 이 새로운 방사성 화합물 안에 그토록 분명히 존재하는 에너지는 어디에서 왔을까? 그것은 원자 내부에서 나올 수밖에 없다. 그런데 극미량의 방사성 물질로부터 감지할 수 있을 정도의 에너지가 방출되었다. 이것은 19세기 산업의 기초인 연소(燃燒) 에너지의 사용자로서는 상상할 수 없을 정도로 많은 에너지가 원자 내부에 포함되어 있음을 의미하는 것이었다.

방사능(radioactivity)이 발견되자 과학적 진보는 역사상 어느 시기보

210. 1904년 파리대학에 있는 퀴리의 실험실. 이 삽화는 1873년 이래로 파리에서 출간되어온 『자연』(*La Nature*)지에 실린 것으로 완벽한 실험실의 한 부분이다.

다도 빨라졌다. 6년이라는 짧은 기간에 자발적인 원자 변화의 본질적인 모습이 완전히 밝혀졌다. 피에르 퀴리(Pierre Curie : 1859~1906)와 그의 폴란드인 아내 마리(Marie : 1867~1934, 최초의 위대한 여성과학자라는 사실 자체만으로 경이적이다)는 본래의 우라늄보다 훨씬 강력한 방사성 물질을 발견했다. 그들은 **폴로늄**(polonium)이나 **라듐**(radium) 같은 새로운 원소를 분리했는데, 라듐은 아주 강력한 방사성을 갖고 있어서 어둠 속에서 스스로 빛을 냈고, 접촉하는 사람에게 심각하고 치명적인 상처를 입힐 수 있었다.

러더포드와 소디 : 방사성 변환

러더포드(Rutherford : 1871~1937)는 방사(radiations) 자체의 본질을 연구하여 방사의 한 형태인 알파선(alpha rays)이 과학적으로 전혀 새로운 것임을 보여주었다. 그것은 상상할 수 없을 만큼 빠른 속도로 사출된 입자로 구성되어 있다. 그는 라듐 원자가 희귀하고 황홀(romantic)한 원소이며 태양광선 연구를 통해 태양에서 처음 발견된 헬륨 원자를 방출하면서 다른 원자——라듐 방사 원자(ridium emanation atom)——가 된다는 것을 밝혀내었다. 이것은 연금술——자연적인 연금술——이었다. 왜냐하면 그때까지는 어떤 방법으로도 원자의 붕괴속도와 정해진 방사성붕괴법칙에 따른 원자변환속도를 바꿀 수 없었기 때문이었다. 종교가들은 이것을 자연의 불가사의한 신비라고 생각하여 그것을 방해할 수 없으리라고 주장했다. 당시 몬트리올에서, 훌륭한 화학자 소디(Soddy : 1877~1956)와 함께 연구하고 있던 러더포드는 물리학적 기술과 화학적 기술을 훌륭히 결합하여, 이 붕괴 과정을 추적했다. 그리하여 1899년부터 1907년까지 자연변환 계열——우라늄에서 시작하는 계열과 토륨(thorium)에서 시작하는 계열, 악티늄(actinium)에서 시작하는 계열——을 모두 찾아내었다. 각 방사성 원소는 알파선과 베타선(beta rays) 그리고 감마선(gamma rays)을 방출하고 다른 원소로 바뀌는데, 결국에는 모두 다 안정된 원소인 납으로 된다. 이 과정을 연구한 결과, 원소는 단순·균일하지 않으며, 각 원소는 화학적으로는 똑같이 작용하지만 물리학적으로는 다른 방식으로 쪼개지는 원자를 포함할 수 있다는 사실이 확증되었다. 이것이 **동위원소**(isotopes)이다.

플랑크와 양자론

처음에는 복잡한 이 현상들이 기존의 법칙에서 너무도 벗어나 있었으므로, 맹목적인 사실로 취급되어 버렸다. 그러나 이미 물리학의 다른 분야에서는 이 현상을 설명하는 데 도움이 될 실마리가 나타나 있었다. 최초로 전자가 발견되자 빛의 복사이론에 문제가 제기되었다. 만일 회전하거나 진동하는 전자가 빛을 낸다면, 전자가 빛을 냄으로써 에너지를 잃어감에 따라 그 빛깔은 계속 바뀌어야 한다. 그러나 스펙트럼에 나타난 명백한 증거는 파장이 불변임을 보여주었다. 열 이론에서 또 다른 모순이 발생했다. 고전적 전자기이론에 따르면 모든 뜨거운 물체

211. 막스 플랑크(Max Planck, 1858~1947). 1900년에 방사능은 항상 불연속적인 양을 방사한다는 이론을 내놓았다. 그의 이론은 원자에 대한 보어의 이론과 함께 잘 맞는 것으로 보였으며, 그 후 수십년 동안 물리학자들은 그 이론을 광범위하게 수용하였다.

58

의 에너지는 짧은 파장에 집중되어야 한다. 그것은 푸르게 보여야 하는데 실제는 붉게 보인다. 이런 불일치들이 영원히 무시될 수는 없었다. 그러나 플랑크(Max Planck : 1858~1947)는 그것을 설명하기 위해 계속 노력하여 1900년에야 이론적 한계를 규정짓던 실험적인 어려움을 극복했다. 플랑크는 사실 원자의 에너지가 결코 연속적으로 방출될 수 없으며, 한번씩 뭉쳐서 나온다고 주장했다. 바꾸어 말하면 에너지는 물질과 같이 원자적이지만, 이 원자적 성질은 에너지 자체에 있는 것이 아니라 기묘한 양작용(quantity action ; 에너지에 시간을 곱한 것)에 있다는 것이다. 따라서 원자적 체계를 갖는 모든 에너지 교환의 크기는 일정한 양자(quantum) 또는 작용의 충분한 만큼의 양, 즉 플랑크 상수($h = 6.6 \times 10^{-27}$ erg seconds)가 존재한다.

아인시타인과 광자

아인시타인(Albert Einstein : 1879~1955)은 처음으로 이것을 새로운 물리학 분야에서 실질적으로 응용한 사람이다. 그는 금속에 유색 광선(단색광)을 쪼일 때 빛의 세기에 관계없이 일정한 속도로 전자가 방출되는 이유를 설명했다. 금속 내의 전자는 오직 그 빛이 가진 에너지만한 크기의 양자만을 모을 수 있다. 빛이 많아지면 양자가 더 많아질 뿐이지 더 큰 양자가 나오는 것을 뜻하지는 않는다. 그러나 전자의 속도는 직접적으로 빛의 색깔, 즉 빛의 진동수로 결정된다. 빛을 금속에 쬐어 방출된 전자에 대한 아인시타인의 설명은 한 입자, 즉 **광자**(photon) 또는 진동수 v인 빛의 원자가 다른 종류의 입자, 즉 공식 $E = 1/2mv^2 = hv$에 따라 속도 V 또는 에너지 E를 가진 전자에 에너지를 넘겨 준다는 것이다. 결국 그는 빛에 대한 파동설을 뒤집고, 빛은 입자라는 뉴튼의 오랜 주장으로 돌아갔다.

원자핵

그러나 양자론을 원자구조에 충분히 적용하기 위해서는 다른 두 가지의 결정적인 발견이 필요했다. 1910년 러더포드의 두 공동 연구자인 가이거(Geiger : 1882~1945)와 마르스덴(Marsden)은 사출된 알파 입자가 물질의 얇은 조각을 뚫고 나가는 대신, 때때로 튕겨 나온다는 사실

212. 맨체스타 대학 연구실에서 가이거(Hans Geiger, 1882~1945)와 러더포드(Ernest Rutherford, 1871~1937). 이 곳에서 그들은 알파 입자가 헬륨 원자의 핵이며, 베타선은 고속으로 움직이는 입자라는 것을 발견했다.

을 발견했다. 러더포드는 이 놀라운 결과(그는 이것을 지름 15인치의 포탄이 종이 한 장에 튕겨지는 것에 비유했다)로부터, 알파 입자가 아주 작고 단단한 물체와 충돌했다는 간단한 결론을 끌어냈다. 실제로 그는 원자가 **핵**(nucleus)을 갖고 있다고 생각했다. 이것은 전자의 또다른 동반자이며, 전자들이 음전하를 띠고 있으므로 핵은 주위 전자들의 총전하와 같은 크기의 양전하를 가져야 한다. 이 전자들은 어떻게 배열되어 있을까? 그 문제는 르네상스 시대의 과학자들을 곤경에 빠뜨렸던 태양계의 행성배열 문제와 여러 가지 면에서 상당히 비슷하다. 이미 1901년 페랭이 태양계와 비슷한 해답을 제시했었는데, 4반세기 후에 엑스선의 발견에 따라 밝혀진 사실들에 의해서야 비로소 증명될 수 있었다.

폰 라우에와 브랙 부자 : 엑스선과 결정

1912년 폰 라우에(von Laue : 1879~1960)는, 보통의 빛이 깃털, 올이 고운 옷감, 축음기 음반처럼 자기의 파장과 비슷한 간격을 갖는 가는 줄무늬구조에 회절되는 것(제7장 8절)과 마찬가지로 엑스선도 결정(crystal)에 회절(diffracted)될 수 있음을 발견했다. 엑스선은 원자크기의 물체에 회절되므로 빛보다 짧은 파장을 갖는다. 폰 라우에의 이 발견은 효과면에서 엑스선 자체의 발견만큼 중요했다. 처음으로 윌리엄 브랙경(Sir William Bragg : 1862~1942)과 아들인 로렌스 브랙경(Sir Lawrence Bragg)이 라우에의 결과를 갖고 엑스선의 파장을 측정함과 동시에 엑스선으로 결정을 구성하는 원자 배열에 의하여 결정의 구조를 밝혀 낼 수 있음을 보여주었다.

213. 러더포드의 제자이며 노벨상 수상자인 보어(Niels Bohr, 1885~1962). 그의 1913 년의 전자기 에너지의 방사방법과 원자에 대한 이론은 대단히 중요한 것이었다.

러더포드-보어의 원자모형

그후 1913년 맨체스터에 있는 러더포드의 실험실에서, 갈리폴리(Galli-poli)에서 사망한 매우 뛰어난 젊은 물리학자 모즐리(Moseley : 1887~1915)는 여러 가지 원소를 써서 엑스선의 파장을 측정하여, 그 파장이 원자 번호, 즉 각 원자의 전자수에 관계되는 아주 간단한 법칙에 따라 결정됨을 보여주었다. 그때 러더포드의 실험실에는(6. 21) 물리학 분야에서 함께 연구했던 몇 명의 뛰어난 두뇌들이 러더포드의 명성 아래 모여 있었다. 그중 덴마크인 보어(Niels Bohr : 1885~1962)가 있었는데, 그는 네 가지 독립된 학설을 결합할 수 있었다. 그 네 가지는 첫째, 산란실험에서 나타난 단단한 핵, 둘째는 오래 전에 발머(Balmer : 1825~98)가 발견한 수소 스펙트럼의 진동수에 관계된 간단한 법칙, 세째는 엑스선이 서로 다른 원소들에서 보여준 파장의 규칙성, 그리고 네째가 이들을 결합시키는 데 공헌한 플랑크의 양자이론이었다.* 새로 태어난 케플러처럼 그는 원자에는 태양계처럼 각 전자가 특정한 궤도를 갖는다는 사실과 전자가 높은 에너지의 궤도로부터 보다 낮은 에너지 궤도로 움직일 때에만 빛 또는 엑스선이 나온다는 사실을 밝혔다.

러더포드-보어의 원자모형, 즉 20세기의 원자모형은 이제 훌륭하게 확립되어, 뉴튼의 천문학에서처럼, 어떤 원자가 가진 전자의 수만 알면 그 원자의 성질을 예측할 수 있게 되었다. 그것은 원자가 특정 진동수의 빛만을 방출 또는 흡수하는 원인을 설명했다. 혼합 스펙트럼을 해석할 수 있었고, 서로 다른 원자에 있는 전자의 **에너지 준위**(energy le-

---

* 리히터 박사는 필자가 과학에서 특히 플랑크의 양자론과 관련해서 이론의 역할을 낮게 평가했다고 비난했다. 솔직이 말해서 필자는 실험방면을 더 많이 알고 경험도 많으므로, 근대물리학의 진보에 대한 필자의 설명은 다소 실험방면에 치우쳐 있다. 19세기의 화학, 특히 물리화학과 열화학의 많은 진보가 양자개념으로만 설명될 수 있다는 점이 지금은 상대적으로 분명해졌지만, 당시에는 불분명했다. 양자론의 실질적 승리는 뢴트겐과 베크렐의 전혀 예상하지 않은 비이론적인 발견에 뒤이은 원자의 형산을 설명하는 데서 획득되었다. 러더포드-보어 원자모형은 태양계와 비슷한 핵원자모형뿐 아니라 양자론을 최후로 완전히 입증했다.

vels)를 결정할 수 있었다. 에너지 준위라는 개념은 바로 양자론적인 것이다. 그것은 모든 원자구조나 분자구조가 악기의 배음(倍音, overtones)과 같이 서로 다른 진동 특성을 가진 여러 가지 상태로 존재할 수 있으며, 각 상태간의 에너지 **차이**(differences)는 방출하거나 흡수되는 빛의 **진동수**(frequencies)를 측정함으로써 알아낼 수 있음을 의미한다.

화학에서의 새로운 원자모형

그러나 러더포드-보어의 원자모형은 **훨씬** 더 많은 역할을 할 수 있었다. 그것은 이제까지 신비하고 임의적이던 화학법칙을 설명하는 데 적절하게 사용되었다. 첫째로 왜 다양한 원자들이 고유의 특성을 갖는가, 왜 어떤 것은 금속이 되고 다른 것은 그렇지 않은가, 왜 또 다른 불활성 기체가 되는가 등이 이 원자모형으로 설명되었다. 일정한 전자수——2, 8, 18, 32——를 가진 배열은 특별히 안정된 것으로 생각되었다. 각 조에 허용된 것보다 전자의 수가 많으면, 나머지 전자는 **훨씬** 느슨하게 구속되어 있다. 이런 원자로 된 물질에서 빛은 전자를 쉽게 진동시킬 수 있고 강하게 반사된다. 이것은 바로 **금속**(metal)의 특성이다. 각 조에 필요한 것보다 전자가 적으면 가장 효과적으로 전자를 공유하도록 다른 원자의 전자와 결합한다. 그 결과 가스나 유기분자 같은 비금속 중성 분자가 된다. 만일 **비금속**(non-metalic)원자와 **금속**(metal)원자가 결합되면, 금속원자는 남는 전자를 비금속원자에 주고 양전기를 띤 **이온**(ion)이 되고, 음전기를 띤 비금속 **이온**과 단순한 전기 인력으로 결합하여 **염**(salt)을 만든다. 이리하여 50년 전 위대한 러시아의 화학자 멘델레프(Mendeleev)가 논리적으로 만든 원소 주기율표 전체가, 비로소 물리적·정량적으로 설명되었다. 주기율표에는 수소에서부터 우라늄에 이르는 92개의 천연 원소가 있는데, 그 원소들은 핵 내부에 각각 1, 2, 3, …… 92개의 양전하를 갖고 있으며, 각각은 고유의 원자번호를 갖고 있다(제8장 8절).

결정의 구조

그러나 폰 라우에와 브랙 부자의 발견은 또 하나의 더욱 광범위한 결과를 가져왔다. 결정의 원자 배열을 비교분석한 결과 브랙 부자는 새로이 구조결정학(structural crystallography)을 확립할 수 있었는데, 이것은 거꾸로 결정과 분자의 본질에 대한 화학자들의 생각을 변화시키게 되었다. 그것은 마치 화학원자의 위치를 볼 수 있게 하는 현미경이 새로 개발된 것과 마찬가지였다. 결정학은 한편으로는 나트륨 양이온과 염소 음이온이 규칙적으로 배열되어 있는 소금 같은 간단한 염에는 분자가 전혀 존재하지 않는다는 사실을 보여주었다. 다른 한편 한 무리의 원자가 뭉쳐서 다른 무리와 멀리 떨어져 있는 19세기의 화학분자(molecules)인 나프탈렌 같은 물질에는 분자가 존재한다는 사실을 보여줄 수 있었다. 사실 엑스선을 분석한 결과 처음에는 분자의 구조변화에 기초하여 화학자들이 가장 뛰어난 수학적 논리를 동원하여 만들어낸 분자구조가 확인되었으나 곧이어 그것은 수정되었다. 금속과 규산염처럼 이러한 화학적 방법이 사용될 수 없는 물질에 대해서 엑스선은 직접 원자형태를 밝힐 수 있었고 동시에 그런 물질 특유의 유용한 성질을 설명할 수 있었다.

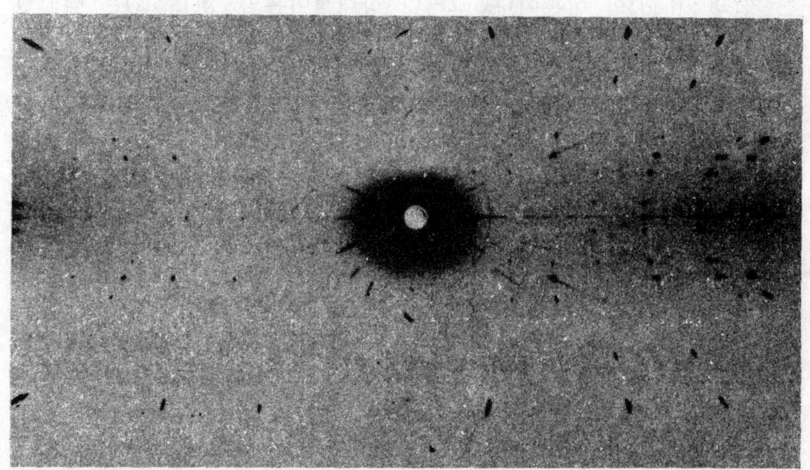

214. 결정을 엑스선에 쪼일 때 방사능을 회절시키는 결정 안의 원자들에 의해 특유의 무늬가 형성된다. 이 무늬는 결정을 이루는 원자들의 배열에 따라 결정되며, 이를 분석의 수단으로 이용할 수 있다. 여기서 보이는 엑스선 회절 무늬는 니오뷰산나트륨($Na\ NbO_3$)이다.

10. 2 이론물리학

제1차 세계대전 : 상대성이론

앞에서 이미 거론된 발견들 이후 물리학의 진보는 제1차세계대전으로 중단되었다. 제1차세계대전은 근대 물리학의 최초의 영웅적 시기에 갑작스런 종말을 가져왔다. 전쟁은 약간의 결코 많지 않은 과학자들을 전쟁터로 끌고 갔으며, 그렇지 않은 곳에서도 중립국을 제외하고는 동원되지 않은 실험과학자들의 순수한 과학적인 연구마저 효과적으로 방해했다. 그러나 대부분의 이론 과학자들은 연구를 계속했다. 인류 역사상 가장 위대한 진보의 하나인 아인시타인의 **일반상대성이론**(general theory of relativity)이 완성된 것이 바로 이 시기(1915)였다. 사실 상대성은 본질적으로 20세기 과학보다는 19세기 과학에 속하는 것이었다. 20세기 과학의 기조는 불연속성과 원자론이었다. 한편 상대성이론은 연속성이고 장($場$: field)의 이론이다. 그러나 상대성이론의 장(fields)은 맥스웰의 전자기 장(fields)에 비해 **훨씬** 더 일반화되었다. 그것은 시간-공간의 새로운 장이다. 아인시타인이 1905년에 발표한 특수상대성이론은 상대적인 운동만이 관측될 뿐이기 때문에 시간과 공간은 관측자의 운동에 따라 어느 정도 상호 교환할 수 있음을 밝혀냈다. 10년 뒤 아인시타인은 이제까지 임의적이고 불가사의했던 중력이라는 힘을 시간-공간의 일반화된 체계내로 끌어들일 수 있었다. 그러나 이 과정에서 그는 뉴튼 역학뿐만 아니라 훨씬 요지부동한 기반을 가진 유클리드 기하학에서 벗어나야만 했다.

질량과 에너지의 등가(等價, equivalence)

모든 대중적 인기에도 불구하고 상대성은 아직도 이해하기가 아주 힘든 이론이다. 그럼에도 불구하고 그것의 과학적 중요성은 두 개의 밀접하게 연결된 관계——질량과 에너지의 등가, 그리고 빛의 속도에 대한 특별히 한정하는 성격——에 의존한다. $E=mc^2$(E는 에너지, m은 질량, c는 빛의 속도)이라는 공식으로 표현된 질량-에너지의 등가는 원

215. 개기일식은 태양의 섬광으로 인해 보통 때에는 관찰되지 않던 별들이 태양환
에 아주 근접해 있어도 관찰할 수 있게 한다. 상대성이론에 따르면, 그러한 별들의
모습은 일식중에 사진을 찍은 별의 위치와 태양이 별자리를 벗어나 있을 때 찍은
사진과는 위치에 있어 차이가 나야 한다. 이 차이는 별들이 태양 곁을 비교적 가까
이 지나갈 때 태양의 중력이 별빛을 흡인하여 일어난다. 이 사진은 상대성이론을 처
음으로 관측시험했던 브라질의 소브랄에서 1919년 5월 29일에 찍은 것이다. 하나의
별이 환과 'S' 표시 사이에서 보여진다.

자 안에 잠재된 거대한 에너지를 이론적으로 표현한 것이었다. 나중에
이것은 우주에 응집된 모든 에너지, 즉 최초의 핵 에너지 원자로인 태
양과 별들의 에너지의 원천임이 밝혀졌다. 사실 태양은 수소를 태워
헬륨을 만들면서 점점 가벼워짐으로써 우리를 따뜻하게 해준다. 그러
나 프로메테우스의 후예들은 프로메테우스의 운명에 빠지지 않고 이런
형태의 불을 수소폭탄이라는 모습으로 하늘에서 가져왔다. 빛의 속도
가 가진 한정적 성격도 비슷하게 중요한 사실이다. 모든 속도는 상대
적임을 보여줌으로써 아인시타인은 또한, 계속하여 가속(加速)되더라도
어떤 입자도 빛의 한계속도를 넘어 설 수 없음을 설명했다. 입자의 속
도가 빛의 속도에 가까와질수록 그것의 에너지와 질량이 동시에 증가
하여, 속도의 증가가 갈수록 어려워지기 때문이다.

아인시타인 이론의 과학적 내용

아인시타인의 이론은 기존의 과학이론의 의미를 깊이 심사숙고하여 생겨났고 추상적임에도 불구하고, 궁극적으로는 실험으로 도출되었으며 실천적으로 응용되었다. 아인시타인의 출발점은 19세기 물리학의 한 분야에 내재된 어려움이었다. 그것은 빛의 외견상의 속도가 가상적으로 고정된 에테르(ether) 속을 운동하는 관찰자의 속도에 의존한다는 점을 확증하여, 빛에 대한 전자기 이론을 일반화하려는 시도였다. 이것이 그 유명한 마이켈슨-몰리(Michelson-Morley)의 실험인데, 과학의 역사상 가장 부정적인 실험이었다. 왜냐하면 관찰자가 어떤 방향으로 어떤 속도로 움직이면서 보아도 빛의 속도는 일정했기 때문이다. 몇 년 뒤에 톰슨(J. J. Thomson)은 강력한 자기장 속의 전자가 뉴튼 물리학에 따른 속도를 내지 못하고 있음을 발견했다. 그것은 빨라짐에 따라 가속되기가 더 어려워지는 것 같았다. 이 두 가지 현상은 모두 아인시타인의 특수상대성이론으로 설명되었다.

아인시타인의 **일반상대성이론**(general theory of relativity)은 더 멀리까지 진행되었다. 그것은 중력을 시간과 공간의 측정범위에 포함시키려는 시도였다. 그것은 무게, 보다 학문적으로 말하면 멀리서 작용하는 중력과 같은 신비스런 힘에 호소하지 않았다는 점에서 특히 중요하다. 일반상대성이론은 한 물체가 자유로울 때, 즉 다른 물체와 물리적으로 접촉하지 않고 있을 때 그 물체는 힘의 영향을 전혀 받지 않으므로 그 물체의 운동은 그 물체가 지나온 곳에서의 시간-공간의 성질을 표현할 뿐이라고 가정했다. 이 이론에 따르면 우리의 유클리드 기하학은 비어 있는 공간에서만 성립한다——무거운 물체 가까이에서 공간은 구부러진다. 이 관점은 하늘에서는 원운동이 본래의 모습이라는 고대 피타고라스의 생각으로 회귀하는 것이다. 다만 신비로운 직관이 아니라 가장 정밀하게 양적으로 증명할 수 있는 수학적 설명으로 더 높은 수준에서 회귀한 것이다.

만일 아인시타인이 중력을 표현하는 데 뉴튼보다 더 정연한 대안을 찾아낸 데 불과하다면, 그는 새 시대의 코페르니쿠스라 불렸을 것이다. 그러나 그는 코페르니쿠스 이상의 일을 했다. 그는 새로운 방법이 실험 결과에 더욱 잘 들어맞는다는 사실을 보여주었다. 그는 태양 가까이 있는 별의 겉보기 위치이동(apparant shift of the position)이, 별에서 나온 광선이 구부러진 공간을 통과했기 때문이라고 설명했고, 행성인 수성의 운동에서 발생하는 불규칙성을 설명할 수 있었다. 태양계에 대한 뉴튼의 이론을 마침내 능가했다.*

항성 천문학과 거대 망원경

그러나 이것은 이미 오랜 옛날 일곱 행성의 궤도가 하늘 나라에 오르는 계단이라 생각했던 시대의 천체의 중요성을 소멸시켰다. 천문학은 고대·중세에 있어 세계에 대한 신의 계획을 설명했고, 낮과 밤의 길이를 측정하는 데 중요했으며, 르네상스시대에 항해의 길잡이로서 중시되었으나 20세기에 들어와 천문학은 모든 중요성을 거의 상실했다. 그러나 그 명성은 아직도 남아 있어서, 공상적인 천문학자들은 아무런 쓸모도 없는 망원경을 만들기 위해 필요한 돈을 완고한 사업가들로부터 충분히 뜯어낼 수 있었다. 실로 이 거대 망원경은, 베블렌(Veblen)이 자본주의를 분석하며 말한 '과시적 소비'의 가장 전형적인 예였다(6. 140a). 그것은 유럽의 성들(castles)을 대서양 너머로 옮기는 것보다 더 효과적으로 자본가의 청렴성을 증명했으며 경쟁의 건강한 요소를 유지시켰다. 망원경은 군함의 대포와 같이 지름과 관측범위가 경쟁적으로 확대되었다. 그 근원이야 어쨌든 새로운 촬영기구와 분광기를 갖춘 천문대가 늘어남에 따라 천문학의 연구범위는 태양계를 넘어서 항성과 성운에까지 확대되었다. 우리 은하계를 포함하여 성운은 이제, 칸트가 1755년 주장했듯이 섬우주(island universes)로 판명되었다(6. 124).

천체물리학

천체가 내는 빛을 이용하여 진전되 천체 내부에 관한 연구는 19세기 분광기의 발견과 더불어 시작되었다. 20세기에 들어 **천체물리학**(astrophy-

---

*높은 속도로 움직이는 물질의 행동원리를 이해하는 것이 핵물리학의 싱크로트론과 사이클로트론을 설계하는 데 실제로 필수적임을 알게 되었다. 더욱 최근에 어떤 은하의 핵에서 발견된 태양 질량의 몇백만 배나 되는 초성(超星, super stars)을 발견함으로써 이것이 완전히 입증되었다(pp. 94f.).

68

sics)은 과학의 한 분야로서의 자리를 굳히고 있다. 이 분야에는 실험실 작업과 천문대의 작업이 완전히 혼합되어 있다. 천체물리학은 처음부터 공간적 구조뿐 아니라 시간적 구조를 연구한다는 점에서 지구물리학과는 다른 성격을 갖고 있었다. 1913년 러셀(H. N. Russell, 1877~1957)의 항성스펙트럼 분류는 하나의 진화순서를 분명하게 보여주었다. 우주론은 우주기원론(cosmogony)을 뜻하는 듯했다. 사물은 '어떻게 지금과 같이 되었는가?'하는 문제는 '어떻게 태어났는가?'하는 문제를 제기할 수밖에 없었다. 이렇게 해서 천문학은 옛날의 중요성을 조금이나마 되찾기 시작했다. 이제 천문학은, 고대인들뿐 아니라 뉴튼까지도 믿었던 것처럼 인자한 신이 일거에 만들어 놓은 우주의 합리적 계획을 찾아내는 것이 아니고, 인간에게 어떤 교훈을 줄 수도 있는 우주 탄생의 전개과정을 밝혀내고 있다. 그러나 우주의 역사에 대한 지식은 핵물리학이 더욱 발전하면서 대폭 늘어났다(pp. 92ff). 아인시타인은 첫걸음을 내디딘 데 불과했지만 그것이 결정적이었다. 그는 역학의 원리를 의심할 수 있음을 보여주었다. 양자론은, 초기의 형태에서는 물론 새로운 형태에서는 더욱 완전하게 뉴튼 역학의 기초를 부숴버렸다. 이 혁명은 르네상스시대에 아리스토텔레스를 뒤집어엎은 것만큼이나 중요하고, 더 많은 가능성을 함축하고 있는 것이었다(6. 130 ; 6,139).

아인시타인과 과학의 신비화

그러나 적용가능한 좁은 특정 분야 이외에서 아인시타인 이론은 일반적인 신비화에 영향을 주었음도 또한 사실이다. 제1차세계대전에서 환멸을 느낀 지식인들은 현실을 회피하기 위해 열심히 여기에 매달렸다. 그들에게는 '상대성'이라는 말만이 필요했으며, '모든 것은 상대적이다' 또는 '그것은 네가 생각하기에 달렸다'고 말할 뿐이었다. 상대성이론은 과학의 신비를 통속화하는 많은 작업의 기초가 되었다. 20세기의 물리학이론은 과학 외부의 이상주의적 경향으로부터 이전보다도 더 많은 영향을 받는다. 물리학이론은 수학기초를 사용하여 공식화되어 있음에도 불구하고 그것은 아직도 종교에서 유래된 현실로부터의 비약을 많이 포함한다. 그런데 현실에서 비약한다는 것은 점점 명확하게 자본주의의 작용을 은폐하는 데 관련됨을 뜻한다. 현대 물리학이론을 이론적으로 정식화하는 데 마하(Ernst Mach)의 실증주의가 끼친 영향은 압도적이었다(제12장 8절)*. 대부분의 물리학자들이 이 **실증주의(posi-tivism)**를 교육받음으로써 실증주의라는 것이 객관적 세계를 주관적 개념으로 설명해 버리는 교묘한 방법임을 깨닫지 못하고, 그것을 과학의 본질적 부분이라 생각하게 되었다. 이것은 20세기초 레닌이 『**유물론과 경험비판론**』(*Materialism and Empiro-Criticism*)에서 분명하게 폭로되었다. 그러나 이론 물리학의 신비화는 아직도 계속되고 있으며, 물리학의 논리적 기초가 물질적 세계와는 아무런 관계가 없는 관념에서 해방되기 위해서는 여러 해에 걸친 논쟁과 정치적 경험을 포함한 경험들이 필요할 것이다.

실험 : 이론의 기초

현대물리학이 발전해 온 역사를 보면 유가와(Yukawa)가 중간자를 예언한 예외도 있지만, 실질적으로 모든 경우에서 진보는 실험 과정에서 나타난 발견 때문에 이루어졌음이 분명하다. 그리고 실험 과정에서 이론적으로 생각할 수 없었던 일이 발생하면 이 실험을 설명하기 위해 새로운 이론이 등장한다. 그런데 이론적인 설명의 본질은 말에 불과하다. 물리학이론은 기호 체계를 이용한 공식으로 완벽하게 표현될 수 있다. 하지만 설명의 가치는 공식의 아름다움이나 단순성이 아니라, 그것이 얼마나 많은 실험적 사실을 설명할 수 있는가에 있다. 그것이 20세기의 위대한 일반화가 가진 중요성의 근거이다. 상대성이론과 양자론은 19세기의 고전적 이론체계보다 훨씬 많은 분야의 경험을 포괄한다. 이 이론에 따라 수행된 실험들에서도 풍부한 결실을 거둘 수 있었다. 그러나 이 이론이 실험에서 제기되는 모든 문제를 처음부터 설명할 수 있었던 것은 아니었다.

＊비판적인 견해로 로젠펠드(Rosenfeld) 교수는 필자가 마하의 성실한 물리학적 통찰력을 인정하지 않고 오로지 실증주의 철학 때문에 그를 비난한다고 주장한다(6. 119). 만일 필자가 요즘의 초음속비행시대와 가장 관계있는 마하의 역학과 유체철학을 다룬다면, 그를 완전히 칭찬했을 것이다. 그러나 필자는 지금 물리학이론에 대한 본질적으로 주관적이고 감각적인 그의 접근방식, 예를 들면 그의 반(反)원자론을 다루고 있는데, 이것은 물리학에 많은 해독을 끼쳤고, 앞으로는 더욱 심할 것이라고 필자는 아직도 생각한다.

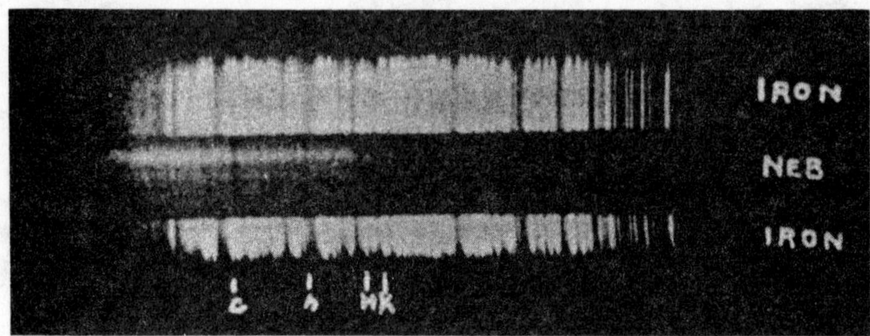

216. 쇠조각의 스펙트럼과 같이 찍은 성운의 스펙트럼. 성운의 스펙트럼이 중앙에 있고 쇠조각의 것이 그 아래 위에 있다. 이 사진은 네가티브 사진으로 성운의 스펙트럼의 휘선은 검게 보이고, 쇠조각의 검은 선이 희게 보인다. 이 사진은 19세기 후반에 만들어진 것으로 허긴스(William Huggins, 1824~1910)는 이같은 사진을 보고 기체상태의 물질만이 휘선을 가지고 있으므로 어떤 성운은 기체상태의 물질로 이루어졌다는 사실을 믿게 되었다. 허긴스의 작업은 특히 미국에서 거대한 망원경을 사용하여 19세기말과 20세기초의 몇 십 년간 지속되어졌다.

신양자론

20세기 물리학 역사의 다음 단계에서 이것이 가장 명확히 예증되었다. 보어의 원자에 대한 최초의 양자론은 원칙적으로 모든 원자구조와 분자구조를 설명해야 했다. 그러나 실질적으로는 큰 어려움에 부딪쳤다. 한 개의 원자에서 에너지 준위를 결정하는 양자수는 이론이 요구하는 대로 정수였다. 그러나 이원자(二原子)분자와 같은 모델에서 에너지 준위의 양자수는 0, 1, 2, 3으로 되지 않고, 난처하게도 1/2, 1과1/2, 2와 1/2로 되었다. 이것과 더불어 1934년에 나타난 다른 편차는 양자론에 아주 심각한 결함이 있음을 보여주었다. 그것은 당시에 캐벌러(cabbala, 비법)라 불린 일종의 대수학(formalalgebra)으로 발전해 갔다. 이 경우 대부분의 사실을 설명하는 수자들의 집합을 만들 수 있었지만, 편의성이 있을 뿐 정당한 근거를 제시할 수는 없었다. 전자의 운동원리도 보어가 처음 생각했던 것만큼 단순하지 않았다. 이 난제를 푸는 첫째 방법은 구드스미트(Goudsmit)와 울렌벡(Uhlenbeck)이 1924년에 시도했듯이, 전자는 전기를 띰과 동시에 자석이기도 하다고 가정하는 것이었다── 즉 그것은 스핀(spin, 회전)한다는 것이다. 그러나 주요 난제는 아직도 남아 있었다.

파동과 입자의 물리학적 등가 : 파동역학

이런 문제를 풀려는 노력으로 1925년 양자론은 전반적으로 많이 수정되었다. 전혀 다른 네 명의 과학자가 거의 동시에 이 작업을 수행했음을 보면, 이 수정이 너무 늦었다는 생각이 든다. 프랑스의 드 브로이(Louis de Broglie), 독일의 슈뢰딩거(Schrödinger)와 하이젠베르크(Heisenberg), 그리고 영국의 디랙(Dirac) 등 네 사람이었는데, 그들은 수학적으로는 동일하나 형식적으로는 전혀 다른 해결책들을 제시했다. 드 브로이는 1923년 물리학의 역사를 따라 17세기 뉴튼과 호이겐스(Huygens)의 논쟁에까지 거슬러 올라갔다(6. 32~3 ; 7장 8절). 그 논쟁은 이미 어떤 매질에서든 상관없이 파동과 입자는 최단 거리를 통과한다는 놀라운 유사성을 밝혀내었다. 파동은 시간(time)을 최소화하도록 움직이고(페르마[Fermat]의 원리), 입자는 작용(action)을 최소화하도록 움직인다(모페르튀[Maupertuis]의 원리). 만일 파동과 입자가 본질적으로 동일하면, 이 두 원리는 하나로 환원되지 않을까 하고 드 브로이는 생각했다. 광파가 입자일 수 있듯이 전자가 파동일 수도 있다. 실로 파동과 입자가 일반적으로 대응될 수 있음이 드러났다. 모든 입자는 파동을 동반한다고 볼 수 있으며, 파동은 파두면(wave front)에 놓여 있는 입자로 구성되어 있다고 볼 수 있다.

슈뢰딩거는 1926년 이 생각을 이용하여 보어가 말한 원자내의 정지 전자상태가 진행파가 아니라 정상파의 형태로 움직이는 원자내 전자의 진동의 상이한 고유 양식과 유사하다고 주장했다. 이것은 서로 조화관계를 가진 악기의 서로 다른 고유 진동과 외견상 비슷하다. 드 브로이ー슈뢰딩거의 파동역학(wave mechanics)은 수학적으로 표현될 뿐 아니라, 물리학적으로도 양자론의 편차를 설명할 수 있는 장점이 있었다. 그러나 물리학적 설명이 꼭 필요한 것은 아니었다. 하이젠베르크와 디랙은 서로 다른 방법으로 물리학적 표현들을 멸시해버렸다. 하이젠베르크는 행렬(숫자로 채운 장기판과 같은)을 이용하여, 디랙은 $a \times b$는 $4\pi h\sqrt{-1}$ 만큼 $b \times a$와 다르다는 대수학을 써서, 양자물리학의 문제에 대한 훌륭한 공식적(formal) 해답을 똑같이 제출했다(6.61).

그 이론이 제출된 이래 물리학적 의미에 대해 심도깊은 논의가 진행되어 왔다. 그것들이 우아하다는 점과 사실을 성공적으로 설명하고 있다는 점이 그 이론들의 진실성을 확인한다고 오랫동안 생각되었다. 그러나 시간이 감에 따라 신양자론(new quantum theory)은 구양자론과는 전혀 다르지만 그만큼 큰 어려움 속에 빠져드는 것 같았다. 그 이론들은 당시까지의 현상들을 설명해낼 수 있었지만, 핵과 고속입자에 대한 연구가 진행됨에 따라서 설명하기 곤란한 현상들이 점점 더 많이 나타났다.

여러 가지 장치가 개발되고 그에 따라 양자론은 별다른 성과없이 임기응변적으로 변형되었다. 게다가 신양자론은 수학적으로 받아들일 수 있을 정도의 조리정연한 모습도 보여주지 못했다. 그것들은 아직 양자가설에 의해 적당히 조절되고 파괴된 뉴튼의 입자 물리학과 통계적 고찰에 의해 결정된 전혀 새로운 수학 사이의 어설픈 혼성물이다. 신양자론은 철학에 대해서도 심각한 문제를 제기했다.

불확정성원리

상대성이론의 경우와 같이 신양자론도 신비화를 위해 편리한 기초가 되었다. 하이젠베르크의 **불확정성원리**(indeterminancy principle)는 반동학자와 신학자에게 특별히 중요했다. 이 이론은 어떤 입자의 속도와 위치를 어느 정도의 정확성 이상으로 동시에 결정할 수 없다고 주장한다. 이 말은 관측할 수 있는 어떤 양을 결정하는 데 아주 유용한 방정식을 물리학적으로 설명한 것이다. 불확정성원리는 가설적인 실험의 성공과 실패를 기초로 한다. 그중 가장 유명한 것이 감마선망원경인데, 여기에서는 관측하는 행위 자체가 어떤 입자를, 그 입자가 관측되지 않았다면 있었을 위치에서 쫓아내버린다. 현상의 설명으로는 유용할지 모르겠으나 실제로는 결코 일어날 수 없는 이런 실험들이, 양자론에는 전혀 포함되지 않은 관찰자의 본질적 역할이라는 개념을 양자론으로 끌어들였다. 아인시타인과 드 브로이가 지적한 대로(6. 23), 현상을 이런 방식으로 주관화하려는 시도 때문에 불확정성원리를 사용하여 해결했던 문제들만큼이나 심각한 파라독스에 빠지게 되었다(6.81).

게다가 이 원리는 대중 과학 저술가들과 철학자들에게 전혀 다른 의미로 해석되었다. 이와 같이 가상된 불확정성을 근거로 그들은 전자(electron)가 어떤 의미에서 자유로운 사자(使者)라고 주장한다. 전자는 어쩌면 이것 또는 저것을 하거나 하지 않을 것이다. 또 전자가 자유로운

217.　아인시타인(Albert Einstein, 1879~1955). 만년의 사진.

사자라면 왜 사람은 그렇게 될 수 없는가? 왜 과학적 결정론 전체를 내던지고, 불확정성의 혼돈으로 대체하지 않는가? 이상하게도 대부분의 새로운 비결정론 신봉자들은 실제 생활에서는 결코 비결정론자가 아니다. 그들이 원하는 것은, 신이 마음대로 전자의 위치를 슬쩍 바꿈으로써 세상만사에 세세히 신이 개입할 수 있음을 확인하는 것이다. 이런 태도에 대해 아인시타인은 다음과 같이 훌륭하게 논평했다. "나는 도박에 빠져 있는 신을 존경할 수 없다."

양자론을 이런 식으로 해석하는 것은 물리학적인 양(quantity)의 의미를 분석한 것일지 모르나 지나치게 임의적이고 쓸데없는 것이다. 비록 그것이 원자 차원에서 올바르다 하더라도, 복잡한 생물학 분야나 사회체계까지 그대로 적용할 수는 없는 일이다. 뒤에서 분명히 밝혀지겠지만 물리학이론의 성격 자체도 새로운 전망으로 변혁되기 직전의 상태처럼 이미 20세기 중반에 혼란되고 불만족스러워졌다. 각종 실험 결과를 통합하거나 설명하기 위해 사용되는 이론과 새로운 발견을 하거나 과학적 사고에 새 분야를 개척한 실험가들이 의식적으로 무의식적으로 품고 있던 관념(ideas) 사이의 기본적인 차이점을 잊지 않는 것이 중요하다.

10. 3 핵물리학

러더포드와 물리학에 대한 구체적인 접근방법

러더포드는 20세기 물리학의, 또한 아마도 20세기 과학의 거인이다. 그는 물리현상을 설명할 때 단순하고 소박한 개념과 철저하게 구체적이고 역학적인 접근방법을 사용한 점이 특징이다. 이런 점에서 그는 뉴튼보다는 패러데이에 가까왔다. 러더포드는 원자와 소립자들이 포탄, 정구공, 당구공 같은 일반적인 입자들과 똑같다고 생각했다. 그는 소립자들을 공과 같이 다루어서, 소립자들의 운동형태와 충돌 결과를 알아내었다. 어쩌다 입자들이 예상과는 다른 운동을 하면, 그는 새로운 현상을 사실로 받아들이고 이 현상을 설명할 수 있는 가설을 세워 나갔다. 방사성 원자에서 출발한 그는 원자핵을 발견하고, 나아가 원자의 일반법칙을 세워 나갔다.

인공변환(transmutation)

만년에 그는 우수한 조수들의 작업과 결합하여 원자핵을 계속 연구했다. 1919년 알파 입자를 쏘아서 질소의 원자핵을 깨뜨릴 수 있게 되었다. 인간은 적절한 입자를 쏘아서, 핵에서 진행되는 과정을 제어할 수 있게 된 것이다. 필요한 입자를 구하는 데는 두 가지 방법이 있었다. 하나는 자연적으로 적절한 투사체를 방출하는 원소를 찾는 것이고, 또 한가지 방법은 전기적 장치를 사용하여 일반 원자를 가속시키는 것이다.

고속 입자의 생성

그때까지 대부분의 결과는 방사성을 이용한 옛 방법을 사용해서 밝혀졌는데, 역설적이게도 처음 채택된 것은 전기적으로 가속시키는 방법이었다. 러더포드는 19세기에는 어울리지 않게 오히려 16세기에 길버트(Gilbert)가 사용했던 것에 가까운 값싸고 단순한 기구로 실험을 했다. 이것이 캐번디시(Cavendish) 실험실의 유명한 '봉랍과 노끈'(sealing-wax-and-string)학파였다(6.94). 이런 단순성은 다소 과장인데 왜냐하면 사실상 19세기의 보다 정교한 기구로 애써서 얻어진 지식을 사용하지 않으면 이런 결과들을 얻기는 불가능했기 때문이다. 그럼에도 불구하고 러더포드의 기구들은 입자 가속에 필요한 원자 파괴 장치(atom-sma-shing-machine)에 비하면 너무나 대조적이다. 원자파괴에 필요한 속도를 내기 위해서는 이제까지 물리학 실험실에서 사용된 것과는 전혀 다른 장치가 필요했다. 이런 장치를 만드는 것은 물리학과 산업발전의 관계에서 새로운 장이 열렸음을 의미했다. 콕크로프트(Cockcroft : 1897~1967)와 월튼(Walton)은 전기산업의 도움을 받아, 수소원자를 백만 내지 이백만 볼트로 가속할 수 있는 고전압관을 만들었으며, 이것을 써서 가속된 입자는 많은 가벼운 원자의 핵을 파괴할 수 있음이 확인되었다.

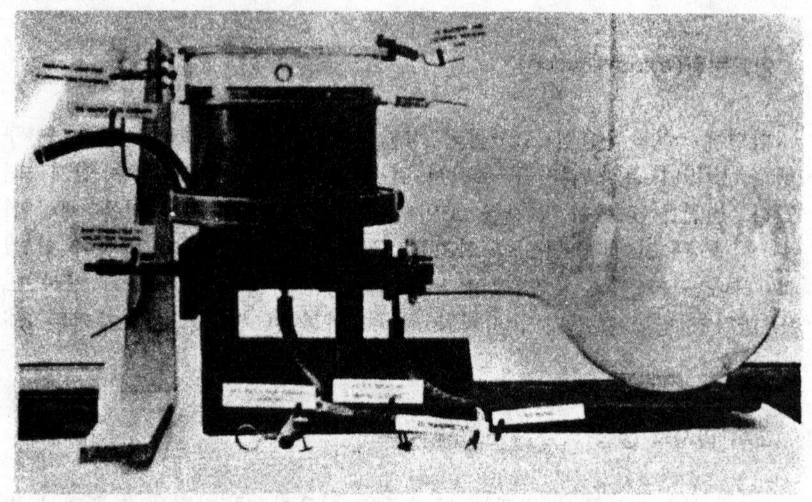

218. 작은 원통형 용기에 과포화상태의 안개방울을 발생시키는 윌슨(C. T. R. Willson)
의 '안개상자'(cloud chamber)의 주요부분. 이 장치와 함께 전하를 띤 원자가 통과
하면서 생성된 입자통로에 따라 생성된 작은 수증기의 궤도가 보인다. 이 궤도를 이
용하여 원자 입자들의 운동을 추적하여 촬영할 수 있다.

전기공학과 연결된 물리학

고전압관의 제작은 20세기 초반에 있었던 전기공업의 발전 덕분에
가능했다. 전력 수송거리가 멀어짐에 따라 고압선에 대한 연구가 요구
되었다. 동시에 통신공학의 발전, 특히 라디오의 놀랄 만한 증가에 따
라 대규모 진공 기술이 개발되었다. 공학적 규모의 물리 실험장치가
필요해짐으로써, 20년대 중반 이후의 물리학연구 특히 원자연구는 전
기공학산업과 더욱 밀착되었다. 필요한 비용과 기술적 경험 때문에 연
구소를 대학의 부속시설로 운영하는 것은 불가능하게 되었다. 콕크로
프트와 월튼의 200만 볼트 가속기에서 시작하여 많은 입자가속기들이
등장했다. 로렌스(Lawrence, 1901~58)가 사이클로트론(cyclotron)에 적
용한 새로운 원리——— 한번의 폭발이 아니라 연속적인 자극으로 입자
를 가속시키는 방법——는 더욱 강력한 베타트론(betatron), 신크로트
론(synchrotron), 선형가속기(linear accelerator), 그리고 수백억 볼트에
달하는 신크로사이클로트론의 개발에 중요한 역할을 했다. 유일한 한

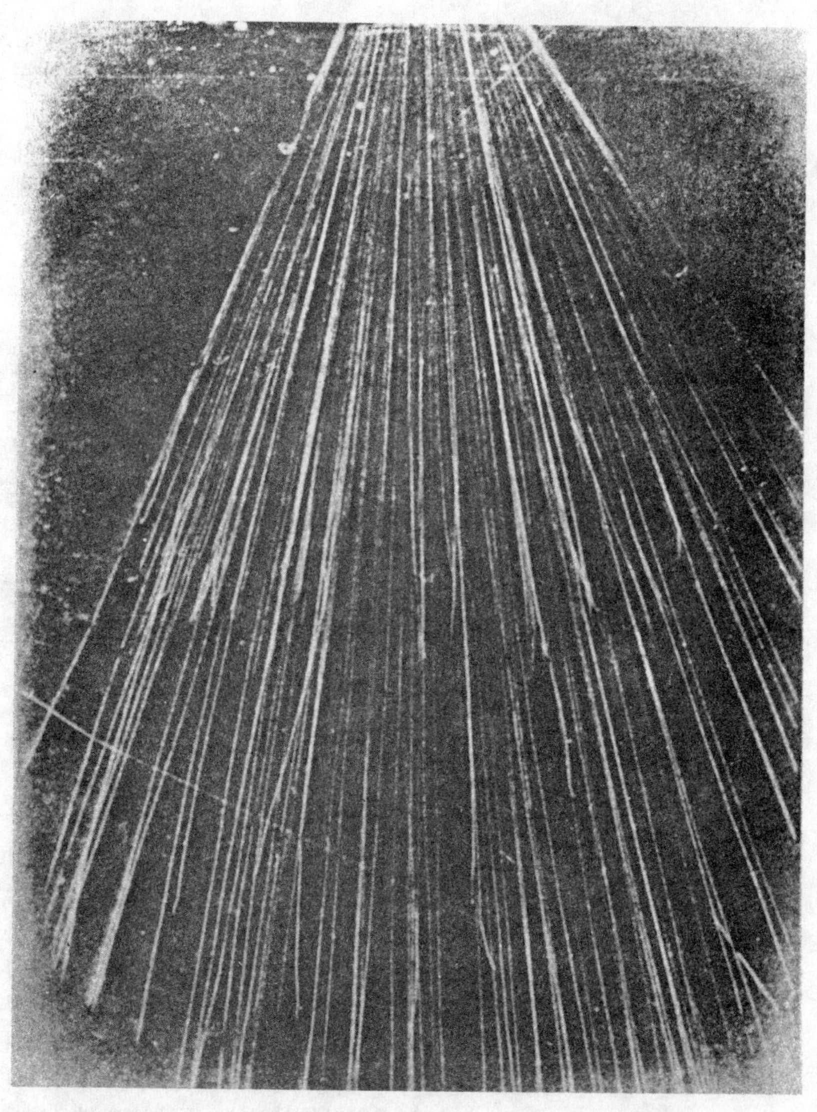

219. 질소 원자핵의 분열로 인해 보여지는 질소와 알파 입자의 상호작용. 윌슨의
안개상자를 이용하여 촬영하였다.

계 요인은 비용이었는데, 1963년에 이미 4천만 파운드 수준에 달했다. 자금 규모는 이미 작은 국가로서는 감당할 수 없게 되었으므로, 작은 국가는 연합할 수밖에 없었다(6. 112).

이런 발전을 충분히 평가하기 위해서는 물리학의 또다른 분야——자유 전자의 발생과 조절 분야——의 성장을 살펴 봐야 하겠지만, 주제를 벗어나지 않기 위해 그것은 다음으로 미루는 게 좋겠다(pp. 96ff.).

중성자, 양전자, 중간자

1930년대는 물리학 역사상 1895년과 1912년 두 차례에 겪은 것 이상의 폭발적인 발견을 성취했다. 방사성 또는 원자핵 연구는 10여년 동안 거의 제자리걸음을 하고 있었는데, 다시 관심이 쏠려 확고한 실험적 발견을 이룩하게 되었다. 먼저 중요한 것으로 **중성자**(neutron)가 발견되었는데, 그것은 알파 입자를 베릴륨(beryllium)에 쏘아서 성공했다. 중성자가 처음 발견되었을 때는 그것을 중성자라 인식하지 못하고 감마선이라 생각했다. 왜냐하면 전기를 갖지 않는 입자라는 개념이 오늘날은 단순하지만 당시에는 러더포드의 예측에도 불구하고 언어상의 모순이라고까지 생각되었다.

1932년 채드윅(Chadwick)의 실험에서 전기를 띠지 않은 양성자(proton)라고 확인된 다음, 중성자는 핵의 중심구조를 이루고 있음이 알려졌다. 곧이어 앤더슨(Anderson)이 또 다른 기본입자인 **양전자**(陽電子, positive electron)를 발견했다. 이것은 입자들간의 관계에서 요구되는 양전하와 음전하 사이의 대칭성을 보충했으며, 우주의 양전하는 우주의 음전하가 빠진 부분이라는 디랙의 주장에 양성자보다 훨씬 잘 들어맞는다. 이는 양성자가 양전자보다 2천 배 가량 무겁기 때문이다. 중성자와 양성자의 관계는 결코 단순하지 않다는 사실이 밝혀졌다. 이전까지는 양성자와 전자로 이뤄졌다고 생각되어 왔던 핵이 그때부터는 양성자와 중성자로서 설명되었으며, 이 양성자와 중성자는 **중간자**(meson)에서 발생되는 강력한 힘으로 결합되어 있다. 중간자는 1935년 유가와가 예언했고, 1936년에 앤더슨과 네더메이어(Neddermeyer)가 발견했는데 이론적으로 예측된 최초의 소립자(素粒子)이다.

중간자의 발견으로 중성자가 핵의 변환에 가장 효과적으로 사용될 수 있음이 밝졌다. 중성자는 전기를 띠지 않으므로 물질을 잘 투과할 수 있고, 알파 입자나 원자핵 속에도 쉽게 들어갈 수 있다. 1932년부터 1938년까지의 6년이라는 짧은 기간에 여러 핵에 대한 중성자의 효과가 연구되었다. 이 기간에 과학, 특히 물리학은 제2차세계대전으로 이어진 역사적 사건의 영향을 점점 더 크게 받고 있었다. 히틀러 권력의 출현은 물리학의 창조적인 두뇌들을 대부분 독일과 오스트리아 밖으로 내쫓아 버렸다. 망명 물리학자들의 활동은 영국, 프랑스, 미국의 물리학 발전을 촉진시켰다. 반면에 그들의 모국에서는 반동지배의 강화와 반계몽주의, 그리고 부패가 과학의 발전을 지연시켰다.

인공방사능 : 원자로

최초의 위대한 발견은 중성자와 충돌한 거의 모든 원자가 스스로 방사능을 띤다는 졸리오(Joliot)의 발견이었다. 이 발견의 논리적 결과는 상당했다. 자연적 방사능은 안정 상태로 돌아갈 충분한 시간을 갖지 못한 원자의 방사능강도(activity)의 잔재에 불과한 것으로 되었다. 이미 라듐을 사용하여 암석의 나이를 측정하여 지각이 약 20억년 전에 생성되었음을 알 수 있었다. 그러나 다른 원소들은 어느 정도 영구적이라고 생각하고 있었다. 그러나 이제는 상황이 바뀌어 원자 변환을 이용하여 원소들의 기원을 설명할 수 있게 되었다.

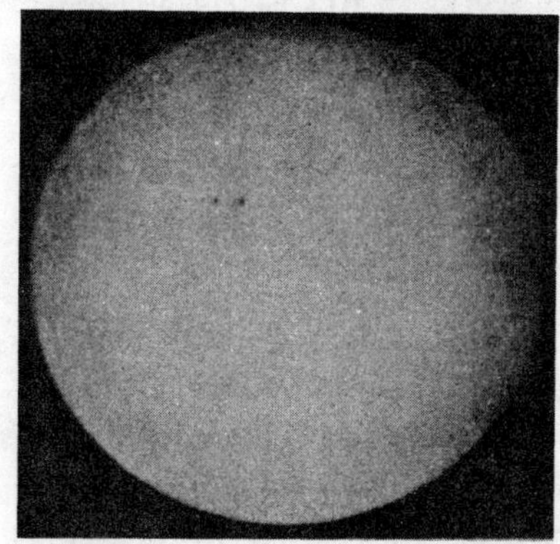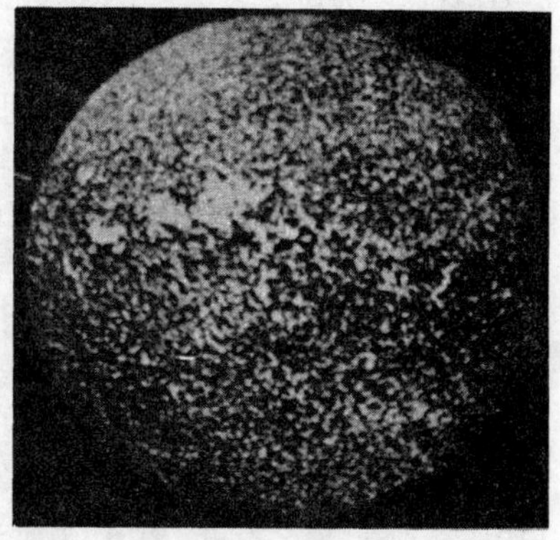

220 a, b. 태양의 두 개의 사진. a는 보통의 빛으로 찍은 것이고 b는 태양의 수소가스만의 빛으로 찍은 것. 이 두 그림의 차이는 태양의 일반적인 모습과 수소가스의 움직임과의 비교를 가능하게 해주고, 이를 통해 태양 그 자체 안에 깊숙이 진행되는 상호작용의 실마리를 제공한다.

태양열

가모프(Gamov)와 베테(Bethe)는 태양열이 네 개의 수소 원자가 결합하여 한 개의 헬륨 원자로 될 때 발생하는 열이라는 사실을 밝혀냈다. 우주에 존재하는 에너지의 대부분이 핵반응에서 나온다는 것은 이제 분명해졌다. 이제는 그 에너지의 방출방법에 관심이 모아졌다. 가벼운 원소에서 시작되어 새로이 핵화학(necular chemistry)이 생겨났다. 그것은 일반 화학과 비슷하게 변형 과정과 안정 상태를 다루는 과학이다. 1936년 페르미(Fermi : 1901~54)는 무거운 원자에 눈을 돌려, 중성자를 이들과 충돌시켰다. 그리고 그는 자연계에 존재하는 어떤 원소보다도 무거운 원소를 여러 개 만들어냈다고 주장했다. 대부분의 경우 그는 분명히 이것을 성취했지만 알아차리지 못한 채로 더 중요하다고 판명된 다른 변화를 또한 일으켰다.

핵분열 : 1938년

1937년까지 일어난 모든 방사성 변화는 원자핵에 작은 입자를 부가하거나 제거하는 것이었다. 투사 입자 가운데 가장 큰 것은 두 개의 양성자와 두 개의 중성자를 가진 알파 입자였다. 그러나 1937년 한(Hahn : 1879~1968)과 슈트라스만(Strassman)은 우라늄에 중성자를 투사하여 생긴 것 가운데 우라늄의 절반 정도의 원자량을 가진 물질이 있음을 발견했다. 이것은 부스러기가 떨어져나간 것이 아니라 우라늄 원자가 둘로 쪼개졌음이 확인되었고, 곧이어 이것이 무서운 의미를 갖고 있음이 밝혀졌다.

무거운 핵은 가벼운 핵보다 양성자에 비해 훨씬 많은 수의 중성자를 가질 수 있다. 우라늄 원자가 분열될 때는 반드시 몇 개의 중성자를 방출한다. 그런데 1938년 졸리오(Joliot : 1900~58)에 의해 이것이 알려지자, 대규모 변환의 가능성이 현실화되었다. 이것은 연쇄반응 또는 눈덩이 효과를 일으킨다. 어떤 핵반응에서 최초로 공급된 중성자 한 개당 한 개 이상의 유효한 중성자가 방출된다면, 반응은 갈수록 빨라질 것이다. 이것은 제어되지 않으면 폭발할 것이고, 제어되면 에너지를 생산하는 원자로가 될 것이다.

연쇄반응 : 폭탄과 원자로

만일 19세기와 같이 보다 평온한 시대에 핵분열이 발견되었다면, 그것은 현실적 이용을 위해 수행되었을 것이고, 50년쯤 뒤에는 새로운 동력발생장치로 실현되었을지도 모른다. 그러나 경제적 자극의 부족과 기존 동력원에 대한 기득권이 그의 발전을 무기한으로 가로막았다. 그런데 실제로는 핵 분열이 새로운 세계대전의 전야에 발견되었다. 특히 나찌와 파시스트에 의해 추방된 과학자들을 포함한 영국과 미국의 과학자들이 이 발견의 군사적 잠재력을 잘 알고 있었다는 사실은 미국과 영국 정부로서는 아주 다행스런 일이었다. 더욱 놀라운 것은, 서두르지 않으면 적들이 먼저 그 폭탄을 갖게 될 것이 거의 확실하다는 사실을

221. 페르미(Enrico Fermi)의 설계로 1942년 시카고대학 스택필드 서부사막에 건조된 원자로. 이 설비는 몇 개의 벽돌 구멍에 우라늄을 넣은 흑연 벽돌로 만들어졌다. 우라늄의 첫 원자 핵분열의 연쇄반응율은 분열과정 중에 나타나는 빠른 중성자들을 제어하는 붕소 또는 유사한 금속막대를 넣었다 빼었다 함으로써 조절할 수 있다. 제어막대는 사다리 가까이에 보인다. 첫 자활성 연쇄반응은 1942년 9월 2일에 일어났다.

근거로, 과학자들은 핵분열의 연구가 최대한의 정력을 쏟을 만한 계획임을 군부와 정부 당국에게 납득시킬 수 있었다는 점이다. 독일 과학자들에게는 불행이었지만 다른 나라의 과학자들에게는 다행스럽게도, 독일 과학자들은 연합국 과학자들처럼 생각하지 않았다. 그들은 독일 이외의 어느 나라도 원자 폭탄을 만들 수 없다고 확신하고 있었으므로, 이 계획을 아주 여유만만하게 진행시켰다(6. 78).

과학의 가장 급속한 이용

원자폭탄이 어떻게 개발되고 완성되어 사용되었는가는 과학뿐 아니라 이제 세계사의 한 부분이 되었다. 귀중한 **비밀**을 제외하고는, 그에 대한 수백 권의 논문과 책이 나왔다(6. 24 ; 6. 36). 이제 가장 선도적인 물리학적 개념이 주로 유럽에서 수행된 대학 연구실의 실험과 수학적 계산에서 도출되었다는 사실을 말할 필요가 있다. 원자폭탄이 미국에서 성공적으로 개발될 수 있었던 이유는 부분적으로는 실제적 재난으로부터 벗어나 있었기 때문이고, 한편으로는 공학 특히 화학 공업의 연구력을 충분히 이용할 수 있었기 때문이다. 이러한 사정은 원자폭탄과 그 설비 및 원자에너지 발생**비결** 등 모든 것이 처음부터 미국 전기, 화학 공업의 몇몇 거대 트러스트에 장악되어 있었음을 의미했다(6. 1). 비밀을 철저히 지키려 하고, 종전 후 동력생산을 위한 원자력 에너지의 이용을 반대했던 까닭이 바로 여기에 있다.

원자력시대

원자 에너지의 방출을 제어한 사실의 군사적·정치적 결과는 나중에 논의될 것이다. 여기서는 기술적으로 원자력의 이용이 인간의 자연에 대한 제어 능력에 있어서 불, 농업, 증기력에 필적할, 궁극적으로는 더 중요한 하나의 도약임을 지적하는 것으로 족하다. 특히 주로 석탄에 의존해온 영국 같은 나라에서는, 동력소모 속도가 석탄 생산 속도보다 훨씬 빠른 비율로 증가하고 있으므로, 이 발견이 아주 시기적절함을 알 수 있을 것이다.

이미 원자력의 가격은 일반 연료를 쓰는 경우와 비슷하며, 증식형 원자로를 사용할 경우 더 많은 핵 물질을 생산하고 우라늄보다 풍부한 토륨도 연료로 쓸 수 있으므로, 시간이 갈수록 비용은 더 싸질 것이 분명하다. 거의 천여년 동안은 핵연료의 부족을 걱정할 필요가 없다. 원자력의 신속한 발전을 가로막는 것은 첫째로 지나친 무기화이다. 영국에서조차 심각한 연료 부족에도 불구하고 금후 몇년간 건설될 모든 원자로가 원자 폭탄에 사용될 핵 물질을 생산할 예정이며, 그중 몇 개는 완전히 군사적 연구에 충당될 예정이다(6. 87). 둘째 요인은 건설분야보다는 연구개발분야에서 과학자와 기술자가 부족한 것이다. 이것은

222. 에섹스의 브라드웰에 있는 원자력 발전소. 원자 핵분열로 나오는 열이 증기 터보 발전기를 돌리는 데 사용된다. 여기에는 핵반응이 아직 반응기 속에서 일어날 때 우라늄을 공급할 수 있는 유입－유출기가 보인다.

사회주의 국가를 제외하고는, 대중적인 과학고등교육의 필요성을 제대로 인식하지 못했던 데 기인한다. 이렇게 지연되었음에도 불구하고 전쟁이 없는 한 원자력시대는 급속히 다가올 것이고, 20세기말에는 전기생산의 주요 동력원이 될 것이다.

그러나 몇 십년 안에 원자력은 핵 분열이 아니라 핵 융합으로 생산될 것이다. 바꿔 말하면 천천히 폭발하는 수소폭탄이 만들어질 것인데, 수소폭탄의 생산이 처음 생각했던 것보다 훨씬 어렵다는 사실이 밝혀졌다.

문제는 수소 또는 중수소를 수억 도의 고온에서 반응시켜야 한다는 것이다. 그런 온도에서 모든 물질은 이온과 전자로 분리된 상태, 즉 **플라스마**(plasma)로 존재하므로 플라스마를 용기에 담을 수 없다는 것은 분명하다. 어떤 용기도 순식간에 가스가 되어 날아가 버릴 것이다. 그러나 플라스마내의 전기를 띤 입자가 자장의 영향을 받는다는 사실이 밝혀졌으므로, 적당한 자기장을 이용하여 핵융합 반응이 일어나는 조건을 만족시키는 용기를 만들면 플라스마를 담을 수 있을 것이다. 그러려면 막강한 자기장을 유지해야 하는데, 여기에 필요한 초전도자석을 사용하려면 넓은 부피에 걸쳐 절대 영도($0°K$)를 유지해야 한다는 것이 풀어야 할 과제이다.

열핵에너지의 문제는 핵에 대한 우리의 지식을 항성에서의 에너지 발생에 대한 천문학적 지식과 결합시킨다(pp 93f.). 그러나 아직은 우리가 열핵반응에, 즉 인공태양에 얼마나 접근했는지 아무도 알지 못하며 누구도 예측할 수 없을 것이다. 그러나 이것이 성공하게 되면 에너지에 대해서는 더이상 걱정할 필요가 없다. 우리는 필요한 에너지를 충분히 얻을 수 있을 것이다(p.178).

그러나 핵융합에너지를 기대하는 동안 핵분열에너지의 경제적 사용전망이 실망적임을 인정해야 한다. 이것은 상대적인 문제이다. 왜냐하면 원자력의 경제성은 사실상 비핵(非核)동력자원의 확보와 동력 발생 방법의 진보에 의존하는데, 모두 핵분열이 처음 발견된 이래 놀랄 만큼 발전했기 때문이다. 이제 생각한 것은 단위당 핵에너지와 일반에너지의 실제 가격 사이의 '수지가 맞는' 수준이다. 이것은 물리학 이외의 다른 많은 요인들에 의존하는 거의 인위적인 문제이다. 일반 연료가 거의 없는 나라의 핵에너지에 대한 희망은, 거대한 자본을 사용할 수 없는 그 나라 사정 때문에 좌절될 수밖에 없다.

유전과 천연가스의 발견, 그리고 유조선과 송유관에 의한 수송 능력의 증가는 아직 핵에너지 개발이 시급하지 않음을 의미한다. 그럼에도 불구하고 에너지 수요의 꾸준한 증가로 보아 20세기말 이전에 '채산'점을 넘어설 것이며, 그 다음부터는 여러 형태의 핵에너지가 주된 에너지원이 될 것이다.

원자력생산의 부산물은 이미 과학과 일상생활에 이용되고 있다. 그들 중에는 방사성 동위원소가 있다(pp. 56f.). 이 추적자(tracer)원자는 방사선으로 자신의 위치를 알려 주므로, 극소량이라도 생물체내의 화학변화를 포함한 모든 화학반응의 과정을 추적하는 데 사용할 수 있다. 원자로와 그 부산물은 값비싼 라듐의 대용물로서 또 플라스틱의 경화와 중합의 촉진제로서의 용도도 갖고 있다.

우주선(線)과 소립자(素粒子)

훨씬 큰 힘을 갖고 있지만 아직은 군사적으로 이용되지 않는 또 하나의 무기가 **우주선**(cosmic rays) 연구에서 제공되었다. 이것은 50여년 전 절연체를 방전시키는 효과가 탐지되어 처음 알려졌다. 우주선은 진

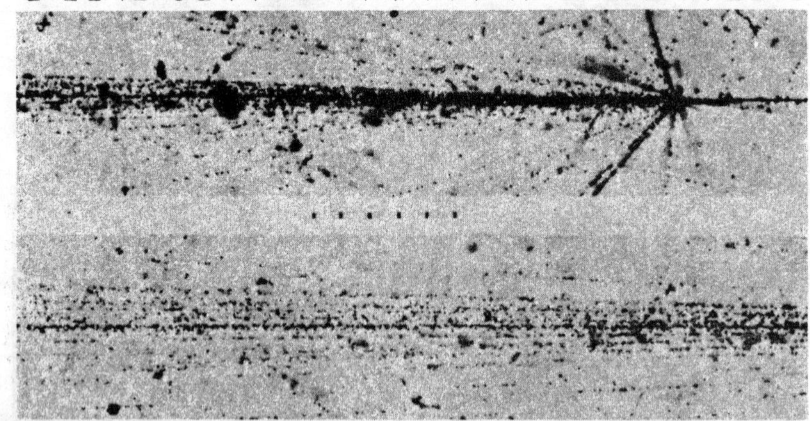

223 a, b. 사진 감광판 묶음을 실은 컨테이너를 옮기는 무인 플래스틱 기구를 띄움으로써(a) 우주선(cosmic ray) 충격이 사진 감광 유제에 기록될 수 있다. 매우 빠르게 움직이는 핵 입자는(b) 핵과 충돌하여 분열하고 좁은 분출구로 알파 입자를 방사한다. 223 b의 감광판은 C. F. Powell, P. H. Fowler and D. H. Perkins, *The Study of Elementary Partides by the Photographic Method*, Pergaman Press, London, 1959에 실린 것이다.

원이 외계에 있으며, 강한 투과성이 있음이 차례로 알려졌다. 블랙키트 (Blackett)와 스코벨찐(Skobeltzyn)의 안개 상자와 포웰(Powell)의 사진 건판을 이용한 개별 입자의 궤적 실험에 기초한 새로운 기술에 의해 여러 입자가 발견되었다. 그중 몇 종류는 원자핵을 투과하거나 쪼갤 뿐 아니라 여러 조각으로 폭발시킬 정도로 막강한 힘을 갖고 있다.

이렇게 연구한 결과 전자와 양성자, 중성자는 안정된 혹은 수명이 긴 소립자들이라는 사실이 알려졌다. 아주 많은 수의 불안정한 중간적 소립자──**중간자(meson)**──가 있다(pp. 78.), 이제는 물리학의 기본 입자로 알려진 이 입자들에 대한 연구는 60년대초에 불꽃튀기는 경쟁 대상이 되었다. 포괄적인 이론이나 철저한 실험으로 소립자의 수자를 한정하려던 시도는 보통 몇 달이 못 가 새로운 입자가 발견되거나 예측됨으로써 모두 실패로 끝났다. 중간자들은 이미 스무개를 단위로 헤아릴 정도이다. 필자는 이 책이 출간될 때까지 몇 개가 발견될지 예측할 수 없다.

그럼에도 불구하고 소립자들은 일정한 유형을 보여주기 시작했다. 전자에 대한 양전자의 관계처럼 각 소립자는 소위 반입자(反粒子)를 동반한다. 그 두 입자──입자와 반입자──가 만나면 동시에 모두 소멸(annihilation)하고, 그 에너지는 한 쌍의 광자로 된다. 그것들은 또한 다른 소립자들이 강력하게 충돌함으로써 쌍으로 **창조될(created)** 수 있다. 이것은 우리에게 친밀한 저(低)에너지교환 세계에서만 적용되는 물질 존재에 대한 우리들의 관념이 얼마나 상대적인가를 보여준다.

그러나 소립자가 보여주는 유형은 소립자가 동일한 기초적 에너지 농도(basic energy centrations)에서 여러 가지 상태를 띤다는 것, 즉 재래의 중간자장(mesonfields)이나 전자기장보다 더 깊숙한 어떤 장(field)의 수학적 특이성을 갖는다는 것을 나타낸다. 매우 흥미로운 것은 많은 소립자들의 수명이 아주 짧다는 것이다. 어떤 것은 10^{-27}초 정도여서 빛의 속도로 달려도 원자핵 이상을 지날 수 없을 정도이다. 소립자에 대한 연구는 이제 순수물리학의 가장 흥미있는 분야이며, 수학과 철학에 근접하고 있다. 그런데 입자가 작아지고 단명할수록 연구에 필요한 장치는 비싸진다. 미국의 브룩하벤(Brookhaven), 소련의 듀브나(Dubna), 제네바의 CERN과 같은 연구기지에서 이론과 실험은 매우 밀접하게 진행되고 있다. 수백 만 달러를 들여서 수천 톤의 강철과 시멘트를 사용한 시설이 건설되어 순수 수학의 힘을 빌은 이론의 타당성을 검증하

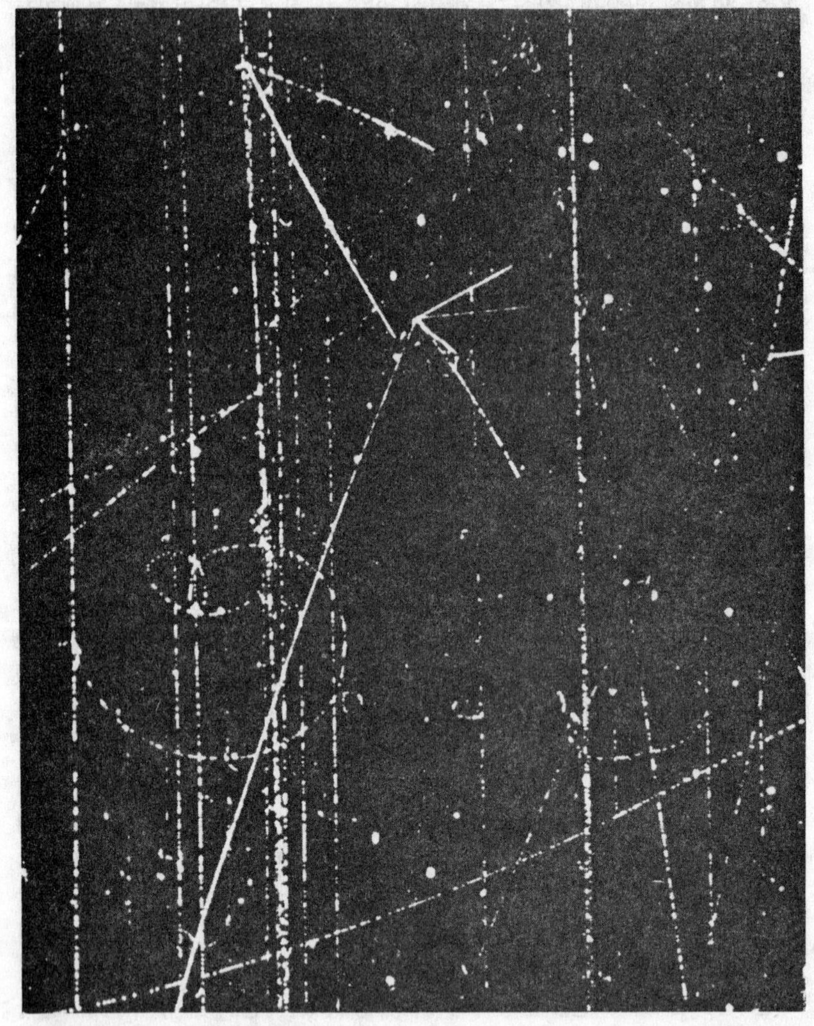

224. 핵 분열은 싱크로트론 같은 현대적인 가속장치 속에서 핵 입자들의 상호작용으로 일어난다. 상세한 상호작용을 발견하기 위해서는 종종 실험기록에 대한 지속적인 연구가 필요하다. 여기 수록된 소립자 앤티-시그마-마이너스-하이페론(anti-sigma-minus-hyperon)의 발견은 소련의 두브나에 있는 국제 핵 연구소에서 4만개의 사진들을 판독·분석하고서야 발견된 것이다.

는데, 가끔 엉뚱한 결과가 나오기도 한다. 이렇게 하여 과학자들은 핵뿐 아니라 핵을 구성하는 핵자──양성자와 중성자──의 구조도 밝혀낼 수 있었다. 핵자는 중간자의 구름에 둘러싸인 내부핵을 갖고 있다는 사실이 알려질 지도 모른다.

중성미자(neutrinos)

소립자 가운데 가장 작고 기묘한 것이 중성미자인데, 질량과 전하를 갖지 않고 네 가지 형태로 발생되며, 전자와 뮤(μ) 중간자, 그리고 이들의 반입자의 붕괴와 관련되어 있음이 알려졌다. 중성미자는 다른 입자와 거의 반응하지 않으므로 지구를 통과할 수 있고, 실험 장치의 밑에서 장치 속으로 뚫고 올라와서 검출되기도 한다. 파울리(W. Pauli : 1900~58)가 1928년에 처음으로 이론적으로 예측한 중성미자는 최근에야 검출되었는데, 지루하고 값비싼 실험을 통해 수십억 개 가운데 한 개를 얻었을 뿐이다. 그러나 그것은 작고 불활성임에도 불구하고, 은하계의 진화와 물질의 창조에 중요한 역할을 맡고 있음이 분명하다.

패리티(parity)의 비보존

우리의 일상적인 세계상을 깨뜨린 또 하나의 발견은 1960년 이정도와 양진녕에 의해서 수행되었다. 입자들이 강하게 반응할 때, 왼쪽 스핀(spin, 회전)과 오른쪽 스핀이 같은 개수로 생기지 않았다. 이것은 우주──적어도 우리 주변──가 본질적으로 비틀려 있음을 뜻한다. 이 비틀림은 파스퇴르가 발견한 생명체의 비틀림 또는 분자적 비대칭성과 어떤 관계가 있을지도 모른다(제9장 4절). 그러나 일반적인 대칭성은 남아있다. 입자와 반입자는 언제나 서로의 반대 방향으로 회전한다. 세계의 거울에 비친 (대칭적인) 모습은 바로 반(反)세계일 것이다.

단일대칭의 원리

1964년 소립자의 배열을 최초로 합리적으로 설명하는 것에 성공했다. 단일대칭의 원리(Principle of Unitary Symmetry)라 불리는 이 원리는 상당한 국제적 노력의 결과로 만들어졌다. 1960년 일본의 오누끼(Ohnuki)

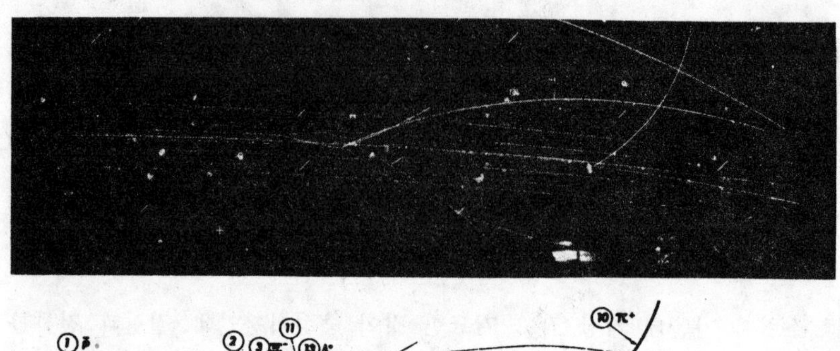

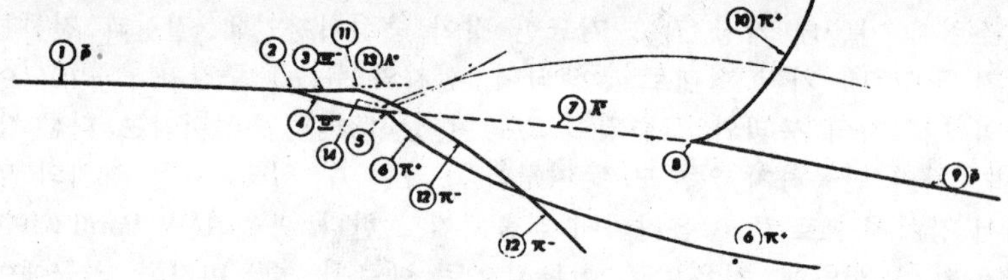

225. 지금까지 관찰된 다른 중요한 핵의 상호작용은 양-크사이-마이너스(positive-xi -minus)로 알려진 항직렬입자(anti-cascade particle)의 생성이다. 이는 보통의 양성 제어양자와 반양자(反陽子, 음성제어양자)의 작용에 의해 일어난다. 이들 두 입자가 충돌할 때, 이들은 서로를 폐기시켜, 이것으로부터 반입자, 즉 크사이-마이너스(Ξ^-) 와 반-반입자, 즉 양-크사이-마이너스($\overline{\Xi^-}$)가 나온다. 양-크사이-마이너스의 존재는 이론적으로 예견할 수 있었지만 실험 기술이 충분히 발달되어진 몇 년 뒤에야 관찰 되었다. 크사이-마이너스와 양-크사이-마이너스는 사진 아래 도표에 표시되어 있다. 다른 그리스 문자들은 다른 핵 입자들을 말한다. 사진은 CERN제공(사진 262를 보 라).

에서 시작되어 파키스탄의 살람(Salam)과 이탈리아의 레게(Regge)가 참가하고, 그 다음에 이스라엘의 네에만(Ne'eman), 그리고는 일본의 오 꾸보(Okubo)와 캘리포니아의 겔-만(Gell-Mann)이 참여했다.

그들은 양성자 질량의 두배나 되고 불안정한 중입자(baryons)가 강 력한 상호작용을 한다는 것을 알아냈다. 중입자는 아이소토픽 스핀(iso- topic spin) 또는 초전하(hypercharge)의 다양한 조합에 따라 8개 또는 10개 유형의 조로 배열되어 있다. 겉보기에는 완전히 형식적인 이 배 열은 전자 질량의 1,685배인 미발견 입자――오메가 마이너스 바리온 (Ω minus baryon)――의 성질을 예언하였다.

그후 예언된 성질을 갖고 평균 수명 10^{-10}초인 입자가 브룩하벤에서 발견되었다. 이론 물리학자들은 마침내 입자와 입자의 성질을 예측할 방법을 얻었음을 확인했다. 그러나 아직도 그들은 보어가 원자의 최외 각 전자에 관한 이론으로 멘델레프의 **주기율표**(Periodic Table)를 설명했던 것과 같이 그 예측을 밑받침하는 물리학적 원리를 설명할 수는 없었다(pp. 61f.). 그럼에도 불구하고 예측된 오메가 마이너스 입자의 발견이 이루어진 것은 상당히 중요하다. 왜냐하면 20년대 신양자론이 탄생된 이래 이론 물리학을 가로막아온 장벽을 뛰어넘은 최초의 성공이었기 때문이다.

이제는 우리가 다루는 것이 눈에 보이는 물체가 아니라, 힘 또는 상호작용체계라는 것을 알 수 있다. 우리는 이제 네 가지 힘의 체계를 알고 있다. 그중에서 가장 강한 핵력(nuclear force, strong interaction)은 10전자볼트에 달하는 에너지를 가진 핵의 지름과 같은 10^{-13}cm단위의 작용 범위를 갖는다.

다음으로 강한 것이 전자기력이다. 이 힘은 핵력의 백분의 일 정도이며 작용 범위가 무한대인데, 전자를 핵에 잡아두어서 원자를 중성으로 만든다. 그 다음은 약력(weak nuclear interaction)인데, 핵력의 10^{-14}의 세기이며, 아주 좁은 범위에 작용하고, 원자핵과 바리온의 붕괴 및 경입자(leptons ; 광자·전자·뮤[μ]중간자·중성미자 등)의 생성에 관여한다. 가장 약한 힘인 중력(force of gravity)은 핵력의 10^{-39}에 불과하다. 그러나 중력은 현실적으로 가장 넓은 작용범위를 가지며, 우주에 있는 큰 질량의 모양과 운동을 규정한다. 물리학이 지금껏 해온 모든 것이 바로 이 네 힘의 본질을 추구하는 것이었으며, 그들의 상호작용 및 의미에 대한 완전한 설명은 미래의 과제이다.

수명이 짧은 입자의 존재에서 우리는, 우리의 일상적인 경험이 이해 능력의 한계로 인해 규정된 아주 한정적인 것임을 알게 되었다. 많은 사물이 존재하고, 자연계에서 아주 중요한 역할을 할지도 모르지만, 그것들은 너무 작거나 너무 빨리 변화하기 때문에 아직은 우리에게 쉽게 알려지지 않는다. 우리가 영원하다고 생각하는 모든 것은 단지 변화 과정에서의 조금 긴 단계에 불과하다. 빅토리아 시대의 원소는 헤라클레이토스의 원자와 같이 끊임없이 변하는 상태에 있다. 그 변화는 항상 일정한 속도로 진행되지 않을 수도 있다. 오늘날 우리가 알고 있는 지구상의 모든 원소들은 원자로 안에서 진행되는 것과 같은 종류이지만 훨씬 강력한 과정을 통해 만들어졌음이 확인되었다. 그 원소의 존재와 상대적인 분량이 약 60억년 전 태양계와 행성들이 생성되던 당시의 환경을 유추해 낼 수 있는 열쇠이다.

새로운 우주론(cosmology)

우주에 대한 우리의 지식은 지난 40여 년 동안 폭발적으로 발전했다. 그것은 핵의 구조에 관한 연구와 전파 천문학에서 제공된 막대한 새로운 정보(pp. 102f.)를 포함하여 이미 언급한 바 있는(p. 67) 우주에 대한 광학적 연구와 천체물리학의 발전이 협력하여 수행된 결과이다.

1957년에 우주시대가 시작된 이래 이와 같은 간접적 우주 연구는 실제 우주여행을 통해 얻어진 직접적인 자료의 도움을 받게 되었다. 여러 분야의 새로운 연구 결과들이 천문학의 모든 분야를 지원하기 시작했으며, 우주에 관한 지식을 획기적으로 발전시켰다. 새로운 우주론이

226. 은하계는 그것의 과거 위치와 형성기원을 결정하려는 우주학자들의 주요한 '과목'을 이루고 있다. 각 은하는 별, 먼지, 개스의 집적체로 카네스 베나티치(Canes Venatici)성운의 은하와 같이 나선형을 이루거나 별들만으로 구성되어 무정형으로 보이기도 한다.

이제 막 제기되어 핵물리학만큼이나 빨리 발전하고 있다. 따라서 그 결과를 예측하는 것은 거의 불가능하며, 현재 상태를 서술하더라도 그 순간 이미 그 기록은 시대에 뒤떨어질 것이다. 여기에서 우주론(우주에 대한 설명)은 필연적으로 우주기원론(cosmogony ; 우주의 역사와 발전과정)과 조합되어, 어느 한 쪽도 다른 쪽 없이는 이해될 수 없다.

우선 '우주란 무엇인가'라고 질문해 보자. 이것은 먼 옛날 신과 영웅이 낮에는 태양 전차를 밤에는 달 전차를 타고 하늘을 누비던 시대만큼이나 상대적인 문제가 되어 버렸다. 우주는 인간이 그 시대에 알 수 있는 것 이상의 것이다. 제2차세계대전 이전 수십 년 동안 거대 망원경으로 얻은 성과는, 더욱 막대하고 낯선 전파망원경의 등장으로 현저히 그 범위를 넓혀 나갔다. 그러나 일정한 한계 또는 끝을 보여주는 것은 아직 없었다. 더 멀리 볼 수 있으면 있을수록 더 많은 것이 존재한다. 그래서 다음과 같은 역설이 성립된다. 만약 우주가 무한하며 발광체로 가득 차 있다면, 어둠 속에서 별이 빛나는 하늘이 아니라 균일하게 밝은 하늘이 있어야 한다. 문제는 이렇게 단순하지 않다.

이 비밀을 푸는 열쇠의 일부는 오래 전의 관측에서 제공되었다. 관측에 따르면 우주는 확장되고 있다. 즉 은하는 우리로부터 멀리 있는 것일수록 더 빠른 속도로 멀어지고 있다. 이를 근거로 학자들은 80억 내지 200억 년 전에는 현재 흩어져 있는 모든 은하들이 아주 가까이에 모여 있었으리라고 생각해 왔다. 1927년 레마이터(Lemaitre)에까지 거슬러 올라가는 이 학설은 우주가 일종의 우주알(cosmic egg) 혹은 우주원자폭탄이었다가 폭발하여 파편들을 허공으로 뿌렸다는 것이다. 그 파편들은 아직도 날아가고 있으며 더욱 뿔뿔이 흩어지고 있다. 이것은 과학적인 근거를 갖고서 우주알(universal egg)이라는 고대 우주기원론으로 회귀하는 것이다. 물론 여기에 반대하는 이론들이 제기되었다.

단일 창조설에 대한 가장 유력한 반대 이론도 우리의 소박한 관점에서 보면 어렵기는 마찬가지였다. 그 내용은, 물질은 현재도 우주공간의 여러 곳에서 계속 창조되고 있으며 뭉쳐서 은하를 구성하는데, 이렇게 하여 생긴 은하는 거대한 폭발로 물질의 씨앗들을 우주공간에 흩뿌리고 사라져 버린다는 것이다. 호일(F. Hoyle)과 본디(H. Bondi)의 이러한 학설에 따르면, 우주의 특별한 출발점을 상정할 필요가 없는 대신 시작도 끝도 없는 과정이라는 상상하기가 더욱더 어려운 것으로 되어 버린다.

227. 은하계는 대부분이 수십에서 수백개의 독립된 단위로 이루어진 성단(星團)들
로 보인다. 레오(Leo)성운에 있는 네 은하로 이루어진 성단. 별들(점)은 비교적 우
리와 가까운 것이며 우리 은하의 부분이다. 이 은하들은 우리로부터 약 5억에서 10
억광년 거리에 있다.

　　우주가 대변동(cataclysm)으로 가득 차 있다는 학설이 점점 더 유력
해지고 있다. 최소한의 근거로서 한때 우리 은하계에만 있다고 생각했
던 중요한 전파의 진원지 가운데 몇 개가 은하계 밖의 아주 먼 곳에
있다는 사실이 알려졌고, 항성뿐만 아니라 은하계를 폭발시킬 정도로
큰 폭발에서 생겨났다는 사실이 확인되었다. 최근에는 몇 개의 진원은
은하계라기보다는 별에 가까울 정도로 작은데도, 수십 억 개의 태양과
맞먹을 정도로 강력한 에너지를 갖고 있음이 알려졌다. 또한 스펙트럼
의 적색편이(red shift)가 큰 것으로 보아, 아주 멀리 있거나 극히 무겁
다고 생각된다. 이러한 사실을 통해 우주에 우리가 모르는, 또 현재 알
려진 법칙으로 예측할 수 없는 여러 가지 물체가 있음을 알 수 있다(p.
103).
　　항성은 스스로 진화하고 있으며, 서로 다른 시기에 생겨났다는 사실
에 밝혀졌다. 은하계의 일부에서 아주 수명이 짧은 방사성 원자를 가

진 별이 관측됨으로써 이것이 확인되었다. 우주의 **진화**(evolution)에 관한 문제는 우주의 구조에 대한 문제와 결합되어 있다. 물론 우리가 보고 있는 가장 먼 거리의 은하는 50억년 전 내지 200억년 전에 그 빛을 방출했던 때의 모습을 우리에게 보여주고 있다. 우리는 글자 그대로 과거를 보고 있는 것이다. 그러나 현재로서 관측과 실험, 이론은 매우 불완전하며, 확증된 것은 우주가 역사를 갖고 있다는 사실뿐이다.

물리학 이론의 부족

우주의 역사를 연구하다 보면, 천체에 관한 것뿐 아니라 물질과 복사의 본질에 대해서도 많은 사실을 배우게 될 것이다. 새로운 발견, 특히 소립자와 그들의 변환에 대한 발견들은 기존의 물리학 이론 특히 핵물리학 이론에 상당한 긴장감을 불러일으켰다. 아직도 많은 현상을 설명하지 못하는 기존의 이론들은 양자론이 핵물리학에서 더 센 힘과 더 짧은 거리에 임기응변적으로 적응해 왔던 것과 유사하다. '구름결정구'(claud crystal ball)모델, '신비수'(magic numbers), 또는 '이상한 수'의 양자수에 대한 이론들은 마술적(밀교적)인 냄새를 풍기기조차 한다. 그러나 상대성이론과 양자론을 철저히 수정할 필요가 있을지도 모른다. 이 수정은 현재의 이론들을 밑받침하는 가정을 인정하면서 어설프게 짜맞추는 것이 아니라 그 이론들의 철학적·논리적 기반을 근본적으로 혁파함으로써 이루어질 것이다. 이제까지 이론이 폐지되는 과정은 다음과 같았다. 처음에는 이론이 설명할 수 없는 실험적 현상들이 축적되고 그 다음에는 그 이론이 도출되는 과정에서 제기된 주장의 기초에 의문이 제기되는 것이다. 새롭게 성립된 이론은 물론 기존의 사실들을 모두 또는 대부분 설명할 수 있어야 한다. 그리고 현상의 설명에 덧붙여 보다 많은 분야의 경험들을 더욱 성공적으로 결합할 때에 비로소 새 이론이 인정을 받게 되는 것이다.

이제 우리는 물리학적 이론에 대한 비판의 새로운 국면에 접어들고 있다. 상대성이론과 양자론의 부정확성과 꼴사나운 모습에 대한 수리물리학자들의 분명한 **불만**(malaise)이 근본적인 재구성을 향한 노력을 일으키는 상황이다. 새로운 이론들의 모습은 다양하지만, 공통된 목표를 지향하고 있다. 그 하나는 분리된 상대성이론과 양자론의 재통합을 위한 장이론(field theory)을 일반화하는 것이다. 또 하나의 목표는 보어와 하이젠베르크가 특히 관련된 1925년의 신양자론의 기초인 불확정성을 제거하는 것이다. 핵 내부의 힘, 수명이 짧고 변화무쌍한 입자들의 행동영역 등 새롭고 보다 많은 범위의 물리학적 현상들을 만족스럽게 설명하는 사람이 승리를 획득할 것이다. 궁극적으로 어떠한 이론이 등장할 것인가를 예측하기에는 너무 이르다. 그러나 새로운 이론은 지난 40여년간 인정된 정통 이론과는 전혀 다를 수밖에 없다.

10. 4 전자공학

무선통신과 전리층

우리는 핵물리학이란 주제를 현재 지식의 경계점까지 다루었다. 그러나 핵물리학이 미지의 세계를 다루는 이론과 실험의 첨단을 대표할지라도, 그것이 물리학의 전부는 아니며 더우기 가장 유용한 부분도 아니다. 물론 물리학의 다른 분야에서의 발전이 없었다면 핵물리학은

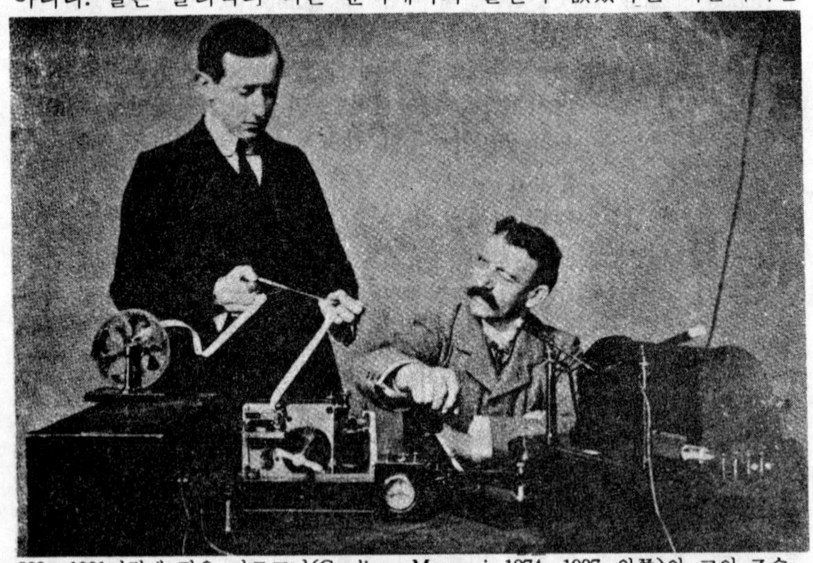

228. 1901년경에 찍은 마르코니(Guglieno Marconi, 1874~1937, 왼쪽)와 그의 조수 켐프(George Kemp)의 사진. 이 사진은 대서양 횡단 무선통신 실험 가운데 찍은 것이다.

나타나지 않았을 것이다. 가장 중요한 것은 전자파와 전자공학 분야에 있다. 여기서 물리학의 발전은 산업의 발전과 필적한다. 전자파는 1886년 헤르쯔(Hertz)가 맥스웰의 이론에 따라 발견했다. 전자기파가 실용적인 신호로 사용된 것은 19세기말이 되어서였다. 그때까지 영국의 로지(Oliver Lodge : 1851~1940), 러시아의 포포프(Popov : 1859~1906), 인도의 보스(Bose : 1858~1937) 등 여러 나라에서 관심을 갖고 실용화를 시도하여 성공했다. 그러나 완전히 상업적으로 성공한 것은 훈련받은 과학자가 아니라 재능있고 낙천적인 아마추어의 손에서였다.

정상적인 과학자라면 20세기초에는 전자기파를 먼 거리에 보낼 수 없다고 말했을 것이다. 전자기파는 공기를 뚫고 지구 표면에서 달아날 뿐이지 돌아오지는 않으리라고 말했을 것이다. 그럼에도 이 사실을 믿지 않았던 과학자 마르코니(Marconi, 1874~1937)는 대서양 너머로 무선신호를 보내 실제로 수신했다. 이는 전자파를 다시 지상으로 반사하는 일종의 거울이 있어야 함을 의미했다. 애플턴(Appleton : 1892~1965)은 20년대에 이 연구에 착수하여 태양의 복사로 생긴 이온으로 구성되는 이런 층(전리층, ionosphere)이 대기권에 하나뿐 아니라 여러 층이 존재함을 밝혔다. 그는 매우 짧은 신호를 발사하여 반사되는 데 걸리는 시간을 조사하여 전리층의 높이를 측정했다. 이것은 박쥐가 어둠 속에서 장애물을 피하는 데 이용하는 방법이나 물 속에서 압력파의 매우 늦은 움직임으로 1차대전 때 잠수함을 찾아내는 데 이용된 음향측심(測深) 방법과 같은 것으로 군사용 레이다장비의 기초가 되었다.

전자진공관(electronic valve)

마르코니의 극적인 뜻밖의 성공은 바로 해상에서 선박과의 통신에 쓰이는 무선통신을 급속히 발전시켰다. 그러나 전자진공관의 발전이 없었더라면 무선통신은 오늘날 일상생활에서의 위치를 차지하지 못했을 것이다. 20세기 전자물리학은 산업과 과학부분의 영향을 모두 받아 중대한 공헌을 했다. 실험실의 호기심으로부터 판매 가능한 상품이 되는 데 10년도 걸리지 않았다는 사실은 얼마나 빠르게 산업이 20세기 물리학을 흡수하고 이용할 수 있었는가를 보여준다. 진공관의 발전에 이르게 한 최초의 관찰은 산업, 실제로 멘로 파크(Menlo Park)에 있는 에디슨의 연구실험실에서 수행되었다. 1884년 이미 그는 전구의 달아

오른 필라멘트가 음전하가 아니라 양전하를 띨 수 있음을 발견했다. 그는 전구 안에 금속판을 넣어 봉하고, 금속판에서는 필라멘트로 전류를 통과시킬 수 있지만 필라멘트에서 금속판으로는 통과시킬 수 없음을 발견했다. 이것이 최초의 **전기**진공관(electric valve)이었으며 그 작용은 톰슨의 전자이론으로 곧이어 설명되었다. 뜨거운 필라멘트에서 방출된 전자는 금속판이 양전하를 띠었을 때만 금속판으로 이동했으며, 차가운 금속판은 음전하를 띠었을지라도 전자를 낼 수 없었다. 진공관이 전자의 성질에 의존하므로 **전자**진공관(electronic valve)이라고 불리는 것도 당연하다. 2극진공관(two-electrode)은 무선전신에서 정류장치

229. 첫 전구는 플레밍(Ambrose Fleming, 1849~1945)에 의해 런던의 유니버시티 대학에서 만들어졌다. 그것들은 이극진공관(두 개의 전극을 가진 진공관)이었으며, 전파탐지기를 돕기 위해 전파를 정류하는 데 사용되었다.

로 유용하다. 그럼에도 불구하고 드 포레스(de Forest : 1873~1961)는 1905
년 2극진공관에 실험적으로 격자(grid)의 형식으로 전극 하나를 더해
서 3극관(three-electrode, triode valve)을 만들어 파동의 증폭과 발생에
실로 혁명적 가능성을 주었다. 이 장치는 무선전화와 방송을 가능케
하였으며 오늘날 고주파 공학의 기초가 된다.

증폭과 재생(Amplification and Regeneration)

3극관과 그것의 방대하고 복잡한 결과는 단순한 진공관을 벗어난 것
이다. 심지어는 본래의 진공관이 아니다. 그것의 진짜 새로움은 그것이
증폭장치라는 것이다. 그것은 작은 전압 또는 전류의 변화를 큰 것으
로 바꾸어 준다. 증폭의 원리는 작은 에너지 변화가 직접 큰 것으로 만
들어질 수 있다는 것이다.

예전에 발명된 지렛대 같은 장치들은 기계적인 작용을 증대시켰고,
렌즈 같은 것은 영상(image)을 확대하지만 이 모든 경우에 있어서 적
용된 에너지는 단지 전달될 뿐이고 항상 약간의 에너지는 손실된다. 3
극관의 효과인 증폭은 에너지는 외부로부터 공급되지만 매우 약한 에
너지가 자신의 원형을 입력된 에너지에 실어서 나타낼 수 있다. 3극관
은 전력에 의해서보다는 정보에 의해 작동되는 유형의 장치이다. 그것
은 실로 최초의 완전히 융통성있는 인공두뇌장치인 것이다(pp. 107f.). 이
는 중세의 시계나 19세기의 전기계전기를 뛰어넘으려는 소박한 기대에
비하면 엄청난 진보였다. 또한 진공관의 출력을 다시 그 자체에 결합
하여 공진회로를 구성하여 진공관은 제어가능한 주파수의 발진을 발생
시킬 수 있게 되었다. 증폭과 재생(regeneration), 혹은 피드백(feed back)
이라는 이 두 가지 성질은 진공관이 관찰기구와 동시에 도구가 되도록
만들었다. 그것은 아마 20세기 기술에서 가장 특징적인 산물일 것이다.
전자진공관의 계승자이며 더욱 작고 더욱 다방면에 쓰이는 트랜지스터
를 특징지우는 것은 그것들을 얻는 특별한 방법보다는 3극관과 같은
기능일 것이다.

진공관 생산의 발전은 전등의 발전에 그 기초를 두었고 차례로 진공
관에 대한 더욱 높아진 수요가 진공기술을 자극하였다. 그것은 제1차
세계대전의 마지막 몇년 사이의 무선통신에 필요한 진공관의 사용과
그후 곧이은 라디오에 대한 새로운 대중적 수요에 의해 자극받았다.

이제 일단 값싸게 대량생산될 수 있게 되자──산업적으로 중요하게 사용되야만 값싸게 만들어 질수 있다──진공관은 물리학에 다시 봉사할 수 있게 되었다. 실로 진공관의 광범위한 사용이 없었더라면 20세기의 2/4분기에 해냈던 결과물들을 물리학이 어떻게 이룩할 수 있었을까 하는 것은 상상할 수도 없다. 고압·진공·진공관 기술의 발전은 필연적으로 19세기의 아카데믹한 화학과 화학공업처럼 20세기의 아카데믹한 물리학과 전기공업을 가깝게 만들었다. 새로운 응용과학이 탄생했고 **전자공학**이라는 매우 적당한 이름을 얻었다.

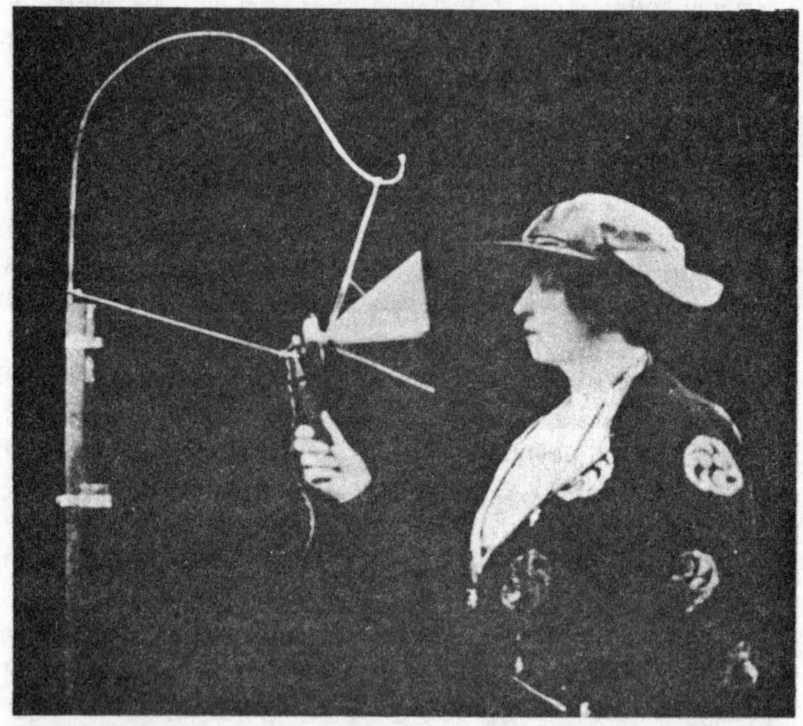

230. 1921년 미국에서 정규방송이 시작되어 헤이그로부터 연주회가 방송되었다. 1922년말 BBC가 방송을 시작했으나 그 이전에 마르코니사가 때때로 전파를 발송하고 있었다. 1920년 8월 15일에는 멜바(Nellie Melba)가 쳄스모드에 있는 마르코니사의 고출력 시험방송국에서 방송제작에 들어갔다.

무선과 레이다(Radio and Radar)

전자공학은 무선통신을 세련되게 하고 확장하는 데 최초로 사용되었다. 부분적 이유이지만 계속 증가하는 방송국 수에 따라 이용할 수 있는 주파수대가 고갈됨에 따라 좀더 짧은 파장을 쓰려는 경향이 지속되었다. 짧은 파장의 또 다른 이점은 잘 정의된 지향성 전파로 무선의 방향을 잡을 수 있는 가능성이 증가한다는 점이다. 지향성 전파는 기상문제를 야기시키는 뇌우의 근원지를 찾으려는 필요로부터 시작되었다. 그리고 이것은 후에 원거리 전송을 위한 무선방송에 쓰였다. 방향의 정밀도는 본질적으로 더 짧은 전파를 사용하는 데 좌우되었으며 이것은 다시 더 짧은 전파를 발생시키는 데 사용되는 진공관과 회로의 생산에 작용하였다.

지향성 전파로부터 반사의 연구로, 그리고 레이다의 연구로 진행하는 것은 자연스런 일이었다. 그 실용적인 개발을 위한 즉각적이고 효

231. 얀스키(Karl Hansky)가 벨 전화연구소를 위해 뉴욕에서 벌인 전파의 '잡음'과 '공중장애'에 관한 시험작동은 우주전파의 발견을 안겨주었다. 이 발견은 약간의 흥미를 불러일으켰지만, 전파천문학이 개별과학이 되었던 2차세계대전 이후까지는 천문학자들로부터 거의 언급되지 않았다. 얀스키가 제공한 원판으로 만든 삽화.

과적인 자극을 준 것은 제2차세계대전 중에 도처에 드리워졌던 공습의 위협이었다. 일단 전파의 발사에 의한 펄스(pulse)의 반향에 의해 비행기의 존재를 감지하는 문제가 성안되자, 집중적이고 조직적인 연구로 효과적인 해결책을 만드는 데는 오랜 시간이 걸리지 않았다. 영국에서는 와트슨-와트(Watson-Watt)의 창의에 힘입어 전쟁 두 해째에 공습을 제때에 발견할 수 있도록 레이다망이 개발되었다(6. 127). 곧이어 강력한 센티메트릭파(centimetric wave)를 자원으로 공동자전관(cavity magnetron)을 발명함으로써 더욱 큰 진보가 이루어져 목표물의 위치를 더욱 높은 정확성으로 감지할 수 있게 되었다. 전쟁이 진전됨에 따라 레이다는 더욱 광범한 응용기술에——길을 찾고, 공중에서 지도를 작정하고, 항공기의 비행을 관제하기 위해, 그리고 그후 폭탄과 포탄의 비행을 제어하는 데——에 이용되었다.

단파 : 전파천문학(radio-astronomy)

전쟁이 종식되자 단파와 초단파 무선장비가 흔하게 생산되었고——평화시의 경우라면 훨씬 많은 해수가 걸렸을 발전이다——이 단파로 인하여 인류는 또 하나의 새로운 감각기관을 얻게 된 것인데 그것은 보통의 빛보다는 중·장거리 관측과 통신에 있어 훨씬 적합한 것이었다. 평범한 광학적 방법으로는 원거리 신호의 방향과 특성만을 측정할 수 있었던 반면, 레이다는 거기에다 그곳까지의 거리의 좌표를 제공한다. 그리하여 이 새로운 방법은 천문학적 목적에 사용되어, 예컨대 달의 거리 등을 효과적으로 측정하게 되었다. 더욱 놀라운 것은 태양과 항성 자체가 이런 종류의 광선을 방출하므로, 이 광선으로 눈에 보이지 않는 별들의 존재를 관측할 수 있는 새로운 분야의 천문학인 **전파천문학**(radio-astronomy)이 나타나게 되었다.

이중 많은 항성이 광학천문학(optical astronomy)이 다룰 수 있는 것보다 훨씬 더 먼 거리에 존재하고 있다는 사실이 알려졌다. 조드렐 뱅크(Jodrell Bank)에 있는 로벨(Bernard Lovell) 경의 첫번째 전파망원경처럼 커다란 접시모양의 전파망원경은 입자가속기만큼 비싼 것으로 판명되었다. 이제 그들은 위성과 행성탐사우주선을 추적하는 데서 또 다른 용도를 발견했다.

전파천문학과 광학천문학의 연계는 점점 밀접해지고 있다. 강력한

232. 1958년 장엄한 전파망원경이 조드렐 뱅크에 완공되어졌다. 직경 250피트의 반
사면을 가진 이 전파망원경은 아직 세계에서 가장 큰 조타식 전파망원경이다.

전파신호에 의해 최초로 발견된 3. C. 273과 같은 원거리 물체는 이제
광학적으로도 확인되었다. 그것은 실로 이상한 물체였다. 명백히 항성
의 규모를 지니면서도 전체 은하계와 같은 무게를 가진다. 또한 거의
믿을 수 없을 만큼 먼 거리에서 광속의 약 1/6정도의 빠른 속도로 우
리로부터 멀어진다. 준항성 전파원(quasi-stellar radio sources)은 우리에
게 은하계의 기원에 관한 부수적이고 생각지도 않은 증거를 제공한다.
우리는 이제 겨우 우주가 생성되고 유지되어진 과정을 이해하기 시작
했을 뿐이라는 점은 명백하다(pp. 94f.).

가속기와 자기공명(magnetic resonance)

초단파의 발전은 기대 밖의 응용을 가능하게 했다. 전자파와 전자의
운동을 여러 가지 방법으로 연결시켜서, 전자를 발사하여 현대 물리학
의 기초장비가 되는 고속가속기와 신크로트론(synchrotron)을 개발하는
데 쓰이게 되었다(pp. 76f.). 말하자면 적당한 방향을 따라 방출된 전파

에 전자를 실을 수 있게 되었다. 달리 말하면 전자는 분자나 원자핵에 연결되어 자장 속에서 원운동을 할 수 있게 되었다. 그리하여 전자물리학의 새로운 두 현상인 전자스핀공명(electron spin resonance)과 핵자기공명(nuclear magnetic resonance)이 발견되었는데 많은 면에서 정밀한 분광학과 유사하다. 이 둘은 모두 분자의 특성을 파악하는 데 사용될 수 있으며 현대화학에서 가장 중요한 도구의 하나가 되었다(p. 120).

음극선관과 텔레비전

톰슨(J. J. Thomson)의 초기 실험 이래로 빠르게 변하는 전자 빔(beam)을 음극선관(cathode-ray tube)에서 다양한 형태의 움직이는 영상으로 바꾸어 볼 수 있게 되었다. 음극선 오실로그래프(oscillograph)는 본래 기계적 레바(lever)나 거울을 이용한 어떤 시스템보다 시간에 따른 변화를 훨씬 빨리 포착할 수 있는 현미경과 같다. 과학과 산업에서의 오실로그래프의 용도는 다양하다. 그것은 이제 텔리비전 화면으로 수많은 사람들과 친숙해졌다. 텔리비전에서 움직이는 전자빔은 송신기 렌즈의 상에서 광전기적으로(photo-electrically) 생산된 전하를 주사(走査)하는 데 사용된다. 이와 동시에 주사되는 또 하나의 빔이 수신기의 형광스크린을 자극함으로써 이 영상은 재생된다. 텔리비전의 개발이 늦어진 것은 초기에 그 원리를 몰라서가 아니었다(지금과 기본적으로 원리가 같은 스윈턴[Campbell Swinton]의 제안이 1911년에 마련되었다). 또한 주사 또는 광역단파(broad-band short wave) 송신상의 기술적 어려움 때문도 아니었다. 그것은 기본적으로 거대한 전기회사들, 심지어 무선과 함께 성장한 새로운 회사들마저도 눈앞의 이익에만 너무 치중하여 돈이 많이 드는 개발사업에 투자하려 들지 않았기 때문이다. 그것은 베어드(Baird : 1888~1946) 같은 정열적 아마추어의 과제로 남겨졌는데, 그는 원시적 장비를 사용하여 결정적 진보를 이룩하였으며 상업세계에 텔레비전 개발이 큰 이윤을 남긴다는 것을 납득시켰다.

텔레비전은 가장 명백한 음극선 디스플레이(display)장치였지만 유일한 것은 아니었다. 전쟁에의 요구, 특히 적에게 노출되지 않고 적을 보려는 필요로 인해 다른 많은 것들이 만들어졌다. 광범위한 수신장치, 수신 및 송신회로로 엑스레이, 자외선, 적외선, 또는 단파 등 어떤 종류의 초기 방사(radiation)도 음극선관을 이용한 디스플레이장치로 눈으로 볼 수 있는 영상을 만들어내는 것이 가능해졌다. 이것은 인간의 지각능력을 확장한다는 데 커다란 중요성을 갖는다. 왜냐하면 인간두뇌는 본래 사물을 보고 해석해내는 과정의 절반 이상을 관여하기 때문이다. 위너(Wiener, 1894~1964)(6.146)가 지적한 대로 눈과 뇌의 복합체(eye-brain complex)는 본래 상을 인식하고 분석하고 추적하기 위한 특별히 밀집된 효율적인 신경회로이다. 어떤 현상을 볼 수 있게 한다는 것은 그에 대한 우리의 이해를 크게 확대하는 것이다.

전자예보장치와 서보기구

  전쟁 중 무선공학의 발전에 따른 예기하지 못한 또 하나의 부산물로 수신장치와 서보기구(servo-mechanics)를 전자적으로 연결 조합하는 기술이 발전되었다. 이것은 대공조준산정기(對空照準算定器, predictor)를 개발하게 하였고 후에는 계산기(computing mechanics)로 실현되었다.

233. 선이 노출된 반사기를 가진 안테나를 하나 이상 결합하여 사용하여 우주로부터의 방해전파를 분석하여 보면 전파의 근원지를 정확히 측정할 수 있다. 케임브리지의 블라드 관측소에 있는 이 전파 간섭계 안테나는 동서로 1,450피트에 걸쳐 있다. 안테나를 특히 남북 방향의 지점으로 조정할 수 있다면, 지구의 자전으로 말미암아 하늘을 정확히 조사할 수 있을 것이다. 몇 주일 동안이면 여러 범위에 걸쳐 북반구 천체를 관찰할 수 있다.

이것들은 대공포의 레이다제어시스템에서 그것들이 발사하는 수많은 전자식 근접폭발 신관을 가진 포탄(electronic proximity shells)에 이르기까지 조준, 조종, 유도, 폭발무기에 쓰였다. 이는 기계제 생산에 새로 차원을 열었다. 도구가 인간의 손이나 이빨을 대신하고 기계가 도구를 다루는 손과 몸을 대신하듯, 전자서보기구는 눈, 두뇌, 손 등 사람의 모든 것을 한꺼번에 대체한다. 그것은 구식 기계가 규칙적이고 일상적인 작업에 적당한 데 비해, 매우 넓은 범위의 변화를 포용하는 자동화의 확대이다.

서보기구는 광전관(photo cell)과 같은 감각요소와 전기모터와 같은 동력요소를 반드시 가져야 한다. 또한 고정명령, 조건명령, 심지어는 사전 메시지(previous message)를 갖고 이들 사이의 연관관계를 포함해야 한다. 그 명령·지시어에 의해 이 장치가 받아들인 여러 가지 자극은 나중에 전자계산기와 관련해 좀더 적절히 논의하게 될 회로에 의해,

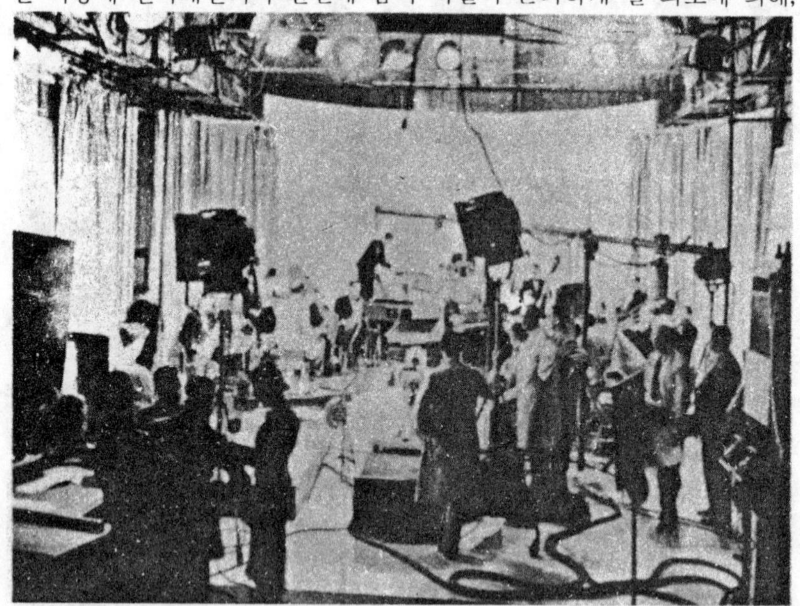

234. 1920년대말 베어드(John Logie Baird, 1888~1946)에 의해 시험작동된 이후 1929년에서 1935년까지 BBC에 의해 30선 텔레비전방송이 송신되었다. 1937년에 405선을 이용한 정규방송이 작동에 들어갔다. 이 사진은 1939년 런던의 알렉산드라 팰리스에 있는 BBC 텔레비전 스튜디오이다. 텔레비전 카메라(가운데)는 1960년대에 사용되는 것과 외양상으로 크게 다르지 않다.

외부로 적당한 반응을 유도한다.

진공관 회로를 다양한 방법으로 결합함으로써 과거에 인간의 사고를 필요로 한 많은 목적에 극히 가볍고 유연한 특성을 가진 전자 운동의 특성을 이용할 수 있게 되었다. 이에 따라 질량있는 것에 비해 의미있는 동작을 모두 수행하는 속도가 효과적으로 수십만배 빨라졌다. 즉 질량있는 물질이 갖는 고유한 관성 때문에 기계적인 방법으로는 일분 걸리던 일을 일만분의 1초 안에 해내게 되었다. 이와 동시에 전기회로를 사용함으로써 극히 작은 부피로 압축할 수 있는데, 이를 기계적으로 작동되는 부분으로 대체하면 부피가 수천배는 될 것이다. 이 **축소화** 과정은 이제 겨우 시작에 불과하다. 새로운 발전은 이렇게 시간을 단축하고 공간을 축소하는 과정이 계속 진행되리라는 사실을 확실히 해준다. 초기 무선전신시대에 이미 없어진 지 오래된 게르마늄 **트랜지스터**(transistor)에서는 진공관에서의 전자운동을 결정상(狀)의 반도체내의 전자운동으로 대체하였다. 그것은 이미 많은 용도에서 진공관을 대체했고, 특히 작은 공간을 필요로 하는 곳에서 더욱 중요했다. 그리고 훨씬 감도를 갖기 위해서 특별히 고안된 다른 새로운 물질이 그것을 보완하게 되었다. **판단요소**(decision elements)를 제공하는 정보를 저장하는 데 쓰이는 자기보존(磁氣保存)물질에 의해서 유사한 기능이 수행되어진다.

전자컴퓨터 : 인공두뇌학(cybernetics)

그러나 현대 전자장치의 진짜 새로운 점은 그들의 구성 성분보다는 그것들을 연결하는 데 있다. 즉 전쟁을 위해서는 폭탄과 로켓의 궤도와 방향과 사정거리를 계산하는 복잡한 작업을 수행하기 위해 필요한 속도로 더하고 계산할 수 있는 장치를 만들어낼 필요가 있었다. 이 필요에 따라 전쟁 말기에 최초로 완전한 전자계산기가 개발되었다. 계산기는 약 백여년 전의 기계적인 것으로 시작되었는데, 배비지(Babbage)는 엄청난 돈을 들여서 사람보다 훨씬 빠르고 정확하게 수학 문제를 계산하는 기계를 만들려고 시도했었다. 그 순간 우리는 겨우 전자 계산의 가능성을 알아차리기 시작했을 뿐이다. 이제 우리는 복잡하고 질서정연한 과정을 컴퓨터내의 전자의 움직임으로 번역하는 데 필요한 일반적 수단을 갖게 되었다.

235. 현대적 컴퓨터 설비──런던 대학 컴퓨터 과학 연구소에 있는 '아틀라스'컴퓨터. 이 사진은 종이 테이프 판독기와 천공기(왼쪽), 자기테이프 장치(뒤쪽), 주작업대(가운데)와 카드 판독기와 천공기(오른쪽)을 갖춘 운영실 장면.

이런 기계는 주어진 명령을 수행할 수 있었으며, 보다 근본적으로 새로운 점은 예측할 수 없는 상황의 발생시에 처음의 수행결과에 따라 반응할 수 있다는 점이다. 고도로 전문화되고 세련된 형태의 서보기구처럼 그것은 돌발적인 일에 반응할 수 있으며, 일치점을 찾아내고 혼란스런 결과들을 배제하는 점에 **판단**의 특징을 보여주며, 한번 수행한 일을 하는 데 좀더 쉬운 방법을 찾아냄으로써 어느 정도 문제를 풀어나감에 다라 자신의 고유한 규칙을 만들어 나가는 데서 **학습**의 특징을 이미 보여주기 시작했다. 이런 모든 점에서 컴퓨터는 많은 데이타 혹은 정보 비트(bit)를 가져야만 한다. 이 데이타나 정보 비트 중 어떤 것은 외부로부터 제공되지만 다른 것은 기계의 작동에 의해 산출되는데, 나중의 사용을 위해 저장하여 필요시에는 언제든지 무한정하게 읽어올 수 있어야 한다.

이것이 전자계산기에서 필수불가결한 기억장치(memory)이다. 어떤 기억장치는 테이프나 선(wire)에 자기를 표시하거나 선과 자기루프(loop)를 조립하여 기록되는 정태적인 종류가 있는 반면, 어떤 기억장치는 전자 회로에 메시지를 계속 재순환시키는 방법에 의존한다. 위너는 저서에서 **인공두뇌학**(Cybernetics 또는 steersmanship)은 수학과 전자공학 그리고 통신공학을 연결한 새로운 분야의 창조적 과학임을 보여주었다. 이것은 **정보이론**(information theory)(6. 123)에 안내받았고, 신경계통의 생리학과 심리학 자체와도 관련이 있다. 사고의 수준이 아무리 낮다고 하더라도 효과적으로 생각하는 기계를 만들어낼 가능성이 과학뿐만 아니라 경제와 사회생활에도 심대한 영향을 끼칠 것이 분명하다(pp. 276f.).

전자의 파동성

긴 파장의 전자파의 연구가 새로운 망원경을 등장시킨 반면 전자 자체의 연구는 새로운 현미경을 등장시켰다. 드 브로이(De Broglie)는 1924년 각 전자는 그 속도에 반비례하는 파장을 지닌다고 주장했다. 3년 후 데이비슨(Davisson : 1881~1958)과 거머(Germer)는 우연히 14년 전 발견된 결정에 의한 엑스선의 회절과 유사한 결정에 의한 전자의 회절 현상을 발견했다. 아마 이 발견은 드 브로이 이론을 규명하려는 시도에서 이룩되었을 것이다. 사실 그것은 완전히 실험적으로 그리고 뒤늦게 발견되었다. 전자의 회절은 엑스선을 발견하기 이전에 관찰될 수 있었다. 왜냐하면 1894년에 이미 금속판을 뚫고 전자가 투사되었지만 아무도 나타난 빔으로 사진찍을 생각은 하지 못했었다. 만약 전자의 회절이 관찰되어 이로부터 전자의 파동성이 추론되었다면, 비록 발견의 순서가 다르다 해도 20세기 물리학의 발전경로는 변경되었을 것이고 아마도 발전은 매우 가속되었을 것이다.

전자현미경

입자와 파동이라는 이중적 성격을 갖는 빛과 전자의 유사성이 알려지기 전에도 전자기장에서 전자의 회절을 이용하여 전자를 집중시키려는 생각이 이용되기 시작했다. 우리는 이제 보통 광학기기에서 이용되는 반사와 간섭이라는 기술을 적용하기 위해 어떻게 전자를 집중시킬 것인가를 알게 되었다. 단지 어려움은 처음에는 전자는 진공에서만 자유롭게 움직일 수 있고 전자를 집중시키는 '렌즈'는 무형의 전자기장이어야 한다는, 본질적으로 실험적인 것이었다. 그러나 이러한 문제는 기술들이 향상되고 전자광학이라는 새로운 학문이 성장함으로써 극복되었다. 그중 가장 큰 승리가 **전자현미경**이었다. 보통의 광학현미경은 빛의 파장 때문에 볼 수 있는 대상물의 크기가 한정되어 있다. 왜냐하면 우리의 감각으로 빛의 파장은 4인치의 5만분의 1보다도 극히 작은 것임에도 불구하고 원자의 지름에 비하면 실로 약 2천배 정도나 될 정도로 아직도 매우 크기 때문이다. 이제 전자파는 이보다 더욱 짧게 만들 수 있어서 파장이 원자 지름의 약 10분의 1정도인 전자파를 사용하면 편리하다. 전기 또는 자기 렌즈들을 결합함으로써 현미경을 모방할 수 있게 되었는데 광학현미경보다 백배 또는 천배나 되는 배율을 얻을 수 있게 되었다. 루치카(Ruzcka)는 1937년에 최초의 전자현미경을 만드는 데 성공했다. 그후 전자현미경은 관찰범위와 배율이 크게 향상되어 단(單)분자 같은 아주 작은 물체도 선명하게 볼 수 있게 되었다. 장 방출현미경(field emission microscope)의 뜨거운 텅스텐 끝처럼 물체가 스스로 전자를 방출할 수 있다면 모든 개별 원자를 볼 수 있다.

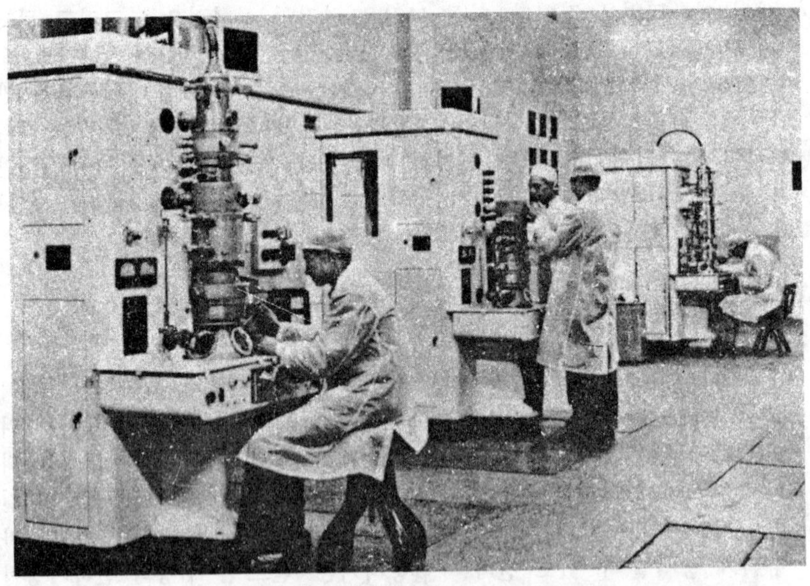

236. 광선 대신에 전자빔을 이용하는 전자현미경은 수백만 배의 확대가 가능하다. 상하이 전자광학연구소에 갖추어져 있는 설비.

현미경이 맨 눈의 능력을 향상시킨 것에 비해 전자현미경은 보통 현미경을 더욱 진보시켰다. 전자현미경은 우리가 보통 광학현미경으로도 선명하게 볼 수 있는 것에서 실제로 원자정도의 크기까지의 모든 범위의 구조를 우리에게 보여주고 사진으로 재생해준다. 그것은 작은 물체의 구조를 우리의 보통 감각 범위로 인식할 수 있는 가장 직접적인 방법이다. 이와 같이 그것은 처음에 추상적인 가정이라고 생각되어지던 분자 같은 개체가 볼 수 있는 실체임을 증명하여 철학적으로 대단히 중요한 것이었다. 이런 차원의 구조는 생명의 고유한 성질을 이해하는 데 가장 흥미있고 의미심장한 것이다(제5부 머리말).

10. 5 고체물리학

1920년대에 처음 출현한 고체물리학의 중요성은 계속 급속히 증대되었는데 고체물리학이 물리학의 실험적인 면과 이론적인 면에서 가장 지배적이게 된 것은 겨우 최근 몇년간이었다. 그것은 고체상태, 즉 결정과 같은 규칙적인 형태와 유리 같은 불규칙적인 형태 모두의 구조를 최초로 이해한 필연적인 결과이다. 30년대까지만 해도 공학 발전의 모든 측면에서 필수적인 고체의 성질은 손이나 눈으로 테스트해서 감별하거나 여러 종류의 계측기로 측정해야 되었다. 이러한 측정방법은 중요한 실제적 가치를 가지지만 과학성을 결여하고 있었다.

20세기에 과학이 최초로 고체의 연구에 돌입했을 때, 고체의 구조는 기본적으로 정확하지만 고체의 실제적인 그 구조에 기초해서 추론된 것과는 매우 다르다는 사실을 발견했다. 지금 우리가 알아낸 것은 모든 원자가 3차원 격자 속에 규칙적 배열을 하고 있는 결정인 소위 **이상결정**(ideal crystal)에 속하는 구조였다. 그러나 **실제의** 결정에서는 이런 이상적인 모습을 거의 따르지 않는다. 요페(I. Joffe : 1880~1960)의 연구는 이 모습이 얼마나 제한적인가를 최초로 보여주었다. 그는 암염(rock salt)을 연구한 결과 만약 표면의 결함이 제거될 수 있다면 표면처리가 되지 않은 결정에서 측정된 것보다 훨씬 큰 강도를 가질 수 있고, 동시에 그 결정은 좀더 가소성(可塑性)을 지니게 된다는 사실을 보여주었다.

그리피스(A. A. Griffith)가 유리에서도 비슷한 결과를 발견했는데,

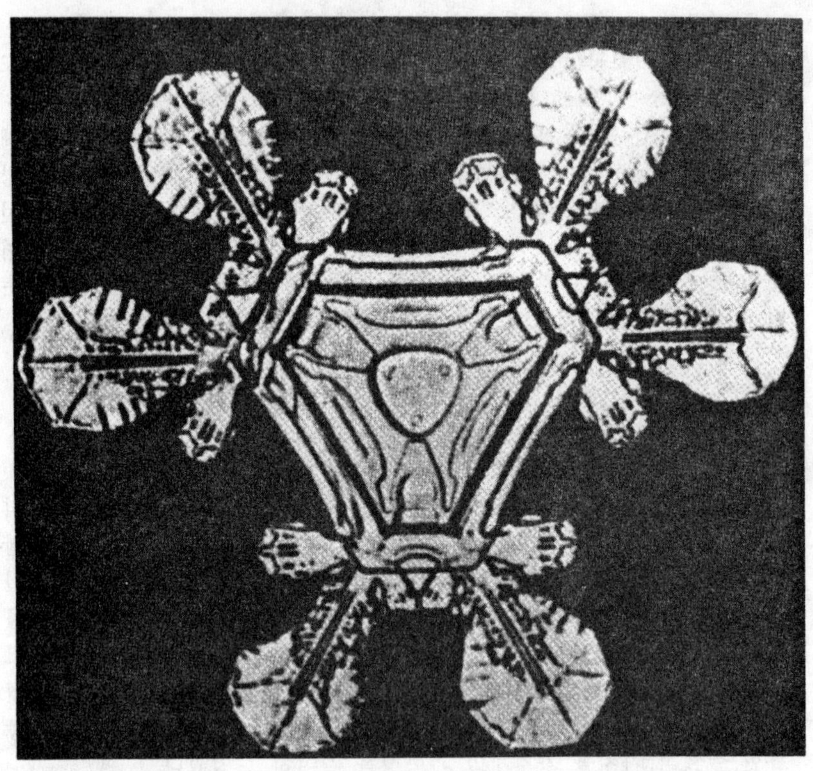

237. 빛을 이용해 찍은 삼각형 눈 결정의 현미경 사진. 이 결정은 세 '구석'이 각각 성장되어 있다. 선들은 결정이 어떻게 성장해 왔는가를 보여준다.

그는 1920년에 유리의 강도가 약한 것은 커다란 균열을 촉발시키는 매우 미세한 균열 때문임을 보여주었다. 이런 종류의 결함은 첫번째로 테일러(G. I. Taylor)의 연구에 따라 일반이론화했는데, 그는 기계적인 결함을 **변위**(dislocations), 즉 원자 배열의 엇갈림으로서 설명했다. 후에 프랭크(F. C. Frank)와 리드(W. T. Read)는 단일 원자열을 움직일 수 있는 단위 변이가 증식되어 큰 변위열을 일으켜서 커다란 단층(displacement)을 형성할 수 있음을 보여주었다. 변위의 주위를 나선형으로 회전하여 발전된 이 메카니즘은 결정 생성의 현상 또한 설명할 수 있

었다. 이제 이것은 많은 물리기구에 요구되는 뛰어난 완전결정을 인위
적으로 만들기 위해 실제 이용되고 있다.

새로운 야금술

오랫동안 고도로 발달된 기술인 야금술은 중세기까지는 과학적 기초
를 결여하고 있었다. 금속과 합금의 성질은 경험적으로 측정되고 변경
되었으나 원자론의 용어로 예측할 수는 없었다. 이제 새로운 야금술로
이것이 가능해졌고 심지어 핵공학, 우주공학, 로케트공학의 폭발적인
수요를 충당하는 데 필요하게 되었다. 이것을 응용한 것이 바로 초경
혹은 초강 물질의 생산이다. 변위이론의 결과물로 모든 물질은 가장
얇을 때 특히 자연적 혹은 인공적으로 생산된 **단결정**(whiskers)일 때
가장 큰 강도를 나타내는데 1954년 귤라이(Z. Gyulai)가 단결정의 이상
한 강도를 최초로 증명했다.

압전현상과 자기응축

결정의 기계적 성질은 전기와 자기의 영향과 밀접하게 연관되어 있
다. 첫번째로 우리는 퀴리(Pierre Currie)가 발견한 저대칭 결정의 압전
현상(piezo-electricity)을 들 수 있다. 이것은 최근에 음향측심법에서처
럼 압력의 작은 변화를 감지해내거나 역으로 **변환기**(transducer)에서
연마와 보링(boring) 작업에서의 기계도구를 대신할 수 있는 초음파진
동을 일으키는 데 사용된다. 예를 들면 치과병원과 같은 곳에 응용된
다. 자력(磁力)을 띠게 하거나 자기응축(magnetostriction)에 따른 길이
의 변화는 비슷한 목적에 사용될 수 있다.

초전도체

20세기초 카메를링 오네스(H. Kamerlingh-Onnes : 1853~1926)는 어떤
금속과 합금이 절대온도 0도 가까이에서 전기저항을 거의 잃는 사실을
최초로 발견했다. 이것이 초전도현상이다. 20년대에 카피짜(Kapitza) 등
은 이 효과가 자장으로 파괴된다는 것을 발견했다. 이것은 자장이 초
전도성 전선에 흐를 수 있는 전류의 양에 절대적인 제한을 가하기 때

문이다. 이 현상은 1956년에 바덴(J. Bardeen)이 좀더 적당한 이론을 세우기 전까지는 이해되지 못하였다. 좀더 최근에는 어떤 합금은 자장 간섭에 현저하게 저항한다는 것이 발견되었다. 그리하여 별로 동력을 손실받지 않고 매우 큰 자장을 일으키기 위해 거의 무한정으로 안정된 전류를 이용할 수 있는 길이 열렸다. 이것은 아마도 열핵에너지 생산에 필요한 자기병(magnetic bottle)을 만드는 데 필수불가결한 전진이며, 또한 값싼 원거리 송전에 커다란 희망을 주었다.

반도체와 트랜지스터

아마도 오늘날 고체물리학의 가장 중요한 측면은 약간 불완전한 결정의 전자기적 성질에 기초한 것이다. 이것은 '부분용해'(zone melting)라는 매우 간단한 물리적 정제법의 부산물이었다(이것은 필자가 1927년

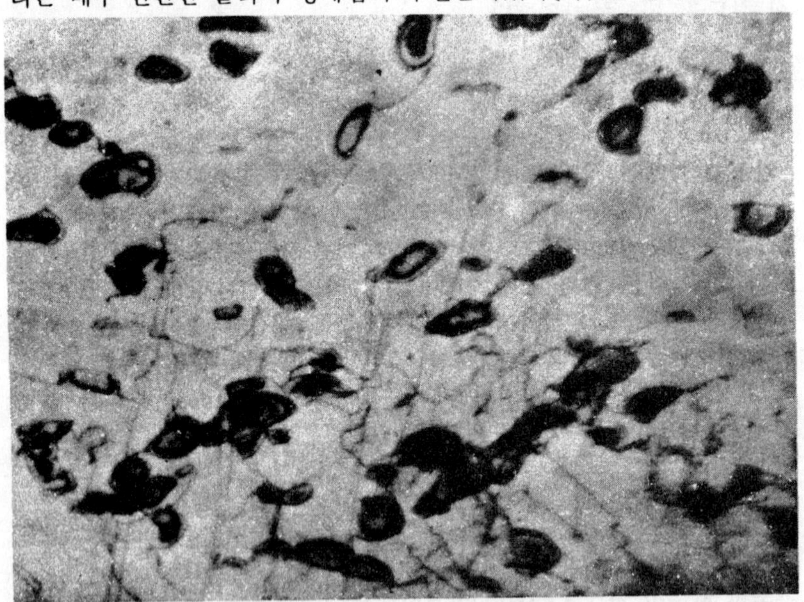

238. 전자현미경으로 발견된 결정들 속에 뒤틀림. 여기의 철-질소 화합물(0.01wt. per cent. 질소)의 전자현미경 전송사진은 550℃로 담금질한 후 100℃에서 3일간 보관한 다음 잡아당긴 모습이다. (선으로 보이는) 뒤틀림은 화합물의 결정구조에서 일어나지만 철질산염 침전물은 뒤틀림의 장애가 된다. 사진은 미들섹스의 테딩턴에 있는 국립물리학연구소 제공.

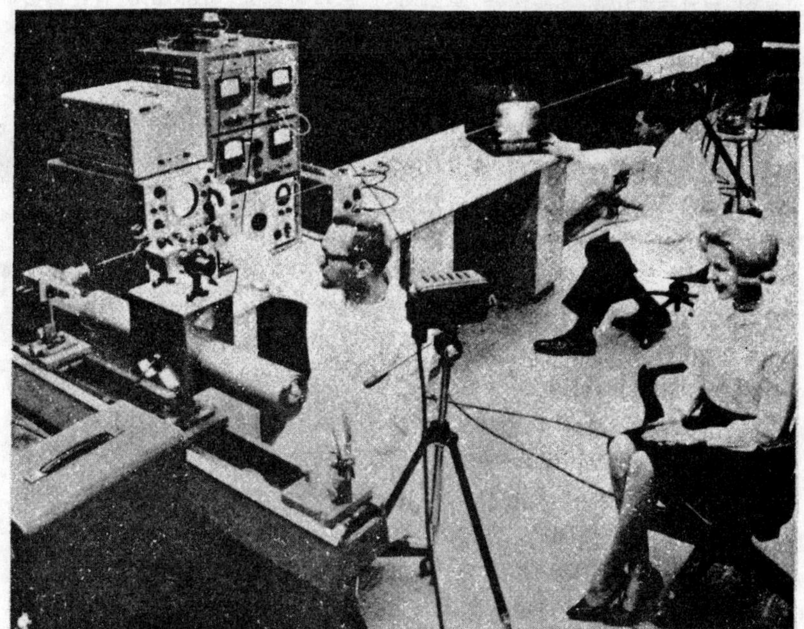

239. 정보 전송을 위해 변조된 광선으로 작동중인 레이저. 젊은 여자(오른쪽)가 텔
레비전 카메라 앞에 앉아 있다. 카메라에서 변조된 전자신호는 레이저(왼쪽 앞)로
들어가고 그러면 변조된 광선이 망원경 모양의 수신기(오른쪽 뒤)로 발사된다. 변조
된 광선을 분석되어 책상 끝에 있는 텔레비전 화면(오른쪽)에 나타난다. 하나의 레
이저 빔은 10억 개의 전화 회선, 또는 천 개의 서로 다른 텔레비전 채널을 동시에
전송할 수 있다고 평가된다. 사진은 노드 아메리칸 항공사 제공.

에 우연히 소개했지만 용도를 찾지 못했다). 예를 들어 하나는 약간의 초
과전자를 보유한 것과 또 하나는 전자가 부족한——혹은 구멍이 있는
——게르마늄 결정 두가지를 준비할 수 있다. 둘은 함께 예민한 **p-n**
접합(p-n junction)을 형성하며 이것은 **트랜지스터** 기술의 기초가 된다.

레이저

1960년에 메이만(T. H. Maiman)이 레이저 원리를 발견하여 전에 알
려진 어떤 것과도 근본적으로 다른 빛의 방출 형태가 알려졌다. 이것
은 첫째로 광학적 연구에서가 아니라 분자들이 전기장에 공명하여 진
동하게 될 수 있는 마이크로파의 전개를 연구하여 발견되었다. 이것은

최초의 **분자증폭기**(masers), 즉 복사선의 유도방출에 의한 마이크로파의 증폭(Microwave Amplication through Stimulated Emission of Radiation) 장치의 발명으로 이어졌다. 그것은 루비처럼 약간 불완전한 결정이 적당히 가공되면 모든 원자를 일치시켜 **응집**되게 가시광선을 반사할 수 있고, 따라서 막대한 강도의 좁고 순수한 빛을 만들 수 있는, 분자증폭기와 비슷한 회로에 의해 발견되었다. 그러므로 레이저 원리는 최근의 가장 실용적인 물리학적 발견이다. 그것은 하나의 장치 이상의 의미를 지닌다. 빛의 방출에서 응집되지 않은 빛의 응집된 방출로의 변화는 과학적으로는 액체에서 결정으로의 변화 혹은 인간의 역사로 말하자면 불규칙적인 한 무리의 전사로부터 오와 열을 갖춘 규율있는 병사로 변화한 것과 마찬가지다.

  좀더 최근에는 레이저 원리와 트랜지스터 원리가 합쳐져서 간단한 전류로 p−n접합에서 빛을 발생시킬 수 있다. 이 빛은 결정의 크기를 적당히 조절하여 레이저 광선, 즉 특정 방향으로 굉장히 강열한 광선을 보낼 수 있게 되었다. 레이저 원리가 고정밀물리학의 엄청나고도 광범한 발전의 시작에 불과하다는 사실은 명백하다. 고정밀물리학은 우주에서의 독특한 통제시스템을 위해 절대적으로 필요하므로 우주군사부분에서는 개발에 필요한 자금이 부족하지는 않을 것이다. 레이저는 바로 웰즈(Wells)의 『세계대전』(*The War of the Worlds*)에서처럼 50년 전 공상과학소설가들이 꿈꾸었던 죽음의 광선이다. 그러나 다행스럽게도 이제 레이저는 대핵로켓장치와 같은 더욱 방어적인 역할을 발견할 것 같다.

  뫼스바우어(Mossbauer) 효과는 레이저의 효과와 많은 면에서 유사하지만 자연적인 방사성 변화로 인해 생성되는데 뫼스바우어는 이것을 발견하여 1961년 노벨상을 수상했다. 여기서 철의 특별한 동위원소인 Fe^{57}이 특별히 긴 파장의 행렬을 가진 감마선을 방출함으로써 특별히 정확한 진동수를 갖는다는 사실이 발견되었다. 만약 원자가 철의 결정에서처럼 고정되어 있다면, 이 행렬은 응집하여 방출되므로 이전의 어떤 것보다 백배 나은 극히 정확한 표준 진동을 제공할 것이다. 고로 이것은 매우 작은 운동을 측정할 수 있고 아인시타인의 이론을 지상의 실험실에서 규명할 수도 있다(pp. 64 ff.).

  이미 고체 상태는 존재하는 물리학적 현상을 보강하고 정제할 무궁한 가능성을 지니며, 더 나아가 우리는 실제로 그 가능성에 접촉하기 시작했을 뿐이라는 점은 명백하다. 이제까지 최초의 자석인 천연자석과 같은 독특한 물질의 놀랄 만한 효과는 처음에는 주로 우연히 발견되었다. 더 효과적인 결과는 이론적으로 뒷받침된 체계적인 조사로 얻을 수 있다는 사실은 명백하다. 이런 의미에서 우리는 다른 모든 과학에서 일치되어 적용됨으로써 물리학의 영역이 무한히 확장되는 것을 기대할 수 있을 것이다.

10. 6 물리학과 물질의 구조

분자구조와 화학

전자현미경이 발전되기 오래 전에 라우에 브랙 부자가 결정에 의한 엑스선회절을 최초로 발견함에 따라 더욱 미세한 구조를 간접적이긴 하지만 더 효과적으로 볼 수 있는 방법이 개발되었다(p.60). 이런 결정구조분석 방법은 이제 많은 경우에 상당히 복잡한 분자내의 원자의 모양, 위치, 크기를 자세히 측정할 수 있을 만큼 완벽해졌다. 예를 들어 페니실린의 분자구조는 화학분석으로 확인되기 전에 순수하게 엑스선 방법으로 먼저 규명되었다(6. 164). 후에 페니실린 구조를 밝혀내는 데 주요한 공헌을 한 호지킨(Hodgkin)교수는 항(抗)악성빈혈 인자인 비타민 B_{12} 의 구조를 다른 팀을 지도하여 밝혀내었다. 긴 고리 (loop)와 링(ring)들을 포함한 원자를 가진 이 복잡한 분자는 화학의 도움을 거의 받지 않고 완벽하게 분석되었다. 이것은 전자계산기를 집중적으로 활용함으로써 겨우 가능했다. 이제 우리는 아직은 비싸고 느리지만, 궁극적으로는 단백질 자체의 분석도 가능하게 할, 복잡한 분자들의 생화학적 분석에 있어서 믿을 만한 수단을 확보한 것으로 보인다. 엑스선 분석을 통해 원자는 내부 구성에 따라서 크기가 다른 다소 구(球)형의 명확한 물체이며, 분자난 결정 속에서는 원자간에 비교적 일정하고 측정할 수 있는 거리를 갖고 있음을 알게 되었다. 케큘레(Kekule)와 19세기 유기화학자들이 화학반응의 논리적인 결과를 설명하기 위해서 작성한 분자상상도는 물질적이고 공간적인 기초를 가지고 있음을 보여주었다. 엑스선은 분자와 결정의 구조를 밝혀내는 데 이용될 수 있는 유일한 단파장 복사선은 아니다. 전자회절 역시 넓게 쓰이고 있는데 특히 종종 실제적으로 절대적 중요성을 갖는 표면효과의 연구와 가스 상태의 분자구조를 측정하는 데 넓게 쓰이고 있다. 좀더 최근에는 원자로에서 나오는 중성자의 결정에 의한 회절 역시 이용된다. 중성자의 이용은 전자 구름에 관한 정보보다도 원자핵에 관한 정보를 제공하는 데 커다란 장점을 가진다. 이것은 반강자성(anti-ferromagnetism)의 존재를 밝혀주었다. 원자의 자기 모멘트는 예을 들어 강자성 철(ferromagnetic iron)에서처럼 서로 지지하는 대신에 반강자성에서는 서로 중화되도록 배열되어 있다.

분자의 내부진동

X선으로 얻은 분자의 사진은 필연적으로 통계적인 것이었다. 그것은 오랫동안의 노출에 의하므로 내부 운동이 희미해졌다. 그러나 20세기 물리학은 이런 결함을 잘 보충하여 분자의 운동을 영화 필름에 담아 제공해주는 것처럼 분자의 역동적 행동에 관한 정보를 제공했다. 이것은 양자론을 분자 스펙트럼에 적용한 결과로서 특히 적외선에서는 빛의 진동주기가 분자 속의 원자의 자연진동 주기와 조화될 수 있다. 대신 1928년 라만(Raman)과 만델스탐(Mandelstam)이 보여준 것처럼 이런 진동수의 값은 분자에 의해 분산된 가시광선의 색깔에서 일어나는 미세한 변화를 통해 발견할 수 있다. 분자의 다른 부분에서의 진동율은 원자를 이런 분자로 결합하는 힘을 극히 정확히 측정할 수 있도록 하였다. 따라서 전에는 원자가(價)와 친화성 같은 **정성적**(qualitative) 개념으로 분자의 결합법을 완전히 형식적으로 설명한 데 비해 새로운 물리학적 방법은 거리와 힘을 사용하여 **정량적**(quantitative) 물리학적 모형을 완전히 만들어냈다.

새로운 화학이론

전자를 잃거나 얻음으로써 양이온 혹은 음이온이 되는 간단한 보어의 원자이론에 기초한 코셀(Kossel : 1888~1956)과 루이스(Lewis)와 랑뮈어(Langmuir)의 이론으로 1920년까지는 무기화학을 물리학적 용어로 재해석할 수 있었다. 이것은 어마어마한 합리성의 획득이었다. 19세기의 화학은 화합물의 간단한 식을 발견할 수 있었지만 이 화합물들의

240.　자연에서 형성된 광물질의 결정은 종종 그 자체로 매우 아름다울 뿐 아니라 엑스선 분석자들에게 그것의 구조를 푸는 실마리가 되기도 한다. 수정의 결정.

성질을 설명하지도 못했거니와 어떤 것은 화합되는데 다른 것들은 화합되지 않는 이유도 설명하지 못했다. 원자를 새롭게 이해함으로써 이제 앞의 두 사실을 설명하는 것이 가능해졌다. 화학이 기억보다는 몇 가지 간단한 원리로부터의 추론에 좀더 의존하도록 하는 것이 가능해진 것이다. 화학의 일반적 분야는 이제 네 개의 작은 분야로 나눌 수 있다. 모든 전자가 원자에 붙어 있는 비활성기체와 초과전자가 있는 금속, 전자가 부족한 비금속, 금속과 비금속 이온간에 전자교환이 이루어진 염(salt)이 그것이다. 이것이 수은, 황, 염의 아랍과 파라셀수스(P-aracelsus)의 연금술 체계에 대한 현대의 설명이다(제7장 2절). 그것이 기반하고 있는 외형적 분석은 양자이론에 근거하여 비로소 설명될 수 있게 되었다(제9장 4절). 양자이론의 발전으로 이 일반적 모형은 다시 양적인 개념이 되었다. 염이나 이온결정의 경우 결정 전체를 결합하는 힘은 이미 알려진 전기정역학적 전위차(electrostatic potentials)로 계산될 수 있다.

광물화학

이것은 광물과 암석의 복잡한 화학을 이해하는 데 즉각적으로 영향을 끼쳤다. 골트 슈미트(V. M. Goldschmidt : 1888~1947)의 모든 원소에 대한 광범위한 관찰과 파울링(Pauling)의 이론적 통찰력과 결합한 브랙(Lawrence Bragg)경의 자세한 엑스선 분석은 광물구조의 안정성과 더불어 땅에서의 광물의 생성이 매우 간단한 동기에 따른다는 사실을 보여주었다. 안정된 광물은 사실상 각기 다른 크기의 구(spheres)로 볼 수 있는 적당한 수의 구성원자가 안정되고 규칙적으로 뭉쳐 있을 때 생긴다. 광물계는 혼돈상태로부터 정리가 되었고, 새로운 지식은 암석에서의 원소분포를 이해하고 그럼으로써 광물이 존재하는 장소를 알아내는 데 즉각적으로 가치가 있었다. 결정구조는 실제로 **지구화학**(geochemistry)의 원리를 형성하는 데 기초가 되었고, 지구화학으로 침식, 침전, 습곡, 화산활동을 통한 암석의 장·단기 변화가 뒤따라서 알려졌다.

금속과 합금의 전자이론

금속에 엑스선 분석이 응용됨으로써 커다란 실제적 중요성을 갖는 진보가 이룩되었다. 이것은 금속이 예외적으로 간단한 결정구조를 가졌음을 증명했으며 이 사실은 금속들이 서로 합금되기 쉬움을 설명하였다. 여기서는 금속이 동시에 반사하고 전기를 통하게 하는 자유전자의 수자가 현저한 영향력을 가진다는 사실이 밝혀졌고, 단지 시행착오가 아닌 합리적인 야금학이 시작될 수 있었다. 구조적 연구는 더욱 많은 결과를 가져왔다. 그 연구들은 금속이 가소성을 지니며 담금질을 할 수 있어서 불리고 압연하고 늘일 수 있다는 기본적이고 경제적으로 가치있는 금속의 성질을 설명했으며 이 공정들을 합리적으로 통제할 수 있도록 했다(p.113).

원자가와 원자결합의 양자이론

그럼에도 불구하고 비금속 화합물의 경우 문제는 더욱 어려웠다. 그들간의 결합력의 본질에 대한 첫번째 단서는 1927년에 가서야 밝혀졌다. 양자이론의 용어로써만 이해가능한 방법으로 비금속화합물은 한쌍의 원자가 공유하는 동일한 전자의 교환 가능성에 기인했다. 동극(同極, homopolar) 혹은 전자공유결합은 1934년에야 하이틀러(Heitler)와 론돈(London : 1900~54)에 의해 정량적으로 설명되었고, 두개의 양자와 전자를 가진 수소분자의 가장 간단한 경우에 적용되었다. 이 방법도 좀 더 복잡한 경우에는 적용될 수 없었다. 그것은 지금까지의 임의적이고 단지 경험적인 거의 모든 화학적 사실에 물리학적 이해를 가져왔다. 그것은 화학반응의 일반적 본질과 왜 각 반응의 최초와 최후단계에서 전자의 에너지 준위변화에 따라서 얼마만큼의 열이 방출되거나 흡수되는가를 설명하였다. 그것은 또한 반응의 최종 결과에 영향을 주지는 않지만 화학반응을 시작하기 위해서 필요한 에너지를 갖추는 인공적인 촉매 또는 자연효소의 도움을 받는 반응과 같은 20세기 화학의 가장 중요한 실제적 발전에도 기여하였다. 그것은 또한 엔진의 실린더에서의 빠른 연소 형태나 플라스틱 제조에서의 중합에서와 같은 산업적으로 중요한 연쇄반응(chain reaction)의 구조를 밝혔다.

화학과 물리학의 관계

그럼에도 불구하고 이 모든 진보의 결과로 화학이 단지 물리학의 한 부분이 되었다고 생각해서는 안된다. 물리학의 이론과 실험 방법은 예전 화학자들의 낡아빠진 정성적 개념과 주먹구구식 실험에 점점 침투하여 합리화해갔다. 화학의 주요 학설이 물리학에 의해 바뀌는 속도만큼 빠르게 더욱더 복잡하고 불안정한 화합물을 다루면서 복잡하게 성장했다. 화학이 물리학자에게 지적 연습의 장인 것처럼 화학자에게 물리학은 도구가 된다.

지학 : 지질학과 지구물리학

지질학, 해양학, 기상학 등 지구과학은 물리학과 화학 같은 기초과학과는 그 지위에 있어서 종류를 달리한다. 이것은 모든 장소와 시간에 대해 법칙성을 구한다기보다는 특정 장소와 시간에 관해 언급하므로 같은 정도의 일반성을 결여하기 때문이다. 지구과학은 논리적이고 수학적이기보다는 묘사적이고 역사적인 요소를 지닌다. 이것은 ~ 학(學, logies)이라기보다는 ~ 기(記, graphie)이다. 그런 이유로 비록 대상영역은 엄청나게 증가했지만, 지구과학에서 일어난 변화는 주로 물리학과 화학으로부터 수입된 새로운 기술과 아이디어에 기인한다. 20세기 초엽 지질학의 발전은 본래 새로운 사실의 수집에 있었다. 그럼에도 그들은 어마어마하게 큰 정밀도와 범위를 부여받았다. 계속 증가하는 원유, 석탄, 금속들에 대한 요구의 압력을 받아 조사방법은 완전히 바뀌었다. 새로운 학문인 **지구물리학**이 일어나서 이에 의해 가장 정밀한 중력, 지진, 자기계측기재들이 땅에서 혹은 약간의 경우에는 공중에서 쓰이기 위해 개량되었다. 이를 통해서 수천 피트 깊이의 지층의 상태에 관해 얻어진 정보는 시추공(test bore-holes)으로부터의 정보와 밀접한 관련을 갖고 있다.

이중 제일 커다란 소위 'moholes'(지구내부구조 구멍계획)는 이미 잘 준비되고 있다. 이것은 미국과 소련의 지구물리학자들이 지각의 가장 얇은 부분을 뚫고 들어간 것이다. 대륙을 덮은 지각의 깊이가 30km이상인데 비해 이곳은 해저 아래 5km 정도의 깊이에 불과했다. 그들의 목적은 지진방법을 사용하여 모호로비치치(A. Mohorovičič : 1857~1936)

241. 해저 밑을 뚫고 지표의 모호로비치치 불연속층(Mohorovicic discontimuity)을 통해 맨틀에 이르는 '모홀'(Mohole)계획이 거대하게 진행되고 있다. 미국에서의 첫 시도는 2마일의 물을 통과하여 500피트의 침전물과 50피트의 바위를 굴착하는 것이었다. 굴착할 때 굴착기의 탑에서 연결되어 사용되는 굴착봉이 갑판 위에 보인다.

가 발견한 불연속면 아래에 도달하는 것이었다. 작은 망치를 든 옛 지질학자는 곡괭이와 저울접시를 갖고 당나귀를 탄 옛날의 탐광자만큼이나 뒤떨어진 것이다. 그들 대신에 구조적인 이론으로 무장하고 실험기지에서 결과를 점검받으면서 비행기, 트럭, 드릴 받침대를 보유한 기술자와 과학자 부대가 나아갔다. 광물의 경쟁적인 상업적 이용에 따른 제한과 비밀이 없는 새로운 사회주의경제가 이 영역에서 훨씬 앞서갔다. 영국보다 아제르바이잔(Azerbaizan, 소련내 연방공화국의 하나)이 지질학자에게는 더 적합하다는 점이 드러났다. 그럼에도 불구하고 전후 10년간 이러한 대량 관찰이 다른 방법으로 보충된 결과 지질학에서의 커다란 혁명이 일어났다. 이것은 최소한 19세기초에 지층의 연속과 침전과 화성(火成) 과정 사이의 차이를 형성한 것만큼이나 중요했다(제9장 5절). 이제 바다와 육지 혹은 대륙과 해양의 분포 형식이 이전과 매우 다름을 점점 분명히 인식하게 되었다. 지구 전체가 명백히 이동했을 뿐 아니라 1912년 베게너(Wegener : 1880~1930)가 처음 주장한 가설과 같이 대륙도 이동했음이 분병하다. 베게너는 대륙이 마치 조각그림맞추기 게임처럼 경계가 맞아들어가는 점과 그에 따른 동물과 식물의 분포에 근거하여 이 가설을 주장했다. 이 생각은 어떻게 대륙과 같이 단단한 것이 움직일 수 있는가 의심한 지질학자들에 의해 반세기 동안 거부되었지만 이제는 사실이라는 증거가 압도적이다.

이 증거는 두 개의 실로 결정적인 자료로부터 나온다. 하나는 대양에 덮인 지구 표면의 5분의 4를 지질학적으로 탐사하기 시작한 데서 기인한다. 물리해양학의 커다란 발전(p. 124)은 해저의 모든 균열(rifts) 시스템이 바다 중앙부와 남극대륙 주위로 흘러간다는 의심할 여지없는 패턴을 밝혀냈다. 이 균열은 끊임없이 열리는 것처럼 보일 것이며 이 과정은 지금도 계속되어 대서양 같은 해양은 실제로 양쪽 대륙을 밀어붙여 히말라야, 알프스, 안데스 시스템에서 산맥을 쌓은 표본이다.

다른 증거는 고지구자기(paleogeomagnetism)의 연구로부터 나온다. 암석은 형성됐을 당시에 우세했던 자력의 방향을 유지하고 있음이 발견되었다. 그리하여 예를 들어 인도에서는 암석이 한때 남극 근처에 있었고 영국에서는 암석이 적도 부근의 건조한 사막지역에 있었다는 것을 발견할 수 있다. 이 연구는 부수적으로 염과 원유의 원천을 찾아내는 데 극히 유용한 것으로 판명되었다.

표면에서의 이러한 변화는 지구 깊은 곳의 더 큰 변화와 반드시 관련되어 있으며 사실은 깊은 곳에서의 변화에 의해 표면의 변화가 발생한다는 것이 좀더 깊이 인식되었다. 지구가 안정되어 있다는 주장은 더운 날씨에 대기에서 일어나는 것처럼 지구도 계속 대류를 일으키는 뜨거운 핵을 갖고 있다는 주장으로 대치되었다. 그러나 이것은 몇 시간에 걸쳐 일어나는 것이 아니라 일 년에 1cm 정도의 매우 둔한 속도로 움직여 몇 백만년의 주기를 가진다. 지구 내부도는 아직도 겨우 작성되기 시작했을 뿐이다. 지구는 성장하고 해저를 열고 있다고 믿는 사람과 지구는 줄어들고 산맥을 쌓아가고 있다고 믿는 사람들간에 근본적인 논쟁이 진행되고 있다. 양자는 동시에 옳을 수도 있다. 산맥의 형성, 화산활동, 지진과 자기의 변화라는 전반적 현상은 역동적 열기관과 같은 지구의 이 일반적인 모습에 걸맞을 수 있다.

이 새로운 자료들의 모든 학문적 가치는 아직도 정리되어야 한다. 지구화학과 결합되고 현대의 공학에 따른 모델실험으로 보충되면, 새로운 지질학적·지구물리학적인 데이타는 산맥의 형성, 화산, 지진과 빙하시대 같은 현상을 전반적이고 정량적으로 설명하기 위한 기초가 될 것이다. 역사적 측면의 지질학에서는 지층의 절대연령을 측정하는 데 방사성 변화를 이용하는 방법이 대단히 발달하여 시대기록은 인간사에서처럼 지질학에서 필수불가결한 부분이 되었다. 동위원소를 이용하여 정확한 기원과 형성시기의 차이를 추적해내는 것은 이제 겨우 시작했을 뿐이다. 이 방법은 이미 형성 시기를 밝혀내는 데 화석을 대신하고 있으며 화석이 없는 전(前)캠브리아기의 몇 십억년 전의 것도 다행히 측정할 수 있게 확장되었다. 이미 생명의 탄생은 지구나이의 반 이상——27억년——이나 오래되었다는 사실이 밝혀졌다(6. 220). 이미 새로운 방법으로 지질학에서의 커다란 변환이 잘 진행되고 있지만, 지구의 모든 부분이 지구에 살고 있는 사람들에게 이용될 수 있도록 개방될 때, 그리고 인류의 기계와 과학에 관한 능력이 파괴적이 아니라 건설적으로 천연자원을 발견하고 이용하는 데 이용될 수 있을 때만 그것은 완성될 수 있다.

해양학

지구의 딱딱한 지각의 연구에서는 구조적이고 역사적인 요소가 지배적인 데 반해 물과 대기에서는 역학적 요소와 변화의 속도를 이해할 필요가 있다. 해양학에 있어서 고전적인 시대는 국제무역을 시작하고 잠수 케이블을 설치하는 데 자연히 부수되는 해류지도와 수심측정이 필요했던 19세기이다. 20세기초 해양학의 발전은 극적이라기보다는 포괄적이었다. 해양의 물리적 상태에 관한 자료가 꾸준히 쌓였으며 바람과 해류, 증발, 조수의 법칙이 밝혀졌다. 해분(海盆, 해저분지)의 가장자리에 관한 연구가 대단히 진전되었고, 대륙붕은 아직 그 기원이 알려지지 않은 깊은 협곡과 꾸불꾸불한 주름으로 되어 있다는 사실이 제1차세계대전 때 압전음향측심기 같은 대(對)잠수함 장치로 연구되었다. 2차대전 때 해변착륙훈련은 해변과 파도와 해류에 관해 처음으로 정량적인 연구를 하게 하였다. 전쟁 이후 가장 흥미있는 연구는 인간이 잠수정에 합승하고 방문하기 시작한 심해의 바닥에 관한 것이었다. 수천만년간의 느린 침전으로 이루어진 심해의 연한 개흙으로부터 이제 추출할 수 있게 된 긴 채취샘플과 분석은 전(前)시대의 기후에 대한 단서를 제공한다. 더 깊은 곳은 폭발적인 음향측심법으로 결정층 바로 밑의 침전물들을 추적하였다. 여기서 해양학은 지구물리학, 지진학과

242. 각각의 수심에 따른 바닷물의 분석은 해양을 이해하는 연구기법의 부분을 이룬다. 이 사진에서는 물 표본채취용 병이 내려지기 전에 수로측량선에 부착되고 있다.

함께 전진하게 되며 결과에 대한 관심은 좀더 학문적인 것이다. 지금까지 인간은 땅 속의 부(富)만을 개발해왔다. 바다 속의 훨씬 광활한 공간은 아직도 누군가 두드려 주기를 기다리고 있다.

기상학

한편으로 대기는 평화시는 물론 전시에 항공여행이 더욱 필요해짐에 따라 시시각각의 기후와 바람에 관한 지식을 대단히 필요로 한 20세기에야 겨우 그 모습을 충분히 드러냈다. 필요한 지식은 옛날의 지상에 한정된 기상대의 범위에서 벗어나 높은 곳으로 확장되어야만 했다. 그 첫번째 결실은 1900년에 발견된 불안정한 저층 대기의 윗쪽 경계인 대류권과 대기가 부드럽게 흐르는 높은 하늘의 성층권의 존재이다. 그 다음의 결정적인 발견은 1918년 브제르크네스(Bjerknes : 1862~1951)의 사이클론(cyclone, 인도양의 열대성저기압)의 극전선(polar-front)이론이다. 사이클론 자체를 발견이라고 보기는 어렵다. 그것은 거의 주목하지 않을 수 없는 현상이며, 무섭지만 궁극적으로 이익을 주는 태풍은 인간화된 폭풍우이다. 이것을 최초로 정확하게 기술한 사람은 1687년 뎀피어(Dampier)이다. 뎀피어는 지구의 자전에 따라 공기가 돌면서 솟아오른다고 설명했는데 1841년 에스피(Espy)가 이를 심화시켰다.

브제르크네스가 첨가한 결정적인 생각은 더운 공기와 찬 공기가 기울어진 접촉면(한냉전선과 온난전선)에서만 상호작용하여 구름과 비를 만들어낸다는 개념이었다. 브제르크네스의 이론은 제1차세계대전의 간접적인 또는 아마도 부정적인 결과였을 것이다. 외국의 기상학 정보와 단절된 노르웨이에서 그는 기후를 예보할 독자적인 방법을 생각해낼 수밖에 없었다. 기상학에 3차원 공간 개념을 도입함으로써 브제르크네스는 비행에 대한 시급한 필요에서 나온 상층대기 물리학의 엄청나게 새로운 중요성을 예견했다. 2차대전 중에 이 필요성은 전파보조물과 레이다를 이용하여 부분적으로 충족되었다. 전파보조물 특히 전파고공기상측정기(radio sonde)는 정확히 지역적으로 나누어 배치될 수 있는 기구로부터의 기상학적 정보를 방송하고, 레이다는 특히 폭풍상태의 연구에 귀중하다. 심지어 지속적인 비도 레이다로 찾을 수 있는 평평한 운저(雲底)고도를 가지고 있는데 거기에서는 녹은 눈으로부터 비가 형성된다. 고도와 지리적 범위 양자에서의 기상정보의 전면적인 범위

243. 전파변조기와 공기 표본채취용 장비를 나르는 기상풍선이 일기예보와 기후 분석을 위해 많은 나라들에서 정규적으로 띄어지고 있다. 풍선은 육지와 해상의 기지에서 띄어진다.

는, 예를 들어 한 장의 사진으로 수천 마일을 덮고 있는 사이클론의 전체 범위를 망라할 수 있는 기상위성을 사용함으로써 엄청나게 증가했다. 이 모든 새로운 정보의 풍부함에도 불구하고, 그리고 심지어 이 정보들을 다루기 쉽도록 줄여주는 컴퓨터가 있음에도 불구하고 기상학은 아직도 물리학의 나머지 부분과 연결된 정량적 법칙성을 갖는 완전한 과학이 되어야 한다.

1946년 구름에서 비의 형성을 촉진시키기 위하여 결정을 뿌리는 방법을 사용함으로써 기상학의 새로운 측면이 등장했다. 비록 그 방법이

244. 구름과 결정들을 '뿌림'으로써 비를 내리게 할 수 있다. 비행기에서 본 생성된 구름.

아직은 신뢰할 정도가 못되지만 그것은 최초로 인간이 기후에 의도적으로 관여했음을 의미한다. 브라운(Brown)은 유성의 먼지꼬리 역시 이런 효과를 가지므로 그해의 어느 날 주변에는 전세계적으로 비를 내리게 하리라고 주장한다(6. 28). 만약 이것이 사실이라면 원자탄의 산물에 의해 생성된 응축물은(방사성 강우뿐 아니라), 고의적인 것은 아니지만 기후에 대한 대규모적인 인간의 간섭을 의미할 것이다.

10. 7 20세기 기술 : 공학

우리는 이제까지 20세기 전반 반세기의 물질과학의 진보와 상호관계

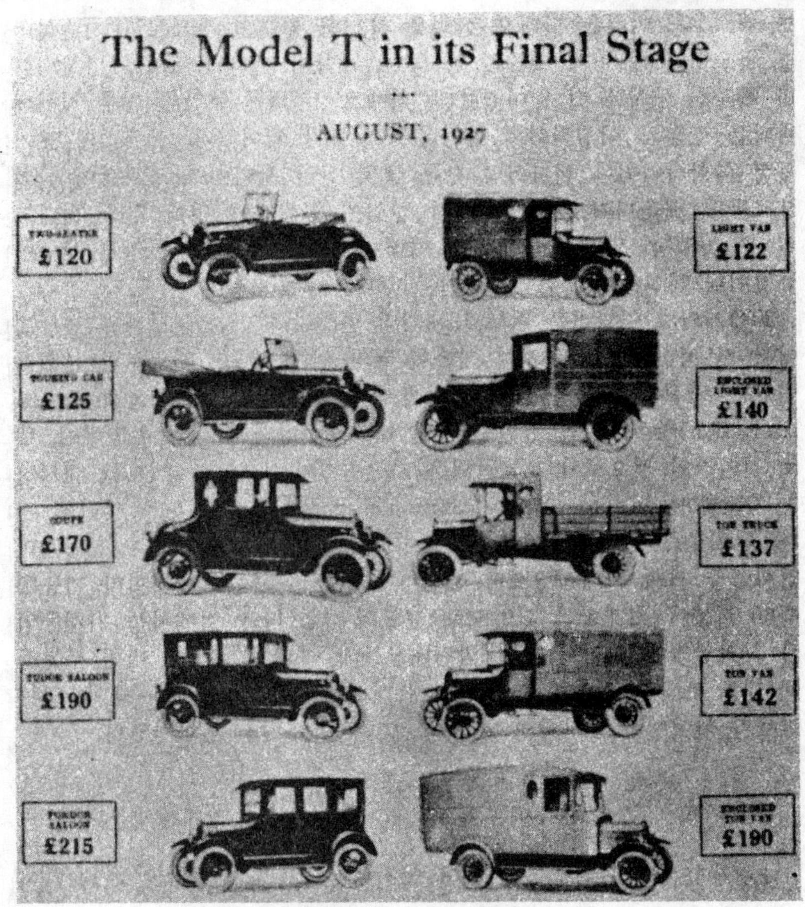

245. 모델 T형 포드 자동차. 1918년에 첫번째 모델 T가 나왔고, 1927년까지 대량생산방법을 사용하여 생산되었으며 총 15만대가 판매되었다.

에 대해 살펴보았다. 이제 이러한 발전이 그 시기의 일반적 기술과 산업에 끼친 영향을 알아볼 일이 남아 있다. 여기서 어려운 점은 20세기 이전처럼 과학과 산업 사이의 연결내용을 추적하는 데 있는 것이 아니라, 비록 기술할 목적뿐일지라도 이 양자를 분리해서 다룰 수 있느냐

130

는 데 있다. 이것은 라디오 산업을 물리학 진보의 총체로서 기술하려
는 필요에 의해 이미 예증된 바 있다. 과학이 산업에 미치는 영향력은
더 빨라진 동시에 더 넓어졌는데, 실제로 2차대전 동안과 전후 시기에
과학은 산업의 핵심적이며 불가분한 일부가 되어갔다. 동세기의 초기
부터 화학산업이나 전자산업 같은 몇몇 산업 분야에서는 과학이 산업
으로부터 배운다기보다는 오히려 산업에 공헌하는 것이 더욱 많다고
할 수 있었다. 세기 중반까지는 이러한 현상이 가장 전통적인 산업인
농업이나 건설업에까지 나타나게 되었다.

20세기의 산업발전은 비록 19세기의 연장이라 할지라도 빠르고 폭넓
어서 전 생산공정을 완전히 새롭게 뒤바꾸었다. 세기 전반부의 본질적
변화는 기계의 도움을 얻는 기능중심의 생산방식에서 **대량생산**(mass-
production)방식으로의 전환인데 이 대량생산방식은 세기 후반부에, 주
로 전자적인 것으로서 오늘날의 반자동기계가 비숙련 조작자를 대체하
는 **자동제어생산**(automatically controlled production)방식으로 바뀌게 된
다. 단위물품의 생산방식에 있어 이러한 변화는 서로 다른 산업간의
연계성을 크게 확대시켰으며 농업이나 건설업같이 전통적이며 기능위
주의 직종이 기계화된 산업으로 전환되었다. 다음 절에서는 기계공업
과 화학공업에 있어서 주된 발전내용들과 과학이 이들에 미친 부분들
에 대해 요약할 것이다. 전자공업에 대해서는 이미 그것과 뗄 수 없는
관계가 되어버린 물리학의 발전을 살펴보는 것에서 언급하였다.

대량생산

대량생산은 본질적으로 기술적 혁신이라기보다는 오히려 조직적 혁
신이다. 자유로이 대체가능한 부품이라든지 조립라인과 같은 그 요소
들은 18세기 후반부터 존재하고 있었다(제9장 2절). 특별한 실례로서
미국 독립전쟁 당시에 엘리 휘트니(Eli Whitney)의 총 공장에서는 서로
서로 짜맞추기 위해서 각 부품을 깎는 것이 아니라, 조립에 필요할 듯
한 수많은 부품들을 미리 제작해 놓고 나서 필요한 것을 선택하여 복
잡한 무기를 만들 수 있다는 것을 처음으로 보여주었다(6. 74 ; 6. 107).
차례차례 순서에 따라 일련의 조작을 하는 방법은 1870년경 신시내티
(Cinicnnati)의 도살장에서 공중조립라인(overhead assembly-line)을 사
용함으로써 실제 적용된 바 있다(6. 74). 그러나 이 양자의 결합은 20세

기의 초기에 와서야 가능하게 되었는데, 그 이유는 수많은 복잡한 기계류에 대한 적당한 시장과 싼 값으로 제조할 수 있는 환경의 조성이 그때가 되어서야 가능했고 그것도 단지 미국에서만이 가능했기 때문이다. 동시에 이러한 발전이 있기 위한 핵심요소는 숙련노동자의 부족, 풍부한 비숙련노동자, 그리고 영국내에 이미 존재하고 있던 오래되고 자본력이 풍부한 산업들의 기득이권으로부터의 최소한의 방해 등이었다. 이처럼 여러 가지 여건이 고루 결합되는 상황은 세기초 미국에서만 가능했는데, 그때는 농장이 이미 꽉 차버렸고 기계류와 운송수단에 대한 필요성이 대두되었고 유럽으로부터 수백만의 이주자들이 쏟아져 들어왔던 것이다.

내연기관 엔진과 자동차

20세기에 다른 어느 것보다도 더 산업과 생활환경을 변화시킨 기계는 **내연기관 엔진**이다. 그러나 내연기관 엔진의 발전은 증기발전소의 발달과 직접적으로는 관계가 없다. 이유는 19세기에 동력공학이나 운송공학에 대한 탐구가 영국같이 선도적 역할을 한 국가들에서는 성공적이었기 때문이었다. 공장에서 쓰이는 고정된 증기엔진, 철도를 위한 기관차, 증기선을 위한 해운엔진의 독점은 영국에서 다른 형태의 동력인 전기기관이나 내연기관의 발전을 가로막았다. 실제로 어떤 형태의 도로운송에든 철도가 지워준 계획적인 제한만 없었다면 내연기관 엔진은 30년은 일찍 존재했을지도 모른다. 붉은 깃발을 가진 사람(혁명가)에게 모든 자동차를 고소하게 한 악명높던 법안은 1896년에서야 폐지되었고, 영국에서 가능했던 공학적 경험이 부족한 프랑스나 독일과 같은 국가들에서 내연기관 엔진이 개발되어져야만 했다.

내연기관 엔진은 원래의 증기엔진보다는 그렇게 직접적으로는 아닐지라도 과학을 응용한 결실이었고, 그중에서도 특히 열역학을 응용해서 얻은 결실이었다. 이러한 내연기관 엔진의 기본적인 아이디어는 열역학적인 효율을 얻기 위해서 공기와 활동성 증기를 미리 혼합 압축하고 나서 폭발시킨다는 것으로서, 1862년 프랑스 기술자인 로카스(Rochas : 1815~91)까지 거슬러 올라가는 생각이었지만, 실용화된 엔진으로 되기까지에는 증기엔진에서는 필요없는 많은 본질적인 사항들——점화방식, 밸브조작——의 발전이 선행되어야 했으므로 긴 과정이 필요했다. 아

직까지도 일반화되어 사용되는 4행정 사이클을 고안한 내연기관 엔진
의 실질적 개척자인 르노르(Lenoir : 1822~1900)나 오토(Otto : 1832~91),
그리고 이에 압축점화를 추가시킨 디이젤(Diesel : 1858~1913) 등이 효
율적인 엔진을 만들 수 있었으나 19세기 동안의 사용범위는 정지가스
나 기름엔진 등에 상대적으로 극히 제한되어 있었다. 19세기 후반에
기관차나 자동차에 그들을 사용하는 것이 서서히 증가되었지만 주로

246. 현대의 대량생산방법은 원리적으로 헨리 포드(Henry Ford)에 의해 사용된 것
과 유사하다. 영국 모터 회사의 공장 전경.

사치나 경쟁을 위해서였다. 헨리 포드(Henry Ford : 1863~1947)는 아마추어 차 제조자로 출발했지만, 정작 필요한 것은 대량의 **값싼** 차라는 것을 인식하고 있었기 때문에 새로운 차의 제조에 있어 가장 성공한 사람이 되었다(6. 71). 이것은 어떤 형태로든 대량생산을 필요로 하였으며 동시에 앞으로의 발전에 대한 자극제 구실을 했다. 그때부터 공학의 모든 전통적 방법들이 숙련된 장인의 경우처럼 하나하나에 세심한 주의를 기울이는 대신에 동일한 부품을 대량으로 생산할 수 있도록 재디자인되어야만 했다.

자동차산업(Motor Industry)

일단 값싼 차가 가능하게 되자 이제까지는 인식되지 않았던 굉장한 잠재적 수요가 개인, 가족, 도로를 통한 상품운송 등에서 생겨나서 새로운 산업이 일어나게 되었다. 이러한 것은 "이윤이 생길 수 있는 것이 어디냐"는 자본주의 기업가적인 지식이 부족했다는 실례가 되었다. 풍부한 수의 전형물이 없다면 새로운 산물에 대한 실질적인 필요에 대처할 방도도 없다. 이러한 전형물을 공급하기 위해서는 투자가 증대되어야 하나 자본주의하에서는 초기 단계에서 자금을 융통하는 것이 항상 난점이었다. 즉, 처음 발명하고 난 후 실제 효과적으로 사용되기까지 걸리는 큰 시간적 격차의 원인은 순전히 재정적인 이유 때문이다.

이미 앞에서도 언급했듯이, 발명품들의 초기 단계에서 재정 조달에 따른 자본주의하의 본질 문제(제9장 3절에서 이미 언급하였다)는 투자액의 회수 기대치가 어느 정도인가에 전적으로 달려 있다. 자본의 회수률이 3퍼센트 정도인 경우로는, 30년만에 돈을 끌어들일 수 있는 합리적 투자 기회를 가진 어떤 것에 대해서도 투자하지 않는다. 한다 할지라도 가치있다고 판정받기 위해서는 회수액은 적어도 10배는 되어야 한다. 만일 발전이 확실하지 못하다면 초기 단계에서 후견인을 구할 전망은 훨씬 더 불투명하다. 단지 빠른 회수 전망만이 실제로 가치있는 것으로 여겨졌으며, 항생물질학과 같은 분야를 제외하고는 합리적이고 새로운 원리를 지닌 것이 드물었다. 자금이 풍족치 못했기 때문에 기술적인 난제들이 새로운 발전을 가로막았고 그런 까닭에 아직까지 발전의 효력을 발휘하는 데도 미흡했다. 특허 발명품들조차도 궁극적 이윤은 빨리 이루어져야만이 확실한 성공이 보장되는 곳에 투자하려는 조심스런 투자가를 기대할 수가 있다. 결과적으로 20세기에서조차 기본적인 아이디어를 만든 후 상업적인 결과가 나타나기까지의 평균 소요시간은 한 세대가 걸린다. 휘틀(Whittle)은 초기 30년대에 제트엔진에 대한 아이디어를 가지고 있었다. 그러나 이 아이디어는 자금이 부족한 까닭에 개발이 지연되었고, 군사적인 필요성에도 불구하고 전쟁이 끝날 때까지 거의 준비도 되지 못했다.

만일 이 시대에 유일한 대투자가인 주립정부가 끼어들었다면 상황은 달랐을 것이다. 비록 돈의 대부분은 실패로 인해 손실될지라도 처음에 더 많은 돈을 투자함으로써 나머지 부분의 개발기간을 단축하여 전체적으로 더 높은 이윤을 나타낼 것이다. 사회주의 정부들이 본궤도에 오름에 다라 만일 자본주의 정부들이 그들의 습성과 때로는 사회주의 정부를 추월해야 한다는 속성까지도 수정하지 않는다면 산업적 진보를 위한 경쟁에서 뒤지게 될 것이다.

일단 모터 제조의 수익성이 입증되자 자본이 풍부히 쏟아부어졌다. 그래서 수년내에 이전의 공학산업을 압도할 정도로 새로운 산업으로 성장해서 폭넓게 그들을 흡수해 버렸다. 자동차 산업은 그 대중적인 성공을 바탕으로 높은 관심을 끌었는데, 이 높은 관심만이 시장수요에 잘 대응할 수 있었다. 자동차산업은 새로운 화학공업과 전자공업과 함께 독점자본주의 중심부에 자리잡게 되었다. 놀랄 정도는 못되지만 흥미로운 점은 자동차의 처음 큰 발전이 내연기관 엔진 발전 말기에 이루어졌는데 성능면에는 거의 수정되지 않았고 기술적인 특성도 비슷한 것으로서 현재까지도 1880년대의 형태를 그대로 지니고 있다는 것이다. 완전히 새로와진 것은 차의 외형이 어떻게 변모했다 할지라도 차 그 자체에 관계되는 것이 아니라 차를 제조하는 방법으로서 대량생산방법을 사용했다는 점이다. 항공기술의 진보라고 표현될 수 있는 내연기관 엔진에서 내연기관 터빈으로의 기술적인 발전을 위해서는 그후 또 4반세기가 소요되었다.

항공(Aviation)

세계 곳곳에서 날으는 사람 혹은 날으는 기계 등에 관한 전설, 그리고 새를 모방해 보려는 초창기의 시도들에서 알 수 있듯이 인간이 새처럼 날 수 있게 되는 것은 인간의 전역사를 통해 계속되어온 꿈이다.

이 역할은 특히 과학자들에게 맡겨졌는데 레오나르도 다빈치(Leonardo da Vinci)(제7장 2절), 존 다미안(John Damian : C. 1500), 스코틀랜드 연금술사인 제임스 4세(James Ⅳ)(6. 118), 수학자 케일리(Cayley : 1821~95), 그리고 실험 물리학자인 랑글리(Langley : 1834~1906) 등 다양한 인물이 그들이었다. 그러나 그들이 오늘날의 어느 누구보다도 글라이더를 잘 만들었다 할지라도 가벼운 동력원이 없었으므로 지속적인 비행에는 아무도 성공하지 못했다. 실제로 과학자들이 이 점을 지적하기도 하고, 랑글리의 경우처럼 증기동력모델을 가지고 약 반 마일의 비행을 해 보인 예가 있다 할지라도 최종적인 성공을 이룬 것은 과학자들에 의해서가 아니었다. 비행에 관한 문제들은 너무도 복잡한 까닭에 이전 세기의 과학에 의해서는 해결될 수가 없었다. 실제 많은 중요한 문제들이 오늘날 과학의 수준을 벗어난다.

항공기의 실질적 발전은 카누가 배로 발전한 경우에서처럼 과학적인 성과라기보다는 오히려 기술적인 성과였다. 그러나 중요한 차이점이 있다. 즉, 전자는 2천년 내지 3천년 동안 미미하게 진행된 것에 반하여 후자는 채 20년도 걸리지 않고 비약적으로 발전하였다. 그 차이점은 이전보다 20세기가 더 의식적이고 동적인 기술적·사회적 배경과 추세를 가졌기 때문이다. 비행을 위한 초창기의 시도들은 완전히 아마추어 수준이었고, 또 그랬던 것이 당연했다. 단지 열성적인 모험가들만이 초창기 비행실험에 필연적으로 따라다니는 재정적인 손실, 그리고 생명이나 신체에 대한 심각한 위협을 무릅썼다. 가장 위대하고 가장 과학적이었던 릴리엔탈(Liliental)은 1896년에 그가 만든 글라이더 속에서 목숨을 잃었다. 그러나 아마추어들은 얼마든지 있어서 성공할 때까지 그들이 얻은 경험은 대대로 전달되었다.

지속적인 비행을 위해서는 필수적인 것이 가벼운 동력원인데, 이러한 동력원은 20세기가 되어서 내연기관 엔진의 발전으로부터 얻을 수 있었다. 무역거래가 활발해지고 호기심 많은 비행가들이 있었던 덕택에 라이트 형제는 비행기에 집에서 손수 제작한 엔진을 달고 1903년에 처음으로 날 수 있게 되기까지 수정을 거듭해 나갔다. **시작이 반이다.** 오르빌레 라이트(Orville Wright : 1871~1948)가 그의 비행기를 지면에서 띄워올려 수피트 거리를 공중에 머물도록 함으로써, 앞으로의 항공의 미래는 보장되어진 것이나 다름없었다. 아무리 많은 사고가 일어나더라도 아무리 많은 재정손실이 초래되더라도 이제는 사람들이 날 수 있

247. 첫번째 성공적이었던 동력 비행은 북캐롤라이나(North Caroliana)에 있는 키티 호크(Kitty Hawk)근처에서 1903년 12월 17일에 있었다. 올빌레 라이트(Orville Wright : 아래쪽 날개 위에 납작 엎드린 사람)가 기계를 조종하고 있고, 윌버 라이트(Wilbur Wright)가 기계의 균형을 잡기 위해 곁에서 달리다가 오른쪽 날개를 잡고 있던 손을 막 놓고 있다.

다고 믿게 되었다. 또다시 10년간의 아마추어 수준의 기간이 소요되었지만, 모터산업에 대한 폭넓은 관심과 날 수 있는 기술적인 능력이 있었기 때문에 모든 방면에서의 진보는 급속히 진행되어 완전히 새로운 장을 열었다. 항공의 즉각적인 수익성은 분명하지 않았지만 그것의 대중적인 가치는 대단히 커서 싸구려 신문에 의해 미끼로도 이용될 수 있었다. 불행히도 새로운 비행기계에 대한 폭발적인 수요가 급히 야기되었다. 처음 비행이 성공한 후 11년만에 첫번째 선보인 비행기는 전쟁에서였다. 그때 이후로 전쟁에 필요하다는 이유가 항공의 발전에 지속적인 동기를 부여했고, 오늘날에도 항공기술의 발전을 절대적으로 지배하고 있다.

기체역학(Aerodynamics)

비행기는 그 경험적 기원 때문에 발전 초창기 몇십년간은 과학의 도움을 받는다기보다는 과학에 공헌해 왔다. 그것은 기체역학이 본격적으로 연구되도록 하였으며, 연쇄적으로 공학에 심지어는 기상학이나 천체물리학과 같은 과학에 폭넓게 영향을 끼쳤다. 마그너스(Magnus : 1802~70)의 경우처럼 초기 사람들은 포탄의 비행에 관심을 기울였다. 비행기 발전의 초기에 제기된 유선운동, 난류 등에 관한 연구는 가정용 아궁이의 통풍장치 등으로부터 배의 설계나 공기흐름에 관련된 문제들에 응용할 방법을 발견하는 것이었다.

20세기 비행기의 발전과 19세기 증기기관차의 발전을 비교해 보면 제국주의시대의 정치·사회적인 여건이 크게 영향을 미쳤음을 알 수 있다. 오늘날까지 기관차는 비행기보다도 훨씬 수지맞는 사업이다. 기관차는 평화로운 시기에 순전히 경제적이고 채산적인 이유 때문에 개발되었다(제8장 5절). 비록 거대한 자본이 요구되었지만 타산이 맞는 것이었다. 그러나 비행기는 거의 시작부터 주립정부의 영향력 아래에 있어 항상 잠재적인 전쟁물자라는 시각에서 개발되었다. 1930년부터 1960년까지 30년간의 비행기 제작은 주로 군사적 용도에서 비롯되었다. 제2차세계대전 직후에는 비행기 생산량의 90% 이상이 군사적 목적에서 이루어졌다. 결론적으로 비행기의 기술적 발전이라는 것은 편리성이 아니라 잠재적 폭탄 적재능력 또는 전투능력에 의해 결정지어졌다. 여기에서 비행기 제조는 빨리 발전해야 했지만, 그 발전이 정상적 운송 서비스와는 동떨어지고 왜곡되어서 인간의 노동력은 낭비되었다는 점을 확인할 수 있다.

제트비행기

프로펠러 추진형 비행기는 라이트 형제의 쌍발비행기에서부터 중폭격기까지 곧바로 발전되었지만, 전보다 더 빠른 속력을 원하는 군사적 요구로 인해 마침내 비행기 설계자들의 보수적 경향을 깨뜨리고 나중에 제트비행기의 출현을 가능하게 한 가스터어빈이 생산되었다. 영국이나 독일 모두에게서 이러한 진전이 있어야 함은 수년동안 불가피한 것처럼 보였지만, 개척자들에게 성원이 주어지지도 못했고 더구나 2차대전이 끝나자 군사적 가치를 지니기에는 너무 늦어버렸다(p.133).

이후 군사적 용도에서 제트비행기의 발전속도는 바로 냉전시대의 특징들 중의 하나이다. 전투기나 폭격기용의 모든 구식의 피스톤엔진 비행기들은 대체되어 실제 전투에서 써보지도 못한 채 그 수명을 마쳤다.

적군에 대응하기 위해 사용되는 몇몇 장비는 별개로 하더라도 많은 비용을 들여 수만개씩 만들어진 비행기들이 결국 쓰레기처럼 버려졌다. 그러나 이들은 민간항공을 위해 완전히 다른 형태의 비행기로 바뀌어 고속의 민항을 뒷받침하고 있다.

그럼에도 불구하고 세계는 초음속 제트비행기에게는 좁기만 하다. 이러한 초음속비행기들의 도움으로 이제는 공항에 도착하는 데 걸리는 시간이나 정규절차를 밟는 데 걸리는 시간이면 대양이나 대륙을 가로질러 비행하기에 충분하다. 그러나 아직도 사용과 편리라는 측면에서 항공운송은 개선될 여지가 남아 있다. 이제 대기권내 비행의 군사적인 의미가 급격히 줄어가자 값싸고 편리하며 안락한 항공운송이 근거리간을 제외하고는 큰 역할을 맞게 되었다.

로케트

대포보다도 더 오래 전부터 시도되었으며 중국인의 발명에서 유래된 로케트는 인간이 항상 새를 위로 올려다 보아야만 하는 속성, 즉 중력으로부터 벗어나 인간이 처음으로 지구 밖으로 벗어날 수 있게 해준 위대한 발전으로서, 하나의 뛰어난 과학발전에 의해서 이루어진 것이

248. 현대의 제트비행기는 커다랗고 생산하는 데 비용이 많이 드는 기계이지만, 장거리 여행을 위한 모든 공중운송수단을 완전히 대체했다. 그림은 Super V. C. 10 비행기이다.

아니라 오래 전부터 시도되어 차근차근 이루어진 것이다. 현대 로케트
는 약간 이상한 발전 역사를 가지고 있다. 장식을 위해 처음 사용된
후, 중세시대에는 방화를 위한 보조군사무기로서 가끔 사용되었으며, 1920
년대에는 특히 독일과 같은 몇몇 국가들내의 열성가들이 공간을 비행
시킬 목적으로 사용했지만 쓸모없는 것이라고 생각되었었다. 나 자신
도 우주의 정복이라는 주제에 관심을 가지고 있는 사람들 중의 하나이
며 이에 관해서 1929년에 책을 출판하기도 하였다(6. 18).

　이러한 로케트의 발전이 얼마나 오랫동안 지속될 것인지에 대해서
몇 사람들의 추측도 있었지만, 다행스럽게도 전쟁말기에 와서 완전히
새로운 로케트의 발전에 결정적인 자극제가 된 해답을 얻을 수가 있었
다. 폰 오베르스(Von Oberth)의 작업내용은 항상 이상한 것이나 증명
되지 않은 것을 좋아한 히틀러에 의해서 거의 광적으로 시도되었다.
비록 V2 로케트가 런던을 공격하는 데 상당한 능력을 보여주었지만,
그 개발에 성공한 시기가 너무 늦었으며, 또한 로케트들은 그 적재기
지를 공격하는 가장 기초적인 전술에 의해서도 대응될 수 있었다. 사
실 탄두에 적재된 포탄의 살상범위가 몇 야드 정도라면 장거리로케트
의 군사적 미래는 없다고 보아야 할 것이다. 이 로케트를 생산하기 위
한 비용이나 조준의 정확성을 기하는 데 드는 부담이 너무 크기 때문
이다.

　그러나 원자무기들이 생겨나자 상황은 완전히 역전되었다. 상대적으
로 초보적인 분열폭탄을 가지고서도 얻을 수 있는 타격의 양과 정도가
대단했기 때문에 각종 전자유도장치나 새로운 추진연료를 만들어서 장
거리미사일이나 대륙간탄도미사일 등에 기꺼이 도입하였다. 목표가 점
점 더 멀어짐에 따라 수천 마일에서 1마일의 오차를 요구하는 정도로
정확성이 중요하게 되었다. 부서지기 쉬운 밸브 대신에 충격에 따라
반응하는 트랜지스터의 개발로 이러한 정확성은 쉽게 얻어질 수 있었
다. 로케트에 대한 집중적인 개발은 소련에서 먼저 시작되었고 이어
미국에서도 뒤따랐다. 영국도 마지막으로 참여하기는 했지만 성공하지
는 못했다. 그들이 만든 모든 로케트들은 사용되기도 전에 쓸모없이
되어버렸다. 그외 어떤 다른 나라에서도 독립적인 로케트시스템을 효
과적으로 이룩한 국가는 없었지만 프랑스와 같은 예에서도 알 수 있듯
이 비록 그 지식(know-how)이 외부에서 전부 빌려온 것일지라도 로케
트를 가진다는 것이 현대무장체계의 위신을 갖추기 위한 하나의 의무

249. 현대 우주 로케트의 발전은 아주 이상스럽게도 17세기에 장식을 위한 유행에 서부터 시작되었다. 그림은 해전을 모방한 물위에서의 소동으로서 1960년 로레인(Han-selet le Lorrain)과 무송(Pont-a-Mousson)의 꽃불 제조술로 동판 조각이 된 후 만 들어졌다.

적 부분으로 생각되는 위험성이 있다. 수소폭탄이 개발되자 장거리로 케트는 궁극적 무기가 되었으며, 이로 인해 우리 모두가 문명의 완전한 절명 내지는 인류의 종말을 맞게 될지도 모른다는 현재와 같은 무시무시한 위기감을 느끼게 되었다.

우주의 정복

군사적인 교착상태가 이루어진 결과 로케트를 다른 방면의 덜 위험한 곳에 이용하려는 노력이 있었다. 소련이 인공지구위성을 진수시킴으로써 우주정복이 바야흐로 막을 열게 된 것은 1957년에 와서였다. 이것은 지구의 중력장으로부터의 회심의 첫 탈출이었다. 그러나 이것은 이미 50년 전에 시작된 아마추어 수준의 동력비행체와는 달리 미국과 소련이라는 두 강대국의 모든 전문기술에 의해 이끌어진 과학적·공학적 노력의 결정체이었다. 스푸트니크호를 발사해서 안정궤도 위에 올려 놓음에 따라 전세계는 기술적으로나 과학적으로 소련이 미국을 앞서 있다고 생각하게 되었다.

이 사건으로서 군사적인 면에서는 물론 기술적인 면에서도 미래는 과학에 의해 판가름날 것이라고 분명히 인식되게 되었다. 이 사건의 가장 큰 부산물이라면 미국의 과학교육에 심각한 영향을 미쳤다는 점일 것이다. 그 이후로 우주로 향한 새로운 종류의 기술적 경쟁이 즉각 시작되었다. 이들 두 나라에서 우주탐사를 위해서 소모된 돈은 이전에 과학에 투자된 모든 돈의 양보다 많았고, 원자탄의 초기 개발에 투자된 양까지도 능가했다. 1959년부터 1962년까지 미국에서만 약 50억 달러가 투자되었으리라고 평가되며, 소련에서는 성공의 정도로 미루어 보아 이보다 결코 적지는 않았을 것이다. 일단 모든 형태의 우주 운반체들을 공동으로 발전시키고 모든 로케트를 사용한 무기를 제거할 수만 있다면 앞에서 언급한 모든 것들이 과학의 진보와 영광을 위해서였다고 생각하는 것도 좋을 것이고, 실제로 종국에 가서는 이것이 현실적으로 나타났다. 우주탐험은 이미 인간의 모험심을 충족시키기 위한 가장 진취적이고 가장 기술적으로 진보된 배출구 중의 하나가 되어가고 있다. 그러나 이 특별한 시기에 같은 정도의 인력과 지력을 사용한다면 이제 막 흥미로운 단계에 도달하고 있는 정통과학에서 더 큰 장점을 얻을 수 있다는 것은 확실하다.

250. 가장 최근에 로케트를 평화시에 사용한 것으로는, 스푸트니크(sputnik)의 진수, 달과 행성 탐사선, 인간의 우주 진입 등이 있다. 1961년 3월에 유리 가가린(Yuri Gagarin)에 의한 성공적인 지구궤도 안착은 만일 태양계를 더 벗어나지 않는다면 인간의 달 착륙이 보장된 것이나 다름없는 우주여행시대의 시작이었다.

앞에서도 언급했지만(p. 138) 우주시대 개막의 처음 4년간의 과학적인 성과들로서는 무인위성을 달에 착륙시킨 것과 또한 지구궤도를 벗어나기 위한 준비단계로서 우주인의 지구궤도여행 등이 있었다. 우주정복이 한낱 꿈이 아니라 가능한 일이라고 생각되기까지는 많은 시간이 소요되었으며 인공위성이나 로케트를 개발해서 기상관찰(pp. 126 ff.)이나 통신수단 이상의 목적으로 사용할 수 있으리라고도 믿지 않았다.*

------

* 지금까지 우주시대의 주요한 공헌은 꾸준하고 상당히 빠른 관측방법과 정보 재전송방법의 개선을 가져온 무인우주선에 의한 탐사분야에서 이루어졌다. 소련이 달 주위에 위성을 보내 지금까지 전혀 보지 못한 달 반대편의 사진을 재전송하는 데 처음으로 성공한 것은 미국의 레인저(Ranger) 7호의 당당한 성공과 마찬가지로 많은 실패 후에 이루어졌다. 레인저에서 얻은 달의 근접촬영사진으로 달의 표면에 대한 우리의 지식이 크게 바뀌지는 않았지만 최소한 몇 가지 사실이 확인되었다. 달 표면은 화산작용이나 운석으로 생긴

우주시대의 기술경향 : 속도

비행기나 로케트의 설계에 있어 나타난 경향은 바로 모든 현대기술에서 분명하듯이 더욱더 빠른 속도를 요구하는 일반적 추세의 한 본보기이다. 속도는 장점을 지닌 동시에 단점을 보상해준다. 고속엔진은 보다 작은 공간에 더 많은 힘을 갖게 하며 더 빠르게 작동함으로써 더 많은 일을 하고 적시에 상품을 수송할 수 있게도 해준다. 대략 살펴보더라도 이것이 자본을 절약할 수 있게 함을 알 수 있다. 즉, 18세기의 거대한 광선엔진(beam engine)이 겨우 4~10 마력인데, 이제는 한 실린더가 약 천 마력의 힘을 갖는 정도이다. 그러나 이러한 대조는 다분히 도식적이다. 왜냐하면 집적도를 높임으로써 얻어진 것은 높은 작동유지비로 상쇄되기 때문이다. 또한 이전의 어떤 광선엔진에서처럼 수백년동안 작동하는 것은 기대하기 어렵다. 속도가 높아질수록 재질과 생산에 더 완벽을 기해야 하고 원가도 따라 상승한다. 이러한 단점은 전쟁과 같이 비용이 별로 문제시되지 않고 속도와 집적정도가 모든 것을 결정하는 곳에서는 사라진다. 평시에 사용할 때라도 높은 작동온도와 결합된 속도가 더 큰 열효율을 가져오는 곳에서는 경제적이 된다. 비슷한 경우의 예를 전기에서 찾자면, 높은 전압은 절연에 관한 문제점을 증가시키지만 비례적으로 더 적은 전류 손실과 그런 까닭에 더 먼

평지와 상당히 비슷하며, 작은 조각으로 완전히 곰보투성이이고 착륙을 어렵게 할 정도로 두껍지는 않은 먼지층으로 되어 있다. 이들 결과가 완전히 분석되면 달뿐만 아니라 일반적으로 행성에 관한 정보, 특히 지구의 구조에 관한 많은 정보를 제공할 것 같다.

이 우주계획을 수립하는 데 쓰이는 막대한 비용이 정당화되는가의 여부는 아직도 풀리지 않은 문제이다. 그러나 이 문제는 몇년안에 해결될 것이고, 달 표면의 화학적·물리적 성질에 관해 가장 필수적이고 보충적인 정보를 제공할 또 하나의 간접적인 과학적 탐사방법으로서 착륙이 시도되었다. 국가적 위신과 부수적으로 유동한 군사전략이 결합되어 이들 탐사가 수행될 수 있었다는 점은 의심할 수 없지만, 결국 그것은 더 좋은 시대에 전분야에 걸쳐서 효과적으로 쓰일 수 있는 과학비용의 규모를 정했으므로 우리는 감사해도 좋다.

거리로 전력을 보낼 수 있게 한다(제9장 3절).

자동화

각 생산라인에 다소 복잡한 기계들이 있고 그 하나하나를 다루는 직공(조작자)들이 있어 상호간을 결합시켜주는 대량생산이라는 생산방식 발전의 논리적 귀착점은 전공정을 **자동화**하는 것이다. 즉, 이것은 기계 하나하나가 완전히 자동화되고, 이들 자동화된 기계 중간에 부품의 이동을 돕기 위한 **운송기계**가 있음으로 하여 완성된다. 특히 모터산업이나 엔진산업처럼 기계화가 많이 진척되어 있는 산업분야에서는 이러한 형태의 공정이 이미 상당한 수준까지 도달해 있다. 오늘날에는 이러한 전공정의 기본 제어장치로서 전기적인 컴퓨터를 도입함으로써 성취수준을 현격히 높일 수 있게 되었다. 그것이 진정 의미하는 것은 기계들

251. 자동화의 사용 증가는 대량생산의 필연적인 발전이다. 생산을 조절하는 컴퓨터에 의해 제어되는 지시판(오른쪽 위)으로부터 조작자가 정보를 받는 경우처럼 명령이 컴퓨터에 의해 내려진다. 이러한 강철 작업장과 이전 세기의 작업장과의 차이는 2권에 있는 그림 178을 참고해 보면 알 수 있다.

을 어떻게 결합하여 자동화된 하나의 생산라인으로 만드느냐가 아니라, 예를 들자면 원광에서부터 검사와 상표까지 붙여져 포장된 기계로 만드는 것처럼 여러 자동화된 생산라인을 결합해서 어떻게 전생산공정이 완성될 수 있는가를 의미한다.

우리는 지금 완전자동화를 향한 전환기에 있음이 명백하다. 자본주의국가들에서는 최대이윤이 자동화를 도입함으로써 획득될 수 있다는 엄격한 사업적 기초 위에 차츰 완전자동화로 향하고 있다. 사회주의국가들에서는 자동화된 공장들이 상호 밀착되어 단일체계를 이루는 것을 목표로 하고 계획을 세워 자동화를 단계적으로 도입하고 있다. 어떤 경우이든 이러한 상황은 기술발전의 논리적 다음 단계이고 그 진보는 경제적·사회적으로 지대한 영향을 미치고 있다.

비용과 자본절약

자동화의 한 부산물은 수많은 장비를 갖춘 하나의 거대한 공장설비를 건설해야 하는 것인데, 이것은 대단히 값비싸고 어느 정도는 연속 가동이 되어야만 경제성이 있다. 이러한 거대 공장설비의 출현은 비용의 생산율에 대한 관계를 역전시켰다. 저장하는 데 어려운 점이 많은 물품의 생산이 커지면 커질수록, 만일 생산라인을 이상없이 유지할 수 있다면 생산 자체보다는 판매에 역점이 주어지는 경향이 더욱 커지게 될 것이었다. 순수히 기술적으로 해결할 수 있는 한 가지 방법은 자동화된 기계류를 더 단순하고 더 값싸며 더 용도가 넓도록 만드는 것이다. 이러한 경향은 전자공업 자체에서도 뚜렷하게 볼 수 있는 경향인데, 복잡한 기계를 단위 기계로 분리하여 다른 방법으로 조립함으로써 전공장의 생산방법들이 계속해서 나아지도록 하는 아이디어이다. 산업의 **계수화**(digitalization)라고 불리는 이 처리형태는 컴퓨터 자체의 조작과도 유사한 것이고 미래의 발전형태임이 명백하다.

바로 지금 생산은 단지 급속한 진보율 때문에 크나큰 어려움에 직면하고 있다. 생산방법은 그것을 발전시키는 데 소요되는 시간이면 쓸모없이 되어버릴지도 모른다는 꾸준한 위협이 따른다. 군사분야에 있어 많은 비행기와 로케트들이 그 설계가 미처 끝나기도 전에 폐기되었다. 생산기술은 필연적으로 서로 경쟁하게 마련이다. 나아가 이것의 치료방법은 자동화를 자동화시킴으로써 발견될 수 있으며, 생산방법 그 자체의 생산까지도 포함한 생산을 한 과정의 일부로서 간주하고 이런 목적으로 컴퓨터나 OR(operational research) 프로그래밍을 사용함으로써 발견될 수 있다. 자동화가 산업방면에 그리고 사회에 끼친 영향력은 나중에 논의할 것이다(pp. 184 f.).

과학, 비용과 자본절약

속도를 높이고 자동화를 향상시키려는 노력은 속도가 빨라질수록 이에 내포된 과정과 재료를 이해할 필요성이 점점 커지고 설계내역과 기술솜씨의 표준화를 높여야 하는 필요성이 더욱 커졌기 때문에 과학과 기술을 자극했음이 확실하다. 이러한 요인들만이 속도와 자동화의 방향으로 공학산업을 움직여간 것은 아니다. 어디에서나 경제적인 조건이라는 상황이 더욱 낮은 생산비를 들이도록 압박했다. 즉, 물건은 더 품질이 좋도록 하되 더 적은 사람으로 더 빠르게 생산해야 하는 것이다. 꾸준한 노동조합의 압력으로 얻어진 높은 임금수준은 노동력을 절감해야만 한다는 생각을 촉진시켰다. 이러한 모든 것이 인간의 재능과 과학을 사용할 것을 장려했다. 그래서 양자 모두 영역이 넓어졌다.

기술자와 과학자

대규모 제조업은 그 자체만 놓고 본다면 과거에는 과학적인 요소가 거의 없었다. 이것은 초기 금속시대의 도제제도에서부터 꾸준하지만 미미하게 성장했다(제8장 5절). 20세기에야 비로소 이것을 합리적이고 과학적으로 연구하는 진지한 시도들이 있었다. 이러한 시도는 공학과 과학 사이의 새로운 관계정립을 의미한다. 한 방법으로는 산업혁명 이전에 존재했던 상태로 되돌아가는 것이 있다. 기계들이 급속히 발전한 19세기에는 새로운 것을 탐구하려는 개척자들 사이에 분화현상이 점차 증가되었다. 즉, 과학자, 수많은 개발가, 그리고 이들의 과학적인 발견 내용들의 사용자인 기술자 등이 그들이다. 우리는 이제 훌륭한 과학자라면 실제경험, 상식, 또는 교과서에서 얻을 수 있는 공식보다는 오히려 무엇을 하고 있으며 무엇을 해야 하는가를 찾고 분석하는 과학의 기교를 사용할 수 있어야 한다는 점을 인식하기 시작했다(제1장 3절).

그러나 기술자가 과학자이기를 바라기 이전에 과학자가 먼저 기술자들에 대해 알아야만 한다. 이제까지의 약점은 과학자가 수학적으로나 실험적으로 접근할 수 있는 해결만을 성취하려고 하는 욕구 때문에 기술자라면 피할 수 없었던 변수들의 대부분을 일부러 무시했다는 점이다. 이때 그 변수들로서는 시간과 공간, 쓸 수 있는 재료의 질 등에 가해진 실제적인 한계가 그것이며, 훨씬 더 타당한 것으로서 이 변수들이 순수과학의 영역을 크게 벗어나기 때문에 비용이라는 경제적인 조건과 관리나 소유권과 같은 정치적인 문제가 생긴다는 점이 그것이다. 이제는 모든 실제문제 속에 이러한 내용을 반영한다는 사실 때문에 문제의 과학성이 경감되지는 않는다. 단지 과학이 아직도 스스로의 임무를 다하고 있지 못한다는 점을 강조할 뿐이다. 생산과정 자체에서나 생산과정을 변화시키는 방법에 변수로서 비용요소를 도입하고, 최대효율성이라는 관점에서 양적인 기초 위에 그렇게 하는 것은 완전히 실행가능하다. 사실은 이와 같은 계산이 자본주의제국에서 전시동안에 아주 성공적으로 입증되었는데 그곳에서는 최소한의 인력과 물질자원을 가지고 어떻게 최대한의 효과적 생산을 성취할 수 있겠는가를 결정하는 것이 문제였다. 산업조직에 관한 문제들은 본질적으로 정치적이고 사회적인 것이며 비록 아직까지는 과학의 영역 안에 있다 할지라도 자연과학의 범위보다 넓으며 따라서 사회과학을 다루는 단원에서 논의할 것이다(제13장 3절).

대량생산이 끼친 사회적 영향

대량생산산업의 성장이 끼친 경제적·사회적 효과는 주로 운송산업과 경공업에서 나타났다. 일단 모터자동차, 그중에서도 특히 소형자동차나 소형트럭이 나오게 되자 철도시대에서 시작된 과정이 완성을 보게 되었고 소도시는 물론 변두리 시골에까지도 상품이나 승객이 갈 수 있게 되었다. 이것은 시장경제에 즉각적인 영향을 미쳤으며, 이보다 훨씬 큰 결과로서는 도시가 시골로 확산되고 공업지대가 광대한 도시근교로 이동해가는 사회적인 영향을 미쳤다. 동시에 트랙터나 콤바인 같은 대량으로 생산된 농업용 기계류의 사용으로 인해 농업지대의 수많은 여자와 어린아이의 필요성이 급격히 낮아졌다. 이러한 것은 지방분권주의를 깨는 데 기여했고, 역사에 따라 서서히 증가해온 지역간과 국가간, 때로는 대륙간의 계층화를 가져왔다. 그것은 국제적 이해를 어느 정도

252. 운송수단과 건축기술에서 대량생산의 진보는 많은 사회적인 영향을 미쳤다. 셀스던(Selsdon), 서레이(Surrey)에 있는 도시 주변 거주지의 대상 발전(ribbon development : 시가에서 교외로 뻗는, 또는 간선도로를 따라서 뻗는 시가 팽창)이 하나의 전형적인 결과이다.

증진시켰지만 국가간의 문제를 계층간의 문제로 바꾸어버렸다. 버스나 자전거 같은 교통수단의 도입에 의해 아시아나 아프리카의 자각은 더 수월해지게 되었다.

일단 대량생산 방법이 모터산업에서 성공하게 되자 다른 산업분야로 퍼져나갔는데 그중에서도 전자산업 분야가 가장 뚜렷했다. 이것은 전에는 가정에서 이루어졌던 소규모 방직공업이나 식품공업을 전환시켜 표준화되고 포장된 소비자용 상품을 시장에 제공하는 대규모 산업으로 만드는 과정도 역시 가속화시켰다. 이러한 과정을 공장들 자체에 단순히 집중시킴으로써 **품질관리**라는 과학적 기술과 소규모 기술을 대규모 생산에 어떻게 적용시키느냐가 문제로 제기된다. 그래서 **가소성**이나 **유동성**과 같은 물질 속성, 또는 수지나 콘크리트 같은 물질의 흐름, 그리고 공정의 규칙성에 관심을 갖는 새로운 분야의 과학연구가 활기를 갖게 되었다. 이 새로운 과학이 이제는 과학의 성립을 가능하게 했던 분야와는 아주 동떨어진 기술분야를 합리화시키는 데 기여하게 되었다. 세기 중반까지는 과학의 색채가 전통산업 최후의 본거지인 가정내의 부엌에까지 나타나 모든 전통산업에 그 영향력을 발휘했다.

건물 : 콘크리트와 조립식 가옥

대량생산 다음가는 것으로서는 강철과 콘크리트를 점점 더 현명하게 사용함으로써 나타난 20세기 영구건축의 진보가 있다. 강철 그 자체만의 사용은 그렇게 혁명적인 것이 못된다. 강철구조의 마천루는 단지 중세건물의 크기만을 확대시켜 놓은 꼴이고 어떤 면에서는 강철의 쓸데없는 낭비이다. 훨씬 더 의미있는 일은 비록 1920년대에 와서야 실용화되었지만 1868년까지 거슬러 올라가 모니에르(Monier : 1823~1906)에 의해 소개된 **철근콘크리트**이다. 여기에서는 다량이고 다용도인 콘크리트의 힘과 강철의 장력 사이에 합리적인 결합이 찾아진다. 프레이시네트(Freysinnet : 1879~1962)가 1928년에 취한 더 발전된 단계로서, 장력하의 강철을 **압축콘크리트**에 넣어서 광택과 탄성이 강철 못지않은 물질이 만들어졌다. 철근콘크리트의 사용은 건물, 도로, 댐 등에서 볼 수 있듯이 자연에 관한 인간의 구조능력을 크게 향상시켰다. 이것이 거대한 굴착장비나 준설장비와 결합됨으로써 인간은 강의 흐름을 바꾼다든

253. 대규모의 조립식가옥 때문에 사회적인 영향은 아직까지 더 확대될 것이다. 그림은 조립식인 소위 '즉석 학교'(Instant Schoolhouse) : 이 건물은 조립식 벽이 부착된 4개의 기둥에 의해 지지된다. 매사추세츠 기술연구소가 만든 이 건물은 마음대로 확장할 수가 있다.

지 산을 깎는다든지 하여 불편한 지형을 대규모로 변경시킬 수 있는 능력을 갖게 되었다(pp. 302 f.). 동시에 전통건축에 오랫동안 지연되었던 혁명, 즉 벽돌 하나하나를 쌓고 필요한 곳을 손으로 마무리하는 대신에 건축단위가 더욱 **조립식**으로 바뀌고 건축 자체도 본질적으로는 기계의 도움을 받는 조립공정화되는 혁명이 일어나고 있다. 이런 발전은 느리고 아직까지 많은 저항을 받고 있지만 편리하고 값싼 주거공간이 필요하다는 압박 때문에 마침내는 현실화되고 있다. 그러나 문제는 기술적인 의미 이상을 넘어선다. 집이라는 것은 인간생활의 일부이고 전통과 효용이 적절히 조화를 이루어야하므로 건축가와 기술자의 능력을 최대로 필요로 한다. 지난 50년 동안에 인구가 배로 증가한 도시는 크기가 매우 커져서 예술가와 과학자를 결합시켰다. 그러나 계획이나 건설의 문제들은 기존의 어느 원리의 문제보다 더 넓다. 그 문제들은 사회적, 생물적, 화학적, 기계적 연구들을 포함하며, 서로 다른 규모의 많은 실험과 만일 그대로 남아 있다면 스스로의 생산력 때문에 인류를 질식시킬 수 있는 문제에 대하여 해결책을 찾아보려는 주의깊은 관찰이 결합된 새로운 원리를 요구한다.

10. 8 화학산업

20세기에 과학에 의해 변형된 정도를 보면 화학공업이 전자공업 다음이다. 결과적으로 화학공업은 광업, 제련, 정유, 직물, 고무, 건축 등은 물론, 비료나 작품 공정에 대한 관심을 보임으로써 농업 자체와 같은 구산업의 곳곳에서 쓰이는 소재를 다루기 때문에 현대문명의 핵심산업이 되었다. 비료를 만드는 곳에 화학공업을 이용함으로써 증가하는 인구에 대처할 세계식량공급에 화학공업이 차지하는 비중이 커졌고 미래에는 더욱 그 비중이 높아질 것이다. 이러한 비료들로서는 질산소다나 인산염 같은 영양물을 제공하는 것들뿐 아니라 토양구조를 안정시키고 거칠은 토양을 비옥한 토양으로 만드는 특별한 중화제를 사용하는 것들이 있다. 이런 두 종류의 비료는 모든 토양이 영국이나 덴마크의 토양만큼 비옥하게 될 때까지 꾸준히 사용될 것이다.

화학산업에 화학은 물론 점점 더 깊숙이 관련된 물리학의 도입으로 19세기초의 지저분하고 뒤떨어진 화학산업에 합리적 변형이 따랐다.

전통적인 화학조작들을 단순히 모방하거나 규모의 증가에 의존하던 것이 이제는 실험실내의 결과를 계산된 방법에 따라 전조작에 그대로 적용하기 위해 의식적으로 설계된 화학공장에게 밀려나는 형편이 되었다. 이러한 조작은 예전의 화학자들의 경우처럼 경험과 눈대중으로가 아니라 실험도구를 사용하여 아주 다르게 제어할 것을 요구한다. 그것이 **화학기사**라는 새로운 전문가를 만들어내었지만 궁극적으로는 물리화학자나 물리학자들이 화학산업에 직접적인 역할을 담당할 것이다.

연속흐름법, 촉매, 합성

　화학적인 측면에서 보아 19세기와 20세기를 구분하는 두 가지의 큰 특징은 **연속흐름법**(continuous–flow method)과 **촉매**를 사용한 점이다. 통괄공정(batches) 대신에 연속흐름공정의 사용은 조립라인에 상응하는 화학적인 등가물로서 이미 오래 전부터 실제 진행되어왔다. 이것은 모든 단계를 더욱 완전하게 제어하며, 따라서 도구사용이나 자동제어 같은 물리적 방법의 중요성을 증가시킨다. 화학산업에 컴퓨터를 사용하는 것은 다른 어떤 산업보다도 더 신속히 진행되었으며, 결과적으로

254. 연속 흐름을 사용하는 화학공장은 화학산업 곳곳에서 발견할 수 있는데, 특히 석유나 석유화학분야에서 많이 사용된다. 현대의 거대한 정제소는 많은 관련 화학 제조공장과 한 지역에 있어 큰 지역을 차지하고 있다. 네덜란드에 있는 페르니스(Pernis)정제소는 1,235에이커를 차지하며 4마일 길이의 해안과 접해 있다.

인간의 손길을 적게 거침으로써 생산율과 질의 조절에 큰 정확성을 얻게 되었다. 이제는 통괄공정보다는 소위 일반화학흐름(generalized chemical flow) 또는 일반연속흐름(generalized continuous flow)이 이전에는 인력으로 또는 인간이 기계를 조작하는 산업들에, 그중에서도 특히 금속생산, 제련, 때로는 직물산업에까지 적용할 수 있다고 인식되고 있다. 철성분을 끌어내기 위해 저온에서 산소를 제거하는 환원반응과 같은 화학적 공정을 도입한 예에서처럼 기초적인 중공업들이 화학산업의 범주내에 포함되게 되었다. 당장은 단지 전통이나 소유권 문제를 정돈해야 되므로 기초중공업이 화학공업에 완전히 일원화되지는 못하고 있다. 원광석을 가지고서 길다란 강철 조각을 만드는 공정은 본질적으로 화학적 조작에 속한다.

이제와서야 비로소 그 위력을 발휘하기 시작한 또다른 커다란 발전으로서는 촉매의 다량사용이 있다. 촉매처리는 화학에 있어서는 오래 전부터 있었지만 현대적인 촉매 활동은 특히 석유화학공업이나 가스공업 등과 밀접히 관련을 가지며 규모면에서 보아 화학의 새로운 시대를 연다고 할 정도로 커졌다. 화학물질을 정제(purification)하거나 수정(modification)할 수 있게 됨에 따라 **합성**공업(radical synthesis)의 길이 열렸다.

과거에는 화학산물이 자연산물에다 분리(separation)나 변형(transformation)과 같은 처리를 가함으로써 제조되었다. 극단적인 예로서, 석탄의 경우는 대단히 복잡한 자연산물을 증류법(distillation)에 의해 단계적으로 쪼개어서 많은 부산물로 분류하고 결국은 이것들이 더 가치있는 화학산물로 변형시킨다. 이것과는 대조적으로 현대에는 초기물질은 같거나 유사하지만 현재 존재하고 있는 합성체로 분리하려고 하지 않고 모든 것을 가장 간단한 형태의 합성체 또는 기본입자로까지, 즉 오늘날에 화학분야에서는 일반화되어 있는 이원자분자 물질들인 수소, 탄소일산화물, 산소, 니트로겐 등으로 쪼갠다. 그리고 나서 이 이원자분자들로부터 촉매를 사용하여 모든 화학산물을 만드는데, 이 산물들은 고성능연료, 인공고무, 다양한 플라스틱제품과 섬유제품 등에서와 같이 전에는 자연에서 얻어졌지만 이제는 자연에서 얻은 것보다 더 많은 양과 더 높은 순도가 요청되는 곳에서 많이 쓰인다.

중합체와 플라스틱

저분자량의 인료를 제외한 소위 **중합체**라는 물질들은 보통 촉매에 의하여 유도되며 인쇄반응(chain reaction)에 의해 자동적으로 함께 연실되어서 목걸이 형상을 하고 있다. 중합연쇄반응(polymerization chain reaction)에서는 급격한 연소연쇄반응(chain reactions of combustion)이나 핵분열과는 대조적으로 분자에 한 박편(section)을 부가하면 계속적인 부가가 가능해진다. 만일 분자들이 일차원에서 부가되면 그 결과는 섬유(fibre)이고, 그 이상의 차원이면 수지(resin)나 소위 플라스틱이 된다. 세미오노프(Semyonov)나 멜빌레(Melville) 같은 화학자들에 의해

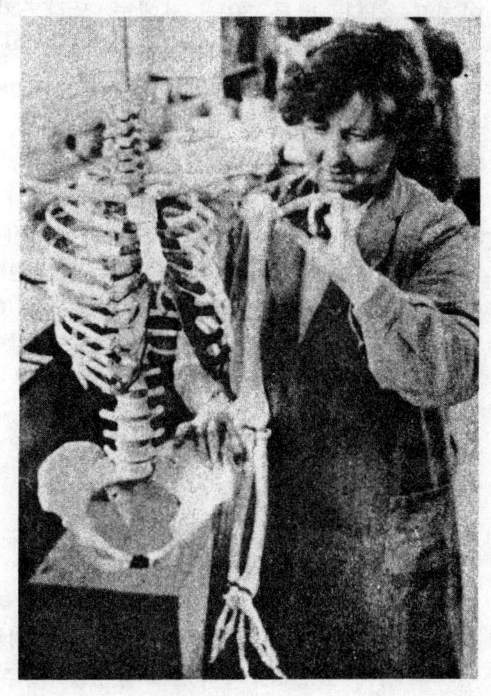

255. 석유화학제품이 생산되고 이것으로부터 플라스틱이 생산됨으로써 많은 자연산물이 대체되었다. 더구나 새로운 산물은 더 적합하기도 하며 이전에 사용된 것보다 더 쉽게 대량생산에 부합될 수 있다. 플라스틱 뼈대는 이제 의학학교, 병원, 대학 등에서 폭넓게 사용되고 있다.

연쇄반응과 중합과정이 풀어헤쳐진 것은 그 세기의 가장 중요한 화학적 진보의 하나로서 인정된다.

고체촉매를 사용한 새로운 중합법은 촉매가 분자들에서 떨어져나가 버린 또다른 체계에 따른다. 이소중합체(isotactic polymers)를 이러한 방법에 따라 만들 때는 연쇄반응보다 낮은 압력과 낮은 온도가 필요하며, 이에 의해 생산된 산물은 더 규칙적이며 더 양질이다. 실제로 이러한 방법으로 만들어진 합성고무는 자연산보다도 훨씬 낫다. 전쟁 이후에 지글러(Ziegler)나 나타(Natta) 등이 고체촉매를 사용하여 우연적인 배열의 고리보다는 더 규칙적인 중합체를 만듬으로써 장력과 균질성이 크게 높아진 물질이 생산되는 진보가 있었다. 이러한 화학적인 진보는 인공섬유 같은 새로운 화학산업이 발전되도록 한 원인인 한편 결과이기도 하다. 비록 30년 전에는 생각조차 못했을지라도 이제는 나일론(nylon)과 폴리텐(polythene)과 같은 것들이 일상용어가 되었다. 중합체구성과 처리 등 때문에 점도계(Viscometer)나 엑스레이 카메라 같은 물리도구에 힘입은 새로운 이론화학이 산업체계 속에 파고들고 있다. 섬유의 강도와 탄성, 그리고 내구성과 적응성 등이 이제는 꼭 고려되어야 하는 사항이 되었다. 이것은 분자구조가 물질의 성능과 밀접하게 관련을 가지고 있다는 점이 이해되었기 때문이다. 전쟁에서 이러한 제품의 필요성은 새로운 화학산업의 발전이 가속화되는 데 결정적인 요인으로 작용했다. 미국에서는 전쟁시의 폭발적인 수요를 충족시키기 위해 채 2년만에 합성고무공업이 크게 일어났다. 이같은 특징이 평화시에는 상상조차 못할 일이지만 항상 본질적인 문제는 기술적이기보다는 재정적인 것이다.

분자조작

중합체와 플라스틱의 시대는 단지 시작이었고 이들은 상세히 설계되어 만들어진 물질의 첫번째 예들이었다. 화학산업에서는 과학, 그중에서도 특히 물리학의 응용으로 성능과 가격면에서 자연산물보다도 능가할 수 있게 되었다. 이미 살펴보았듯이 주로 방직공업에 의해 태동된 화학공업은 섬유생산에 관한 한 이제 방직공업을 대체할 것처럼 보인다. 이것은 공장이 농장을 대체할 것이라고 의미하는 것은 결코 아니며, 미래에는 인간의 필요성을 가장 잘 충족시킬 수 있는 물질을 값싸게 생산할 수 있도록 분자들이 취해지는 화학적 생산과정 순서일람표 속에 광산, 농장, 공장, 실험실이 함께 결합되어야 함을 의미한다.

과학적 화학산업

화학산업의 과학화가 이미 진척된 정도로 보아 전자산업에서 과학화가 차지하는 중요성에 비견될 만큼 화학공업에서도 그 비중이 높아졌다고 할 수 있다. 이들 두 산업간의 차이점이라면 전자산업이 그 초기부터 과학적이었고 18, 19세기의 전기발견에서 시작된 반면 화학산업은 가장 오래된 전통적 방식에서부터 규명가능한 문제의 해결에 합리적으로 접근하려는데 기초한 방식으로 탈바꿈했다는 점이 차이일 것이다. 따라서 이 두 산업에서는 앞으로의 연구, 발전, 생산을 위해서 모든 방면에 있어 과학자에 대한 수요가 다른 전통적 산업들보다 더욱 많아질 것이다. 또한 이런 현상은 중공업이나 공학산업에도 예외는 아닐 것이다. 실제로 과학적 산업노동자의 4분의 3이 전자, 화학산업에서 일하고 있다.

순수화학산업

양적인 면에서는 이제까지의 화학산물의 대부분이 중화학산물이거나 플라스틱제품이었으며 자동제어합성공정에 의해 만들어졌다. 양적인 면보다 더 중요한 질적인 측면에서 보면 순수화학이 미래에는 어느 정도이든간에 점점 더 생물학의 일부가 되어가고 있다는 점이다.

19세기 후반에 상업적인 가치를 지닌 염료의 처리를 위해 개발된 화학기술은 이제는 주로 생물학적 중요성이 높은 물질에 대한 연구방향으로 선회했는데 처음에는 연구부문에서, 그후에는 의학과 농업에 폭넓게 사용되었다. 생화학 속에서 차지하는 그 과학적 위치에 대해서는 제11장에서 다룰 것이다. 화학적인 관점으로 보면 이 주제가 가장 초기단계임과 동시에 가장 급속히 발전하는 단계에 있다고 충분히 말할 수 있다.

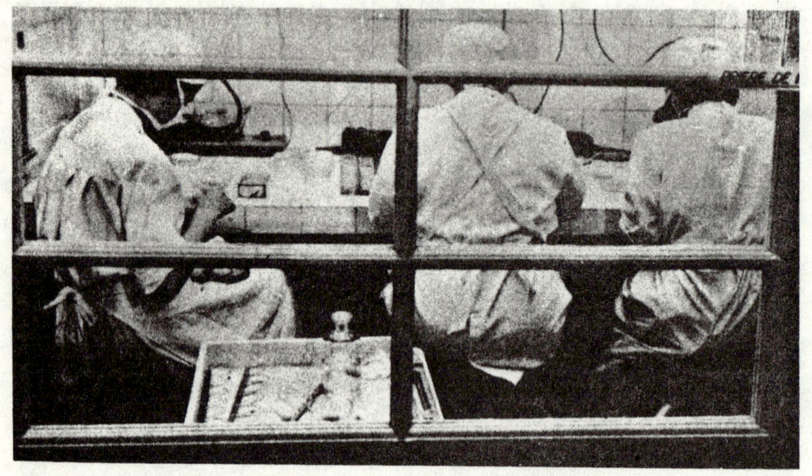

256. 정교한 화학적 기술을 지닌 새로운 생물학은 그 작업의 대부분이 전문화된 조건을 요구한다. 그림은 스트라스부르그(Strasburg)에 있는 한 단조로운 실험실로 모든 정상·비정상의 생물의 발생에 관해 관심을 가진 곳이다.

사회적 필요와 과학적 계획

생화학과 화학요법이 진보함으로써 이 방면에도 과학이 과거 어느 때보다도 더 인간의 일에 도움이 되었다. 이제 세계는 세상에 있는 우라늄에너지를 모두 합하여 얻는 것보다 몇몇 화학적 발견들, 즉 말라리아 치료제(paludrin)나 너가너병 치료제(atricide)의 발견들에 의해 더 크게 변화될 수 있다. 이러한 사실은 과학의 서로 다른 분야들에서 상대적인 진보가 시급한 공공 관심사가 되었음을 말해준다. 이것 또는 저것을 개발하느냐의 차이에 수백만의 생사가 달려 있을 때, 개발하는 주제가 담고 있는 더 넓은 의미를 종종 무시하고서 이 분야 저 분야를 취향대로 개발하는 것은 더 이상 허용될 수 없다. 이것은 과학자들을 조정할 필요성이 있음을 의미하는 것이 아니고 최대인간복지를 의식적으로 겨냥한 사회에 적용할 보다 나은 과학교육체계가 필요함을 의미한다.

10. 9 자연자원

전력, 토양, 광물

바위와 토양, 물, 공기, 그리고 햇빛 등과 같은 우리 행성의 자연자원을 활용하는 것보다 폭넓은 공감이 필요한 것은 없다. 이런 것들은 지구과학의 분야인데, 이 지구과학 분야들은 자연의 부를 캐내는 곳에서 얻어진 인간경험 때문에 생겨났을지라도(제9장 5절)(6. 86) 최근까지도 기술과학(descriptive science)과 해석과학(interpretive science)으로 남아 있다. 광물자원의 무분별한 채굴이 계속되었으며, 이보다 더 위험한 것은 토양과 채소에 끼친 악영향이었다. 20세기까지는 이같은 낭비와 파괴는 제한적이고 지엽적이었다. 오늘날에 와서는 기계가 힘과 규모면에서 증가하게 되고, 연료나 금속의 이용이 급속히 늘어남으로써 전 지구상의 곳곳에 상처를 서서히 누적시키고 마침내는 돌이킬 수 없을 만큼 파괴될 위협에 직면하고 있다.

지금까지 자본주의하에서는 무관심만이 이들을 보호해줄 수 있었다. 사유재산인 지구는 저임금에서 빠른 이윤을 끌어내기 위해 자연자원을 무분별하게 개발하다가는 초과공급으로 인해 가격과 이윤이 낮아질 것을 두려워하여 그대로 방치해두는 독점자본의 이권에 따라 조각조각 나누어져 있다. 이러한 속성의 독점자본이 자연을 합리적이고 과학적으로 사용하리라고는 기대할 수 없다. 실제로 소위 자유세계를 통털어 자연자원에 대한 지식은 일반회사들의 부분적이고 특정한 관심과 사유권에 대해서는 깊이 침해하지 않으려는 정부가 수행하는 빈약한 공공조사에 한정되어 있다. 전쟁이 끝나고 나서 어느 정도 깊이있는 조사에 따르면 전쟁 이전에는 쉽게 채취할 수 있는 광물자원 중에서도 극히 일부만이 발견되었음을 알 수 있다.

이같은 교훈은 소련이나 중공의 경험에서도 알 수 있다. 이들 국가에서 급히 보강된 과학자팀이 자연자원에 대해 밀도있게 조사하자 새로이 알려진 자연자원은 이전에 예측한 최대치를 훨씬 능가했다. 이들 국가에서는 자연자원이 산업경제에서 가장 중요한 위치를 차지하기 때문에 지구과학자의 훈련을 최우선으로 하고 자연자원의 연구에 주력한다(6. 17). 하나의 거대한 지역을 개발하는 데는 수백만 파운드의 자본이 투자될 수 있지만 대량의 자연자원이 묻혀 있는 곳이 어느 곳인지를 모르기 때문에 자원운송에 많은 비용이 들어갈지도 모른다. 따라서 자연자원의 연구는 그것의 활용과 밀접한 관련을 갖는다. 이제는 자연 속에 있는 천연자원이 아무도 모르는 상태로 존재하거나 천연상태 그대로 채취되는 것이 아니라 전반적인 인간통제를 요구하고 있음이 명백하게 되었다. 광물자원, 수자원, 토양의 생물학적 가능성, 토양 속의 미생물들이 가진 능력 등은 주어지고 변경할 수 없는 것이 아니라 그 하나하나를 최대한 활용하고 때로는 이들을 결합하여 이득을 얻어내도록 변형을 가할 필요가 있다. 이러한 가운데 자연을 알게 되고 활용하게 되며 때로는 변형도 하게 된다. 소련이나 중공의 경험이 보여주듯이 필요하다면 강이 연속적인 호수로 바뀌거나 또는 역류하도록 하기도 하며, 평야가 조림되고 사막이 개발되는 것처럼 새로운 기계적, 화학적, 생물학적 가능성을 과학이 제공한다(pp. 302 f.). 이제 인간은 자연만큼 큰 규모로 일할 수 있게 되어 이전에 가능했던 자원들을 배가시킨다(6. 200). 자연의 변형에 관한 문제는 물리적 문제 이상으로 생물학적 문제가 내포되어 있으므로 이에 대한 상세한 논의는 다음 장에서 다룰 것이다. 여기서는 조작범위가 증가하기 때문에 지식이나 행동을 지엽적인 곳에 더이상은 묶어둘 수는 없다는 점만을 지적하겠다. 행동은 세계적 규모로 할 필요가 있다. 지구상의 어느 일부에 대해 완전히 알고자 할 때일지라도 지구 전체에서 얻어진 관찰 결과를 사용할 필요가 있다. 과학이 자연자원을 누구에게나 유익하도록 사용되기 위해서는 국제적 협력체의 필요성이 이전 어느 때보다 절실히 요청된다. 이런 협력체의 첫번째 조사단계는 UN조직체들의 도움으로, 그중에서도 특히 UNESCO의 도움으로 시작되었다. 공동의 연구는 건조지대와 열대다습지역에서 실시되었다. 특히 남극대륙에서는 대기권현상들에 관한 연구나 탐사가 지구관측년(International Geophysical Year)인 1957년에 수행되었다.

10. 10 전쟁과 과학

과학에 있어 국제적 협력이 가장 필요하고 가장 유용할 금세기가 가장 협력이 방해를 받고 있다는 사실은 대단히 불행스러운 일이다. 전쟁과 혁명, 그리고 아직까지도 이들이 그치지 않음으로써 생기는 위협 등이 과학의 진보를 지체시키고 과학의 용도를 굴절시킨다.

20세기에 있어서 과학의 성장과 산업과의 연관성을 밝히려 한다면 전쟁이 끼친 영향력을 고려해야만 한다. 앞에서도 살펴본 것처럼(제4장 7절, 제6장 6절) 이전 세기에서도 전쟁이 과학에 중요한 영향을 끼쳤으며 전쟁 그 자체도 과학에 의해 양상이 많이 변했다고 할지라도 지금은 전쟁의 효과가 완전히 다른 질서를 만들어내고 있다. 우리 시대의 많은 환경여건들이 이것을 조성하는 데 결부되어 있다. 과학을 생산과정에 적용한 초창기에는 현세기의 제국주의 공황, 전쟁들을 야기한 경제사회적인 불안정이 있었다. 공업국가들이 전력을 기울여 신무기를 개발, 제조했던 10년간의 실질적인 교전 상태가 지나고, 전쟁 준비를 위해 적어도 20년간의 시간이 더 지나고 나자 그 속도가 약간 수그러들었다. 이런 것들의 실질적 결과로서 수세기 동안 건설해온 수십개의 도시가 철저히 파괴되고 인적 손실이 초래되었으며 또한 무엇보다도 나쁜 영향으로서는 이 모든 사실을 불가피한 것이라고 가르침으로써 끼치는 심성에의 악영향이다.

파괴무기

파괴 수단은 대개 과학적인 것이다. 원자폭탄이 생기기 훨씬 이전에도 재래무기의 개선은 말할 필요도 없고 비행기와 폭탄, 그리고 레이다 추적장비를 개발하기 위해 정부는 수천명의 과학자를 고용하고 수천만 파운드의 돈을 썼다. 이런 형태로 물리학을 사용하게 되면 수십 년 동안 문명의 발전을 가로막을 것이 뻔하고 현재의 상태가 가속화된다면 지구상의 상당 부분에서 생물을 몽땅 쓸어버릴 수 있음이 명백하다. 수소폭탄이 전세계에 이러한 원천을 가져왔다.

군사장비의 잠재적 활용

그러나 전쟁과학의 경험은 아주 다르고 희망적인 결론을 강하게 지적한다. 전쟁 필수품은 그 긴급함으로 인해 물질과학의 진보와 활용이 평화시와는 비교할 수 없을 정도로 강하게 요청된다. 지금은 전쟁에서

과학이 활용될 때라도 전투목적을 위한 최소한의 범위밖에는 사용되지
않는다. 과학을 활용하는 대상의 대부분은 시민생활 속에 존재하는 필
요를 충족하는 데 사용하지만, 이러한 사용에는 지연되거나 비용이 제
한받지도 않는다. 전쟁에 있어서 대부분의 기술적 발전은 통신, 운송,
생산분야에 집중된다. 휴대용 무선전화기, 불도저, 수륙양용 수송트럭,
지프차 등은 자동소총, SF기, 원자폭탄과 마찬가지로 2차대전의 산물
이다. 이와 같은 간단하고 유용한 장비를 사용함으로써 세계를 재구성
하고 이전에는 불모지역이었던 곳에 문명의 씨를 뿌리는 것이 생각했
던 것보다도 훨씬 빠르게 성취될 수 있다. 전쟁연구에서 생긴 산물은
아니지만 DDT와 페니실린이 개발되었고 이것은 만일 전쟁이 발생하
지 않았다면 불가능했다고 생각될 만큼 폭발적으로 사용량이 증가했다.
무기 자체의 개발에 있어서도 자본주의국가들에서처럼 전쟁만이 가져
올 수 있는 손실에 대한 두려움이나 이윤에 대한 희망과 같은 자극이

257. 과학을 파괴에 응용하는 한 예로는 2차세계대전에서의 특별한 방화폭탄이 있
다. 런던의 이스트칩(Eastcheap)에서 소방관의 진화 광경.

있음으로써 활기를 갖는 경우를 제외하고는 과학의 응용방법이 평화시나 전쟁시에 본질적으로 같을 것이다. 모든 제반 사항들이 계획되고 고려되는 정도가 최대한 높을 경우는 전쟁에서뿐이다. 특히 레이다의 발전에서 뚜렷이 나타나는은 것이지만, 이 모든 점들은 2차대전의 주요한 과학적 발전에 분명하게 나타나고 있다.

운영분석(Operational Research : O. R.)

전쟁의 경험이 물리학의 활동영역에 부가시킨 것은 비단 무기생산 분야만이 아니었다. 전쟁 초기에 과학자들의 작업내용은 무기 자체에 대한 고려라는 측면에서 전장에서의 무기사용면으로 기울어 갔다. 이러한 연구의 결과, 육지와 해상과 공중에서 실질적인 군사적 조작을 관찰하고 실험하는 과학적 내용으로 방향이 결정되는 것은 불가피했다. 운영분석이란 말은 '어떤 통제행위를 수립하기 위한 기초를 제공하는 과학적인 방법의 사용'이라고 정의되어 왔다(6. 103). 이것은 처음에는 영국군이, 나중에는 미국군에 의해 대 잠수함작전과 같은 곳에서 폭넓고 중요하게 사용되었다(6. 48). 그러나 이러한 방법은 독일군에게는 사용되지 않았으며, 그런 이유로 이들은 적의 무기에 대한 대응장비를 찾아내지 못하였고 또한 만일 이러한 방법에 의한다면 쓸모없다고 판단될 무기를 개발하기 위해 쓸데없는 노력을 기울였기 때문에 패배했다.

우리가 아는 한 소련군은 운영분석을 위해 어떤 분리된 군대를 가지고 있지 않았다. 이러한 이유는 소련의 붉은 군대에서는 완전히 다른 계급구성, 훈련방법, 전통 등과 아울러 과학 자체가 그들의 훈련과 행동 속의 내적인 일부였기 때문에 운영분석(O. R)이 따로 필요가 없었기 때문이다. 소련군이 구식이든 신식이든 탱크, 총, 로케트 등을 생산하고 사용함으로써 과학이 실전에 얼마나 다양하고 풍부하게 사용될 수 있는지를 보여준 셈이다. 지금에 와서는 공격용 군대의 필수적인 요소라고 간주되는 공수부대를 소련군이 처음으로 도입하려고 했을 때 미국의 군사전문가들은 이것을 비웃었다는 사실이 자주 잊혀지곤 한다.

운영분석이라는 방법이 물리과학의 범주를 벗어나지 못하는 것은 그 시초뿐이다. 그것은 레이다나 폭탄조준장치와 같은 고안품에서 시작되었으므로 운영분석가는 물리학자가 되어야만 하는 경향이었다. 그러나 그 방법은 본질적으로 인간 조직화의 한 형태이고 이러한 관점에서 앞으로 제14장에서 다루어질 것이다. 이러한 내용이 시사하는 핵심은 운영분석은 전쟁이나 산업생산 등이 함축하는 내용 이상으로 더 넓게 하나의 의식적인 공통과업 속에 물질과학과 공학과 실제운영들을 함께 묶어보려는 첫번째 방법이었다는 점이다.

원자폭탄의 교훈

3년이라는 믿을 수 없는 짧은 기간안에 이루어졌으며 전적으로 전쟁목적을 위애 과학적으로 생산된 극단적인 한 예는 원자폭탄이다. 이러한 발전은 과학적이고 산업적인 사업으로서는 가장 집중적이었다고 표현되며 더 완곡한 표현을 빌어 말하자면 인류의 전역사를 통해 가장 과학적이고 기술적인 노력이었다고 표현할 수 있다. 사실 원자폭탄계획에 소모된 총액은 역사 이래 과학적 연구와 개발 전체에 쓰여진 돈을 훨씬 초과하는 5억 파운드 정도였지만, 이 비용은 로케트의 개발에 쓰여진 비용에 비하면 아무 것도 아니다.

한편 과학의 활용이 합리적인 곳에서는 핵분열이 전력생산이나 다른 형태의 산물을 만들어내는 곳에서 핵심적인 위치를 갖는다(pp. 82 ff.).

우리 모두는 이것이 다른 목적으로 개발되어져서 히로시마에서 6만명, 나가사키에서 3만 9천명을 무자비하게 죽인 폭탄으로 사용된 실제를 알고 있다. 『태평양전쟁 보고서』(*Report on the Pacific War*)에서도 다음과 같은 말을 발견할 수 있다. "여러 사실을 상세히 조사한 바나 생존한 일본 지도자의 증언에 따르면, 비록 원자폭탄이 투하되지 않았을지라도, 소련군이 전쟁에 추가 개입하지 않았을지라도, 일본 본토의 공략이 계획되고 숙고되지 않았다 할지라도, 일본은 1945년 12월 31일 이전에 항복했을 것이라는 점이 조사단의 견해이다"(6. 24 ; 6. 36).

원자폭탄이 존재하고 있다는 사실, 또한 미국이 이전의 동맹국들에게 이 원자폭탄을 사용할지도 모른다는 위협, 또한 공공연한 스파이와 비밀 등은 국제관계를 해치고 테러를 확산하고 전세계를 절망 속에 빠뜨리는 과학이 만들어낸 가장 나쁜 산물들이다. 미국에서는 소련도 역시 원자폭탄을 개발했음이 알려지자 로젠베르그 같은 사람들을 희생시킨 그러한 의구심이 강렬해졌다. 이러한 상황의 반작용으로 원자 무기를 금지하는 데 서로 합의하는 대신에 훨씬 더 무시무시한 수소폭탄을

258. 군사분야에 기초적인 과학 연구 결과를 사용한 것으로 가장 중요한 것은 핵 병기의 사용이다. 핵 병기의 힘은 1946년 7월 태평양상에 있는 비키니(Bikini)섬의 환초로 둘러싸인 호수에서 이루어진 이같은 수중 폭발에서 짐작이 갈 것이다.

개발하기 위해 전력을 기울였다(pp. 167 f.). 이런 정책에 반대한 오펜하이머(Oppenheimer : 1904~67)는 공직에서 밀려났다(제14장 6절). 초기부터 원자폭탄의 발전은 과학과 경제, 그리고 정치에 중요한 영향을 끼쳤다. 특히 미국에서는 원자에너지협회(Atomic Energy Commission)의 영향으로 핵 연구 방향이 완전히 불균형하게 이루어졌다.

폭탄을 폐기해 버리고 원자에너지를 조절하자고 지금까지도 끝도없이 벌여온 논쟁은, 국제정치에서 차지하는 물질과학의 핵심적 역할 이전의 문제가 아니라는 점을 이제까지의 역사는 보여준다(6. 24 ; 6. 36). 나중에 우리는 이러한 관점으로 돌아갈 것이다. 여기서는 원자폭탄을 둘러싸고 성장한 새로운 형태의 대규모 산업군, 즉 군대 또는 정부와는 전기, 화학 분야에서 밀접히 결합된 독점기업이나 아무런 위험성도 없이 국가 재정의 상당량을 끌어내는 회사보다도 더 밀착된 관계를 갖는 산업군을 강조하는 것만으로도 족하다. 이같은 체제를 영국으로 확장시키려는 제안이 원자에너지협정(Atomic Energy Act) 속에 구체화되었다는 사실과 이제는 유럽원자력공동체(Euraton)와 자본주의의 범주 안에서는 다른 원자에너지 재정수단에 대한 움직임은 이윤과 전쟁에 도움이 되는 새로운 분위기를 조성하려는 것이 일반적 경향임을 보여준다. 원자폭탄의 역사는 전쟁의 위협하에서는 비단 자본주의내일지라도 이처럼 서로 다른 과학과 기술을 결합하여 활용하는 대규모 기업군이 계획된 바에 따라서 형성되어야 한다는 교훈을 말해준다. 이것은 과학이 파괴 목적이 아니라 인간의 필요성을 충족시키기 위해 정책적으로 사용되려면 과학이 과연 무엇을 해야 하는지를 강하게 시사하고 있다.

유도미사일

원자폭탄은 전쟁을 위해 과학이 사용된 가장 파괴적인 예이고, 과학의 새로운 발견 내용들을 가장 철저히 이용한 것이었지만 그것이 결정적인 중요성을 가지는 유일한 발전은 아니었다. 이와 비견되는 것으로서는 방사능물리학과 정보이론에의 응용인데 이것은 전쟁 말기에 와서야 실용화되었으며 전보다 훨씬 집중적으로 개발된 원거리 통신, 레이다, 자동총, 근접폭발신관, 유도추적미사일 등의 예에서 보여진다. 이러한 발전에 내재하고 있는 원리는 이미 토론했다. 여기서는 전쟁에서 방사능 연구와 전기적 연구가 얼마나 가속화되었으며, 가볍고 집적도가 높으며 쉽게 소모되는 장비를 만들기 위한 군사적 요구가 얼마나 제조 분야를 변형시키고, 전쟁 이후에 대용량의 밸브를 미세한 트랜지스터로 대체가능하게 함으로써 절정에 달한 소형화에 얼마나 영향을 끼쳤는가만을 지적할 필요가 있다. 해결책은 아닐지라도 그 자체의 설계목적 이상의 의미를 갖는 것임이 입증되고 있다. 소형화에는 속도와 행동이 병행되어 진행되었으며, 생리학과 의학 분야에서 컴퓨터나 소형 송신기 등은 물론, 트랜지스터 라디오나 전에는 전혀 가능하지 않았던 다양한 분야의 측정방법이 가능하도록 만들었다(p. 105).

과학적이고 비인간적인 전쟁

무기에 전자적인 제어장비를 도입한 궁극적인 목적은 인적요소를 실제 전투가 일어나고 있는 지역과 분리시키기 위함인데, 이보다 더 잔인한 이유는 파괴로 발생한 결과에 조작자가 영향을 받지도 않고서 즉각적인 보복 공격의 범위에서 벗어날 수 있는 안전성을 확보하는 데 있다. 사실 이러한 무기의 사용으로 인해 전쟁이 더 인간적인 것으로 되지는 않는다. 미국과 그 동맹국들이 한국에서 사용한 고성능 폭탄이

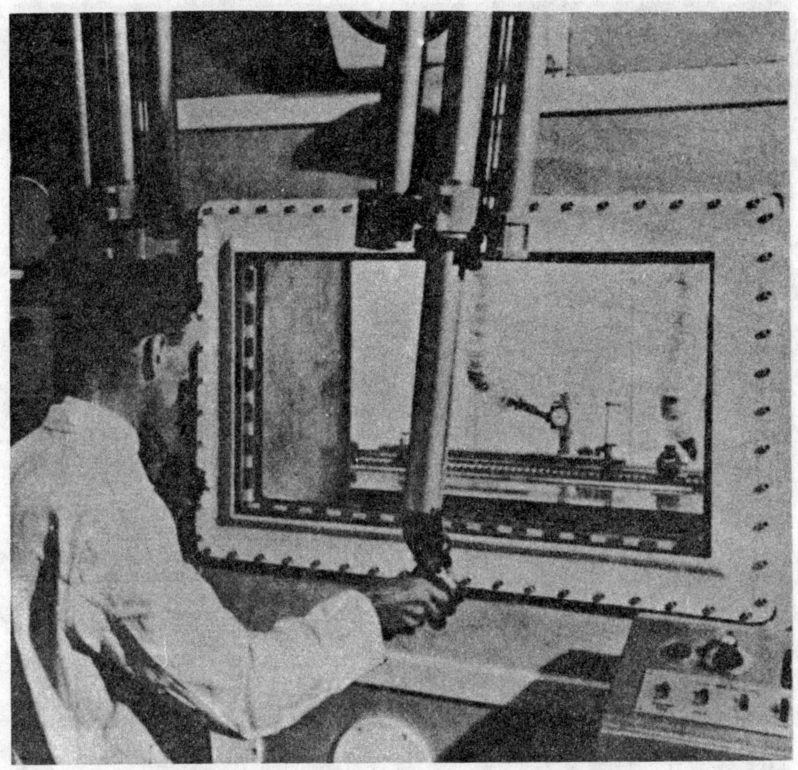

259. 방사선 무기의 위험성은 그것의 직접적인 효과와 낙진에 있음은 물론이고 그 주위의 것들도 방사능을 갖게하는 능력 속에도 있다. 핵 실험실에서는 방사능 작업을 하는 데 사용하는 장비가 위험이 조작자에게 미치지 못하도록 원거리에서 다루어져야만 된다.

나 네이팜탄은 과거 어느 전쟁에서보다 더 많은 사람들에게, 그것도 짧은 시간 동안에 고통과 상처를 남겼다(6. 121). 그러나 이러한 무기는 전쟁의 비용을 크게 증가시킨 까닭에 전쟁을 수행할 능력을 갖춘 나라는 과학을 철저히 이용할 수 있는 고도로 산업화한 국가나 비록 덜 산업화되었을지라도 소모할 수 있는 인적자원이 풍부한 국가로 한정되었다. 더구나 실질적인 행위와 나타난 결과 사이의 엄청난 괴리는 무분별성에 있어서는 이전 시대의 고의적인 잔인성에 버금가는 현대전쟁의 무책임성을 조장한다. 네프(Nef) 교수는 『전쟁과 인간의 진보』라는 저

260. 핵 발전소에서의 전기생산은 물론 핵 무기를 사용하고 검사하는 데에도 공기 중으로부터의 방사능 입자의 낙진을 통제할 필요가 있다. 예를 들면 던레이 실험원 자로기지(Dounreay Experimental Reactor Establishment)의 근처에 방사능 낙진을 조사하는 정기건강물리학조사대(Routime Health Physics Surveys)가 만들어졌다.

서에서 치명적인 무기의 발전에 발맞추어 전쟁에서 고상한 행위들이 점점 사라져가는 것을 하나의 풍부한 역사기록으로서 잘 표현하고 있다. 전쟁이 보턴을 누르는 것으로써 수행되기 때문에 양식있고 문명화된 인간이 아무 양심의 거리낌도 없이 전에는 결코 볼 수 없을 정도의 소름끼치는 대학살을 손쉽게 해치울 수 있게 되었다.

전쟁에서 이기기 위해 적의 전쟁잠재력을 전략적 대량폭격으로 파괴해 버려야 한다는 트렌차드-도우헤트(Trenchard-Douhet) 이론은 실제로 전략적인 성공을 얻지도 못하고 2차세계대전 황폐의 원인이 되었다 (6. 127). 독일의 전쟁물자 생산은 영국과 미국의 철저한 폭격에도 불구하고 증가했다(6. 24). 그럼에도 이 이론과 같은 생각이 전보다도 더 넓게 퍼져 있다. 높은 위치에 있는 몇몇 위험한 미치광이들은 만일 원자폭탄, 수소폭탄, 유도미사일 등으로 무장되어 있다면 3차세계대전을 단 몇 시간이나 몇 일이면 승리로 이끌 것이라고 생각한다. 이런 류의 그릇된 확신이 전쟁을 야기할지도 모른다(p.170).

수소폭탄

원자폭탄 이전부터 그려온 수소폭탄에 관한 아이디어는 수소폭탄 제조와 함께 스스로 복수의 여신을 잉태하고 있었다. 일단 폭탄제조경쟁이 시작되자 원자폭탄보다 수 천배 이상의 파괴력을 가진 수소폭탄을 먼저 가진 측이 결정적인 이점을 획득하고, 미국이 공공연히 자랑한 소위 '힘의 우위'를 바탕으로 협상에서 유리할 것처럼 보였다. 실제로 이러한 경쟁에서는 처음의 분열폭탄(원자폭탄)에서와는 달리 미국이 초기의 유리한 고지를 점하지 못한 것처럼 보였는데, 사실 미국은 소련보다 약간 뒤처져 있었다. 이같이 결정적 이점이 부족하다는 점은 수소폭탄이 가져올 그 엄청난 손실의 중압감으로 인해, 이것과는 다른 형태지만 이전에도 존재했던 핵의 교착상태가 시작되도록 만들었다. 처음에는 수소폭탄이 단지 강력한 원자폭탄으로 생각되어서 그 파괴력을 측정하는 단위도 힘의 정도에 합당하도록 TNT의 천톤(메가톤)으로 사용하였다. 이 정도라면 폭탄 한개를 가지고서도 뉴욕이나 모스크바 또는 루르공업지대와 같은 큰 지역을 충분히 파괴할 수 있음이 분명하다. 상대적으로 적은 목표물에 이 수소폭탄을 사용하는 것이 낭비일 것이기 때문에 이 폭탄사용은 결정적 타격과 36시간전쟁(단기전쟁)이라는 의미를 내재하고 있다.

그러나 이런 정도의 파괴력조차 하찮게 보이게 하고 과학전쟁 속에 새롭고도 극단적인 공포를 가져온 또다른 효과가 있었다. 이것은 1945년 3월 1일 미국이 태평양에서 수소폭탄실험을 실행한 후의 한 비극적인 사건에 의해 노출된 **방사능 낙진**이었다. 바람을 타고 이것이 이동함으로써 75마일 떨어진 곳에서 몇 명의 일본 어부가 방사능 재에 **노출**되어 심각한 방사능 질병에 걸리게 되었고 결국 그들 중의 한 명이 6개월 후에 사망했다. 일본 물리학자가 분석한 방사능 물질의 속성은 얼마나 우라늄 분열의 산물이 위력적인가를 잘 나타내주고 있다. 이

폭탄의 위력은 핵 반작용의 2배가 아니라 3배 정도임이 즉각적으로 분명해졌다. 수소융합폭발에서부터 중성자가 폭탄 주위를 둘러싼 우라늄 상자를 깨는 데 사용되기 시작했다. 비밀을 유지한다는 것은 쓸모없는 일이었기에 미국의 당국자들이 폭발로 야기되는 직접적인 효과보다 훨씬 더 큰 폭탄의 살인적인 잠재력을 일러주는 낙진에 관한 자료를 공개했다. 이런 폭탄이 만일 지구의 수천 피트 상공에서 터진다면 완전히 죽음의 낙진이 약 천 평방마일에 퍼질 것이고 폭발시의 상하기류에 의해 약 6천 평방마일에 걸쳐 치사량은 0.5배 내지는 4배까지 될 것이고 하강분산기류에 의해 200마일내에서는 오랫동안 없어지지 않을 것이다. 노출의 정도는 별로 문제되지도 않는다. 왜냐하면 방사능의 상당량은 오랫동안 남아 있기 때문에 낙진이 있던 때에 보호되었다 할지라도 그 지역에서 오염되지 않은 곳으로 빠져 나오는 것이 거의 불가능하기 때문이다. 이것도 전부는 아니다. 방사능 물질의 일부는 상층대기권으로 올라가서는 전세계로 퍼지고 수년 동안 땅에 떨어진다. 어떤 생물체도 피할 수는 없다. 웨일즈 지방의 양은 그 뼈대 속에 태평양에서의 폭발로 생긴 스트론튬 90이라는 것을 갖고 있다. 이러한 약한 방사능도 역시 유전적 영향을 미치고 후세대에 기형을 만들게 한다(pp.289 ff.).

이러한 사실은 오랫동안 일반인들의 마음속에서 생각되어져 왔으며 정치인이나 군인들에게는 더 오랫동안 심사숙고되어져 왔다. 또한 이러한 사실은 전쟁이란 그 정도와 고통이 믿을 수 없을 정도이고 그 후유증이 끝이 없는 일반화된 살인행위 중의 하나라는 생각을 갖게 만들었다. 어떤 믿을 만한 예견에도 불구하고 모든 사람이 죽게 될 것 같지는 않지만 방사능병을 피하거나 유전적 영향에서 벗어날 수 있는 사람은 거의 없을 것이다. 대여섯개의 폭탄이면 영국의 도시들과 산업기반을 한꺼번에 쓸어버릴 것이다. 한 미국 군사전문가는 미국이 보유한 폭탄 모두를 가지면 세계인구의 4분의 1인 약 7억의 인구를 죽일 수 있으며, 더구나 이러한 죽음은 적에게 한정되지도 않을 것이라고 주장했다(6. 35).

사실 미국의 군사이론가들은 미국의 이익을 방어하기 위한 소련과의 핵전쟁에서 희생될 합리적인 수자로 미국 자체에서만도 6천만까지를 생각하고 있다.

미사일시대, 대응전략, 대량살인

1957년까지는 첫번째 인공위성의 출현으로 인해 대륙간탄도탄에 대한 가능성이 생기게 되었고, 이런 계기로 현대 전쟁이 새로운 국면으로 들어서게 되었다. 처음에는 순전히 전통적 무기였던 장거리로케트의 개념은(p. 138) 현대 전쟁의 특성을 완전히 바꾸어버렸다. 이것은 제어체계나 요격체계와 결합하여 무기수송도구로서 핵심적 역할을 한 비행기의 오랜 독주를 종식시켰다. 대륙간로케트와 초메가톤급 수소폭탄은 결합이 불가피했다. 물론 장거리로케트는 원자폭탄 이전시대나

261. 우주 연구의 발전은 미사일시대의 한 측면이고, 대륙간탄도탄도 또 한 측면이다. 그림은 폴라리스(Polaris) A-3 미사일.

원자폭탄시대에는 타격의 양을 높이기 위해서 많은 것들이 필요했기 때문에 완전히 쓸모없었다. 그러나 수소폭탄의 발명으로 인해 상황은 완전히 달라졌으며, 이제는 기존 수소폭탄의 극히 일부만으로도 도시들 몇몇 개 정도가 아니라 전공업지대를 싹 쓸어버리기에 충분하며 이에 더하여 낙진으로 인한 더 광범위한 피해가 있다.

이런 효과적인 핵 교착상태가 이루어진다. 중간 단계에서는 이같은 상황이 미국이 해외에 200개가 넘는 기지를 실제 운영하고 있는 것처럼 핵로케트기지를 세계 곳곳에 산재하도록 함으로써 얻어질 것같이 보였다. 그때는 이런 것들이 너무나 취약했으며, 따라서 이러한 난점에서 벗어나려고 기지에 두터운 콘크리트 방어벽을 설치하거나 중거리 핵탄도탄 해저시스템처럼 탐지되지 않도록 해저에 설치하였다. 이것의 전략적 효과는 혁명적인 것이었다. 수소폭탄의 아버지라 불리는 텔러(Teller)교수와 같은 새로운 과학적 전략가나 '게임이론' 전략가들에 의해 고무되고, 란드협회(Rand Corporation)와 이 협회에서 가장 말많은 실용주의자 칸(Kahn)씨를 포함한 여러 군사연구단체들의 도움을 받아 (6. 90) 소위 '저항력전략'이라 불리는 새로운 전략개념이 개발되었는데 이 전략개념은 전쟁에서 손실을 입지 않고 승리하기 위하여 첫번째 공격은 상대의 공격 능력을 불구로 만드는 것을 목표로 한다는 것이었다. 이러한 저항력전략이라는 입장이라면 잘 숨겨진 모든 무기를 철저하게 파괴하는 일은 어려우므로 그렇게 하기 위해 더욱 많은 수의 핵폭탄을 필요로 할 것이 분명하다. 이것은 더욱 많은 핵생산을 요구하고, 또한 이미 충분한 핵폭탄이 보유되어 있어 전세계인구의 10배로 넘는 사람을 죽일 수 있다는 사실에도 불구하고 지속적인 대량살인능력을 요구한다. 핵폭탄이 투하될 만한 중요 거점지역 주변에 있는 평범한 일반인도 역시 죽게 될 것이고 낙진에 의한 추가적 피해는 소위 '보너스'살인(bonus kill)이라고 불린다.

이러한 전략은 1962년에 미국 국무장관인 맥나라마(Macnarama)에 의해 공식적으로 채택되었고, 군사용 비행기 주문을 취소함에 따라서 발생된 손실을 춘분히 상쇄하고도 남는 미사일주문이 쇄도함으로써 평화시에는 어느 정도의 장점을 지닌 것이다. 이것은 이전의 보복정책과는 달리 도시들을 목표로 하지 않기 때문에 인간적인 정책이라고 불리고 있다.

이 모든 것은 소련이 미 국방성의 '게임이론'가들이 정해놓은 규칙에 따라서 게임을 할 것이냐, 또는 이들 이론가들이 종종 언급했듯이 장거리탄도탄과 모든 핵무기에서부터 시작하여 전적인 무장해제를 향하는 것이 문제에 대한 유일한 해결책이라고 생각하느냐에 달려 있다.

만일 그것이 우리가 현재 살고 있는 실제 상황이 아니고 전자 분야나 화학 분야 등에서 중추적 역할을 담당하는 수십만 과학자들의 시간과 정력과 상상력을 요구하는 것이 아니라면 이같은 과학적 악몽은 거의 재고의 가치도 없는 것처럼 보인다.

이러한 무기들은 아마도 가장 최근의 형태는 아닐 것이다. 이미 여러 형태의 미사일요격용미사일이 개발되었다. 이들은 방어상 장점을 부여해 주었지만, 나중에는 미사일요격용마사일을 요격할 미사일이 나타났다.

최근에 Force de Frappe(억지력)이라는 프랑스 단체가 추가된 이전 소그룹의 핵세력들밖에는 핵전쟁과 핵무기에 대한 폭넓은 혐오감이 있었지만 지금까지는 실질적인 변수로 작용하지 못했다. 어떤 말 잘하는 사람들은 범세계적인 무장해제의 이상을 주장해 왔는데, 이런 것에도 합리적인 장점과 상호 받아들일 만한 계획은 있다. 그러나 미국내에 군사산업을 유지하려 하고, 상원내에서 강력한 기반을 가진 세력과 1960년에 대통령이었던 아이젠하워(Eisenhower)도 비난한 바 있는 군수산업의 정치적인 복잡성 등이 힘을 못쓰게 될 때까지는 벗어날 희망이란 거의 없다.

과학과 과학자에 끼친 전쟁의 영향

2차세계대전에서 초래된 과학의 상태와 지위상의 커다란 변화는 이미 언급해 왔다. 이러한 변화를 가장 많이 겪은 것은 물질과학이다. 왜냐하면 그것은 가장 진보한 동시에 전쟁이나 산업과 가장 밀접히 연관을 맺었기 때문이다. 영국이나 미국에서 전쟁이 가장 크게 방해했던 분야는 물리학이다. 대부분의 학문적인 실험실들이 문을 닫거나 전쟁 목적으로 용도가 변경되었으며, 가장 뛰어나다는 사람들은 이전에 그들이 수행하던 작업과는 전혀 무관한 일에 고용되었다. 주로 원자에너지나 전자분야에서 전쟁이 물질과학에 부여한 극도의 중요성이 전쟁 이후에도 지속되었다. 특히 미국과 같은 나라에서 이것이 의미하는 바는 물리학연구와 이 연구에 필요한 실험용구, 전자가속장치(synchrotrons), 전자계산기 등 값비산 장비들의 급격한 확산이다.

군사과학의 지배

이제는 이러한 작업 규모가 돈많은 대학이나 일반 기업의 범주를 벗어나므로 특별한 정부 실험실, 또는 정부가 지원하는 대학과 산업실험실에서나 취급할 수 있게 되었다. 실제로 두 가지 방법이 모두 병행되었으며, 그 결과 정부실험실은 대학과 보다 나은 작업활동에 대하여 경쟁하게 되었고 대학 물리학부는 정부와 계약한 주제를 연구하는 부속기구가 되어갔다. 만일 이같은 모든 연구가 미래가 군사적 가치를 위한 일이 아니라면 대학이 그 시대의 공학적 현실과 더 관련을 갖게 되므로 그 자체로는 거의 해가 없으며 때로는 유익할지도 모른다. 전쟁의 영향으로 물질과학에 대한 정부나 독점기업의 지배는 더욱 강화되었다. 통제의 정도는 나라마다 크게 다르다. 이것은 미국에서 가장 철저하다(6. 25 ; 6. 29 ; 6. 31 ; 6. 76 ; 6. 90 ; 6. 93 ; 6. 97 ; 6. 109).

핵의 성격에 관한 모든 작업들과 제어체계와 로케트 발전을 다룬 모든 작업들은 애초부터 엄격한 보안환경 아래에서 처리되었다. 이것은 군사적 가치를 가질지도 모르는 연구결과에 대한 단순한 통제 이상의 것이었다. 그것은 대학이건 연구소이건 상관없이 모든 과학자들의 생활과 사고에 영향을 끼쳤다. 이것은 맹세를 거부하면 안전에 대한 위협으로 간주되어 해고되거나 오점을 남기게 되는 상황하에서 충성을 맹세해야 한다는 것을 의미한다. 오점을 남길지도 모른다는 두려움 때문에 과학자들은 그들을 파멸시킬 만한 힘을 가진 조직의 고위 당국자와 관계가 있다고 단언하는 사람들에 의해 좌우되고 또한 이러한 결속에서 오는 단순한 죄의식도 느낀다. 뒤늦게 복직된 로버트 오펜하이머(Robert Oppenheimer)박사 같은 비극적인 경우가 이것을 증언한다. 이러한 분위기가 새로운 세대의 과학자들에게 끼친 영향은 그들이 이미 수행했거나 현재 수행하는 것의 사회적·도덕적 책임감과 같은 그들의 좁은 과학적 전문성을 벗어나는 생각에 대해서 독립성을 전혀 갖지 못한다는 것이다.

영국에서는 대학보다는 정부가 군사과학에 더 큰 역할을 담당했으며, 비록 전적으로는 아니지만 엄격한 비밀연구는 거의 정부실험실에 한정되었다. 큰 사업과의 연관성은 훨씬 간접적이었고, 비록 국가의 재정이

주였지만 대학의 재정은 대학인에 의해 관리되었다. 이러한 방식으로
는 과학이 군사화되는 취약점은 피할 수 있었으나 연구 발전은 단절되
었다. 게다가 사고 통제에 대한 영향은 미국보다는 적었지만 이것에
저항하는 것이 더 힘들었다. 교사들은 그들의 정치적인 입장 때문에
해고되는 일이 거의 없지만 그들의 견해가 좋지 않다고 간주된다면 그
들은 중요한 지위에 임명되지 못한다. 프랑스에서는 직업의 다양성과
다수당이며 영향력 있는 공산당 때문에 상황은 또 다르다. 많은 저명
한 과학자들이 정치적인 이유로 지도적 지위에서 배제되었다. 1959년
에는 핵분열의 발견자 중의 하나이며 유명한 레지스탕스 지도자인 졸
리오 큐리(Joliot Curie)는 원자에너지는 전쟁을 위해 결코 사용되어서
는 안된다고 공공연히 말했기 때문에 원자에너지 고등위원이라는 직책
에서 쫓겨났다.

262. 핵 물리학의 발전은 어떤 형태로든 국제협력체가 필요하게 만들었다. 제네바
의 메이린(Meyron) 근처에 있는 거대한 프로톤 전자 가속장치(synchrotron)는 CE
RN(그림 225를 보라)에 의해 운영된다. 그것은 원형의 싱크로트론이고, 직경이 656
피트로서 건설되어 가동중인 것 중에서는 가장 정확하다. 또한 그것은 이같은 계획
을 홀로 담당하는 어떤 유럽 국가의 능력보다 크다. 사진은 고에너지 핵 입자에게
유도장(guiding field)을 제공하는 자기시스템의 일부를 보여준다.

이러한 공공연한 압력에도 불구하고 과학자들은 세계 곳곳에서 핵전쟁의 위험성과 과학을 전쟁 목적에 사용하는 것에 대해 꾸준히 저항해 왔다. 미국, 영국, 프랑스에서의 원자과학자들의 결합단체들은 이러한 주제에 대한 공공연한 압력을 견디어 왔으며, 반면 세계과학노동자들이 평화를 위해 과학을 사용할 것을 촉구하는 일반 단체들과 인도, 중국, 소련 등에 있는 다른 단체들도 목소리를 같이했다. 특히 일본에서는 모든 과학적 조직체가 원자폭탄과 그의 실험에 반대하는 캠페인을 계속해서 벌이고 있다. 두 가지 매우 잘 알려진 선언서로는 전쟁의 종식을 요구한 버트란드 러셀(Bertrand Russel)과 아인슈타인에 의해 시작된 것 하나와 과학부문에서 노벨상을 받은 대다수 사람들에 의한 제한적인 범위의 것이 있다(6. 122).

퍼그와쉬(Pugwash)운동

이러한 선언서들 중의 첫번째 것은 지속적인 영향력을 발휘했다. 철도왕이라고 불리는 시루스 이튼(Cyrus Eaton)씨의 덕택에 노바 스코티아(Nova Scotia)에 있는 퍼그와쉬에서 처음으로 주요 국가의 과학자그룹들이 모였는데, 이 국가들 중에는 미국, 영국, 소련 등이 있었으며, 핵전쟁의 위협에 직면했을 때 과학자들의 실질적 위치와 전쟁에 대한 그들의 책임에 대해 논의할 목적이었다(6. 37 ; 6. 120).

1957년 이래 수년 동안 10회 이상의 회합을 가졌고, 여러 가지 작업을 했으며 그 내용을 출판하기도 했다. 처음에는 이미 사회적 양심을 가지고 있거나 과학은 평화적 목적에 사용되어야 한다고 주장한 과학자들에게 한정되었지만, 여기에 냉전국 쌍방에서 군사과학에 종사해온 과학자들까지 포함하게 되어서 점점 더 공식적인 형태로 변모해 가게 되었다. 이것은 의심할 바 없이 긍정적인 가치를 지녔다. 왜냐하면 회의 자체는 무장해제에 대한 동의의 예비점검이 될 수 있었고, 특히 영국에서 열렸던 9차, 10차 회의처럼 단계적인 무장해제를 위한 합리적이고 상호 동의할 만한 제의를 만들고 미국과 소련에 의해 제안된 것 사이에 협상안을 만드는 기회가 되었기 때문이다. 이것이 나중에는 모든 핵실험을 중지하자는 협상에서 미국과 소련 모두에 의해 공식적으로 채택되게 되었다.

그들은 특히 저개발국을 돕기 위해 현재 전쟁에서·파괴적인 목적으로 쓰여지는 데서 낭비되는 과학적인 노력을 긍정적으로 사용하는 것도 역시 고려하고 있다. 비록 이 모든 일이 여론에 영향을 미친다 할지라도 모든 관련 정부들이 핵전쟁의 금지를 진지하게 고려하기 전에는 아직도 많은 것이 이루어져야만 할 것이다.

군사연구 비용

자본주의국가들에서 물리적 연구가 전에는 상상도 못했을 정도로 군사과학에 의해 지배되고 있다는 것은 엄연한 현실이다. 연구의 응용에 있어서도 군사적인 측면은 더욱 지배적이다. 미국과 영국에서 군사 연구와 개발에 소요된 돈은 다음의 표에서 보여지듯이 전쟁 이전에 비해 몇 배나 증가했다.

연구개발 비용

(단위 : 백만 파운드)

	기 업			정 부					
				공 공 부 문			군 사 부 문		
	1937년	1955년	1962년	1937년	1955년	1962년	1937년	1955년	1962년
미국	61	920	1,800	20	140	960	5	710	2,800
영국	3	65	213	3	36	139	1. 5	214	246

전쟁 이후의 비용은 같은 시기에 공공부문의 연구와 개발에 소요된 비용을 완전히 압도한다. 얼마나 많은 돈이 소비되었는가는 그것을 둘러싸고 있는 비밀의 외투 때문에 말하기가 상당히 어렵다. 새로운 물질이나 새로운 분야에 대한 가장 좋은 부분은 화학이나 공학계통의 기업이나 군수산업의 차지가 된다. 대량 파괴무기와 이들을 원거리에서 발사하거나 제어하는 수단의 개발에 소비된 돈의 양은 너무 불균형적인 것 같다. 배울 점이라고는 거의 없는 대규모 시도는 좋아하고, 과학적 또는 경제적 '안정성' 따위는 점검해 보지도 않는 군사정책입안가들의 습관 때문에 대부분의 돈이 낭비되고 있다(6. 11). 소련의 카피차(Kapitza)나 미국의 우레이(Urey) 같은 과학자들을 포함한 수많은 양심있는 과학자들이 군사과학을 거부했을지라도 과학에 커다란 잠재적 손실을 남겼다.

군사연구에 사용된 수억 파운드 또는 수십억 달러라는 엄청난 돈은 건전한 제도 아래에서라면 공공과학이 얼마나 유용할 수 있는가를 단적으로 보여주기에 충분하다. 만일 교육, 연구, 개발에 이러한 돈이 현명하게 배분된다면 과학에 대한 상황은 완전히 달라지고 인간의 필요성 충족을 위한 과학 응용의 속도와 가치에 상당한 진전이 가능해질 것이다. 그러나 자본주의사회에서는 이러한 과학이용은 거의 기대할 수 없다. 그 이유들은 제14장에서 언급할 것이다. 여기서는 정부 지원의 평화적 용도의 연구는 그 이용자를 구하는 데 사기업이나 독점기업의 방해가 있지만, 정부 지원의 전쟁 용도의 연구는 그들에게 발전이 약속되고 또한 위험없이 이윤을 만들어낸다는 점만을 지적하는 것으로도 충분하다(6. 19 ; 6. 109).

같은 이유에서 과학에 대해 얻은 전쟁의 교훈——전략적 계획의 가치——은 평화시의 조건으로 전환될 수 없다(pp. 159f.) (6. 11). 전쟁이 보여준 것은 전쟁의 전분야에 걸쳐 때로는 기본적인 문제들까지도 분류하고 그들에게 어떤 우선 순위를 부여하는 것이 가능해졌다는 점이다. 이것은 그동안 내내 과학자들의 자질, 개성, 흥미를 고려했기 때문에 문제 해결의 중요성과 적절한 때에 문제가 해결되는 기회 등 두 가지 모두와 관계를 갖고 행해졌다. 평화시 과학에 있어 이같은 전략과 계획은 이제는 더욱더 필요하지만, 그것이 성취될 수 있는지의 여부는 물질과학의 문제가 아니고 사회 그 자체의 문제이며, 어느 것이 문제인가에 대한 논의는 생물과학과 사회과학의 분야가 조사될 때까지는 계속되어야 한다.

10. 11 물리과학의 미래

물질과학의 분야를 이야기하기 전에 서로 밀접하게 연결된 물질과학과 생산적 산업에 대해 미래는 어떤 모습을 하게 될까를 조사하고, 물질과학이 앞으로의 사상과 문화에 어떤 기여를 할 것인가를 생각해 볼 필요가 있다. 사회적·경제적 요소들은 과학과 산업이 진보하는 전반적인 속도를 조절할 지도 모르고, 실제로 결국은 그렇게 되어야만 한다. 이러한 요소들은 비록 좁은 영역이라 할지라도 모든 과학적인 노력을 어떤 과학 분야에 집중할 것이며 어떻게 배분해야 할 것인가를 결정해야 한다. 그럼에도 불구하고 결국 과학과 산업은 기존의 장비와 아이디어를 기초로 해서만 앞으로 나아갈 수 있다는 사실이 남아 있다. 혁명적인 발견이나 이론은 이같은 상황을 완전히 변경시키지만, 양자이론이 나타나기까지 걸린 시간을 보면 금방 알 수 있듯이 전과정이 한꺼번에 일시에 일어나지는 않는다. 수십억 달러가 소비된 원자분열(원자폭탄)조차도 물리학의 이러한 과정에서 크게 벗어나지 않는다.

그럼에도 불구하고 기초과학과 응용과학을 분리해서 예견하려고 시도하는 것은 게으른 발상이다. 물질과학의 연구와 발전이 상호 결합되는 정도는 기초과학의 역할이 어느 때보다 증대됨에 따라서 더욱 커지게 된다. 공학은 3세기 전에 그 존재를 가능하게 했던 과학에 의해 급속히 변모되는 과정 속에 있다.

이제부터는 과학이 기술적 변화의 전면에 위치할 것이다. 단순한 손재주로 변화되는 시대는 끝났다. 더구나 발견된 것이 생산으로까지 이어지는 비율은 급속히 증가한다. 물질과학의 모든 면에서 각각의 새로운 과학적 발견들은 몇 달 안에 실제로 구체화되고, 이렇게 함으로써 얻어진 새로운 경험은 보통 빠르지는 않지만 기초과학에 새로운 실험 도구와 새로운 문제를 공급하기 위해서 역으로 영향을 미칠 것이다.

또다른 측면의 일반적인 결합 양상은 서로 다른 과학 원리들 사이에 상호관련성이 증가된다는 점이고, 이렇게 함으로써 물질과학의 영역을 훨씬 벗어나 생물과학이나 사회과학에까지 도달한다. 상호관계가 증가함에 따라 스스로를 전략적인 진보 속에 조직화하고, 알 수 없는 곳에 무관하게 분산되지 않도록 하기 위해서 과학적·기술적 노력의 전체적인 흐름을 이해할 필요성이 더욱 높아졌다.

이러한 일반적인 측면에서 특정한 발전으로 접근함으로써 상세한 예측을 하지 않고서도 두드러진 진보나 응용이 어떠한 양상을 지니게 될 수 있다. 가장 흥미로운 발견들이 이러한 경향에 따를 것이라는 점은 말할 필요도 없고 이들이 흥미롭다는 것 자체는 그들의 불확실성을 나타낸다. 과학에 이미 주어진 노력만으로도 이들이 **꼭** 일어날 것이라고 확신할 수 있지만 **언제, 어느 곳**에서 일어날지는 알 도리가 없다. 최근에 많은 발견이 이루어진 몇몇 분야는 당분간은 조용하겠지만, 과학자들이 변화 시일이 수십년이라고 생각하는 다른 분야에서는 바야흐로 혁명적인 변화를 하려고 한다. 그럼에도 불구하고 가까운 과거의 진보의 경험은 가까운 미래를 예측하는 데 전혀 보탬이 되지 않는다.

핵물리학의 미래

핵물리학의 본질적인 관점에서 보면 기본입자의 속성과 저속 혹은 고속 충돌장치 속에서나 다소 안정된 핵 속에서의 그들의 상호작용에 관한 속성은 물리학에서는 중요한 지위를 점하고 있다. 만일 우리가 이러한 사실에다 그것의 곧바른 군사적 가치와 산업목적으로서의 가능성, 그리고 이같은 연구에 소비된 수십억 달러라는 돈을 함께 염두에 두면 이것이 매우 큰 진보를 할 것이라고 기대할 수 있다. 입자물리학과 핵물리학이 상당히 혼란되어 있고 자기모순적인 상태라는 바로 이 사실은 새롭고 폭넓은 이론이 나타날지도 모른다는 하나의 신호이다.

263. 핵의 속성에 대해 연구하려 한다면, 핵을 인공적으로 분열시키기 위해 원자 입자에게 높은 속도를 부여하는 수단이 필요하다. 예를 들면, 이같은 수단은 프로톤을 빈 관을 통해 고속화하고 둥그런 빈 고리, 즉 싱크로트론에 주입시키기 위해 높은 전압을 사용하는 가속 프로톤에 의하여 성취되었다. 프로톤은 광속의 99.94퍼센트에 달하도록 가속된다. 미국의 스탠포드대학에 있는 길다란 빈 관——일자형 가속기——은 길이가 3킬로미터이다.

실제로 이러한 변화가 나타날 시기는 이미 지난 지 오래이다. 한편으로는 입자를 만들기 위한 가속기(accelerator)와 저장장치, 또 한편으로는 이들을 탐색하는 신틸레이터(scintilator, 측정장치)와 계수기 등과 같은 많은 실험 장비들이 이론물리학의 내용을 검증해 볼 수 있는 자료나 현상을 만들어내거나 때로는 오랫동안 지연된 진보의 실마리를 제공하기 위해서 사용되고 있다(pp. 192f.), 이러한 도구들은 추적장비를 통해 화학과 생물학 같은 다른 과학의 진보를 돕기도 하며, 좀더 사회적인 측면에서는 과학 교육과 연구에 활기를 불어넣음으로써 다방면에 도움이 된다.

핵물리학의 국제협력체를 향한 운동은 처음에는 지역적이었으며, 그 결과 1952년에 '핵 연구를 위한 유럽 센타'(Centre Europeer pour la Recherche Nucleaire : CERN)가 일시적으로 설립되었고 1954년에는 2개 유럽 정부의 협력체와 공식적으로 합쳐졌지만, 그 방향은 기본적으로 과학적인 것이었다. 수많은 입자가속장치를 비롯한 주요한 실험장비가 제네바에 설치되었다. 이들 중 가장 큰 것으로는 29 BeV(billion electron volts)로서 1960년부터 가동되었다. 브룩하벤(Brookhaven)에 미국 핵연구센타를 만들었고, 아메리카나 아시아 국가들의 공공센타를 만들자는 제안이 있었다. 1956년에는 폴란드를 비롯하여 북한에 걸친 11개국 정부가 참여한 또 다른 핵연구센타가 더브나(Dubna)에 설치되었다. 이 단체도 역시 10-BeV의 개량 전자가속장치를 포함하여 많은 가속장치를 가졌다.

이 두 연구센타는 원자에너지를 평화적인 용도에 사용할 것을 서약했다. 비록 현재까지는 어떤 국가도 두 연구센타에 집착하고 있지는 않지만 이 두 센타 사이에 이미 어느 정도의 비공식적인 접촉은 있다. 이러한 관계가 시간이 지남에 따라 더 밀접해지고 더 공식적으로 되는 것은 바람직한 일이다. 핵물리학을 깊이있게 연구한다는 일이 이제는 대부분 국가의 자원으로는 부족하므로 많은 국가들이 앞에서 언급한 것과 같은 형태의 협력에 힘써야 한다(6. 112).

원자의 힘

이미 앞에서도 언급한 바 있는(pp.82 ff.) 핵력의 공공용도에의 활용은 이제 전기를 만들거나 운송에 이용하는 단계에 이르렀다. 미국은 원자력 잠수함을 가지고 있다. 소련은 얼음을 깨거나 녹이는 데 사용하는 원자력 쇄빙선을 가지고 있다. 또한 원자력 기관차와 원자력 비행기에 대한 논의도 있다. 원자력 로케트는 장거리 우주비행의 열쇄를 쥐고 있다. 만일 전쟁이 금지될 수 있다면 반 세기 안에 핵분열로부터 싼 값의 동력을 대량으로 얻을 수 있으며, 핵융합으로부터는 더 싸게 얻 는 것이 가능할 것이다. 이것은 물질과 식량을 무한정 공급할 수 있다 는 잠재적 가능성을 의미한다. 이같은 힘은 아무리 빈약한 원광일지라 도 원하는 종류의 금속을 분리해낼 수 있게 한다. 강철과 알루미늄은 원하는 만큼 풍부해질 것이다. 바다에서 끌어올리거나 증류된 물을 가 지고 식물들이 전사막지대에서 성장할 수 있게 되고, 북극에서는 온상 속에 식물이 우거질 수 있을 것이다. 에너지를 공기만큼 자유롭게 사 용함에 따라 극복해야 될 많은 제한 요소들이 있지만 부족과 불평등과 착취의 시대의 유산인 사회적 요인만큼 극복하기 힘든 것은 없는 것 같다(제13장 8절 ; 제14장 10절).

우주의 이해, 탐구, 이용

원자핵과 우주선(cosmic ray)의 연구에까지 크게 확장된 형태물리학 의 하나의 분명한 경향은 외부 우주, 행성, 별, 은하 등에 관한 새로운 형태의 흥미이다. 이러한 흥미는 인간이 우주시대로 들어서기 위한 과 학적 첫걸음이지만 아주 이상스럽고 불행하게도 군사분야와 혼합되어 버렸다.

냉전에서 생기는 충돌이 없어지게 되면 범세계적으로 유인우주선과 무인우주선 모두들 사용하여 우주탐험을 같이 수행할 수 있을 것이다. 우선 우리는 우주시대를 순전히 과학을 위한 축복만으로 바라보아서는 결코 안된다. 그것에 소비된 모든 돈은 다른 과학 분야에 소비된 결코 많다고 할 수 없는 비용에 비해 볼 때 그에 비례한 충분한 결과를 낳 지 못하고 있다.

그럼에도 불구하고 여러 가지 방법에 의한 우주연구는 과거에도 그 래 왔듯이 과학발전에 큰 영향을 미치고 있다. 예를 들면 그것은 이미 열핵에너지의 생산에서 탐구되고 있는 내용인 플라즈마나 전자기장 속 에서 운동하는 원자와 전자를 고온에서 혼합하는 것의 중요성을 강조 한다(pp. 82ff.). 예를 들면 아무리 미약한 자기장일지라도 은하계로 펴져 나간다면 플라즈마상태에 있는 물질의 운동을 크게 변경시킬 수 있으며, 넓은 범위에 걸쳐 중력 자체보다는 더 잘 물질을 끌어모아 별이 형성되도록 할 수 있다.

이것이 의미하는 한 측면은 실험실 자체가 우주 속으로 확장될 수 있다는 점이다. 이러한 첫 걸음은 인공위성에 망원경과 TV 카메라를 설치함으로써 이미 이루어졌다. 새로운 방법에 의해서 외부 우주가 더 조사되기 위해서는 핵물리학이나 기본입자 물리학을 사용하여 그들에 대한 이해의 정도를 높여야 한다. 실제로 핵반응을 이해하려면 상대적으로 핵보다 더 풍부한——태양과 별에서의 에너지 변화요소와 주기 등——외부 우주의 구조는 물론 그 역사에도 주의를 기울여야 한다. 물질과학에다 역사적인 요소를 도입하는 것은 생물과학과 사회과학이 물질과학과 결속되게 한다.

광학망원경, 방사선망원경, 우주선(cosmic ray)망원경 등은 이제 인간에 의해서 우주의 물리적 탐험과 정복을 위해 도구로서 사용된다. 우주여행이나 우주정복과 같은 생각은 이미 젊은이들의 상상력을 사로잡았다. 만일 그것이 전세계적인 기초 위에서 올바르게 시작된다면, 윌리암 제임스(Willian James)가 쓴 것처럼(6.88a) 전쟁의 기술적인 등가물(the technological equivent of war)로서 매우 홍미로운 모험이 될 것이다.

고체물리학

고체물리학이라는 물리학의 한 분파의 중요성이 한편으로는 공학과 핵물리학에 새로운 속성을 가진 금속이나 물질을 생산함으로써(p. 113), 또 한편으로는 전자공학에 수정 발진기, 강자성 분말, 트랜지스터 등은 물론(p. 113f.) 발광, 형광물질도 제공함으로써 급격히 증가하고 있다. 수정체와 그의 성장현상, 그리고 그의 비정상적 배열과 불완정성에 대한 이론의 발전은 마침내 과학을 현장산업의 분야로 이끌어내었으며, 따라서 우리는 이것이 예외적으로 가치있는 속성을 지닌 물질의 새롭고 커다란 진보를 유도할 것이라고 기대한다. 수정 발진기에 사용되는 암전용 수정이 연구됨에 따라 철과 같은 강자성 물질과 유사하기 때문에 철전(ferroelectrics)이라고 불리며 높은 절연상수를 가진 물질이 발견되었다. 또한 기본 자극들이 같은 방향이 아니고 서로 반대되는 방향을

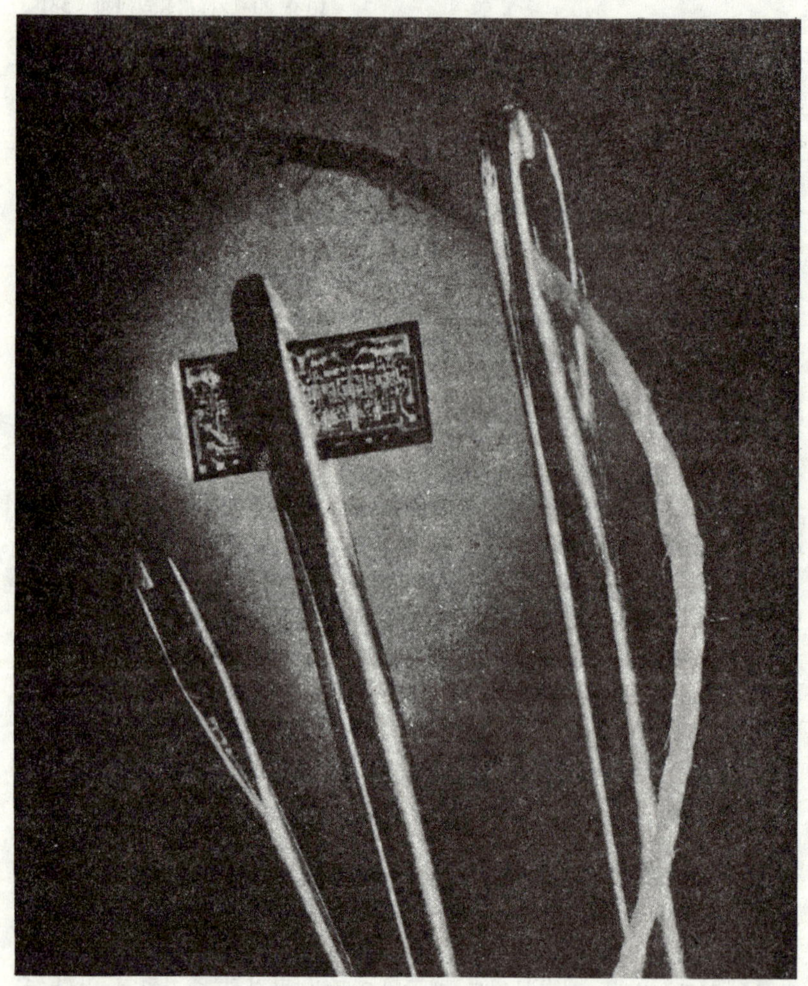

264. 고체물리학의 출현, 트랜지스터의 발명, 그리고 군사기술과 우주기술의 요청 등은 극소형 회로의 발전을 유도했다. 이 그림은 멀라드(Mullard)에 의해 만들어져서 현대 컴퓨터에 많이 사용되고 있는 하나의 완전한 전자계산회로를 5번(No. 5) 굵기 바늘의 구멍과 비교한 것이다. 이것은 집적회로라고 불리는 것으로서 여기서는 캡슐 속에 넣어지기 전의 제품을 보여주는 것이다. 이 회로는 단지 1.5×3 밀리미터의 실리콘 위에 조립되지만 120개가 넘는 성분을 포함한다. 만약 보통의 성분으로 이와 같은 회로를 만들려면 실리콘 소자의 경우보다는 천 배 이상이나 되는 약 9평방인치의 넓이가 필요하다. 소형화의 정도는 그 단위가 40 게이지 재봉실에 의해 평가된다.

가리키며 배열되는 반 강자성(anti-ferromagnetism)이라는 새로운 현상이 발견되었다. 반도체는 불순도에 극도로 민감해서 100만 분의 1보다 적은 것을 탐지할 수 있는 속성을 가졌다. 그래서 순전히 물리적 방법인 부분용해(zone melting)를 이용함으로써 이전에 어떤 화학자가 요구했던 것보다 훨씬 높은 순도를 얻을 수 있게 되었다. 기계적인 분야에서는 플라스틱 생산에 중요한 역할을 하는 탈구(dislocation)의 생성과 행동에 큰 관심이 집중되었다. 그 현상은 크게는 회피가 불가능해 보였지만, 최근에는 머리털처럼 가늘며, 그속에 많은 금속과 다른 결정이 적절한 처리에 의해 형성될 수 있는 수정은 단지 한개의 길다란 나선형 탈구만을 포함할 수 있고, 변형에 대해 상당한 저항력을 가진다는 점이 발견되었다. 이것은 완전히 새로운 힘의 형태를 지닌 물질을 얻기 위한 방법을 보여준 셈이다.

제3의 산업혁명 : 자동화

힘에는 눈이 없다. 우리는 될 수 있으면 생각을 적게 하려고 에너지를 마구잡이로 사용하고 있다. 비록 지난 10년간 인시(人時 : 1인당 1시간의 생산량)의 생산성은 증가했지만 같은 시기에 킬로와트시(kilowatt hour)는 감소했다. 효율성과 능률이 증대되지 않고 인간의 물질기초를 배가하는 것은 우리 행성을 돌이킬 수 없도록 파면시키는 것이다.

그러나 이제 효율성과 능률은 전자공학의 보다 진보된 발전에 의해서 향상될 수 있으며, 그중의 몇 가지는 이미 앞에서 이야기 한 바 있다(pp. 105ff.) 오늘날 특히 대량생산산업과 같은 산업에서 진행 중인 변형은 단순히 기계화의 확산이 아니다. 전자장치가 제공하는 제어, 판단, 정밀도라는 요소는 물론 산업작업이 이루어지는 속도의 급속한 증가로 인해, 이제 우리는 **새로운 산업혁명**이라는 용어를 써도 별 무리가 없다. 자동화된 생산라인이나 때로는 완전히 자동화된 공장들이 그 수나 범위에 있어 증가하고는 있지만(p. 144) 아직까지도 산업의 전분야에서 이같은 장비 사용이 전체적으로 적용될 필요가 있다. 이와 같은 진보된 생각이 모두에게 잘 인식되어 왔기 때문에 그런 현상이 빠르게 일어나고 있다. 특히 자본주의국가에서 아직까지도 이런 것을 지연시키고 있는 것은 소유권이라는 경제적 요인과 과학자와 기술자가 부족하다는 점이다(제13장 4절 : 제13장 6절).

자본주의국가에서는 자동화가 비록 간신히 시작되었지만 이미 실업 문제를 가져왔고 또한 기타 많은 것들을 위협하고 있다. 그 자동화를 완전하게 이용한다는 것은 완전한 생산체계를 합리적이고 융통성있게 한다는 것을 의미한다. 모든 산업과 농업, 운송과 서비스의 일반적인 흐름은 유지, 관리되고 지속적으로 진전되어야 한다. 이것은 결과적인 복잡성을 다룰 수 있으며 현재에도 빠르게 발전하고 있는 계산 기계를 이용해야만 한다는 점을 요청한다. 임금, 구매, 세금, 연금과 같은 모든 형태의 경제생활은 이들을 처리하는 데 많은 시간을 낭비해야 하는 수백만의 책상 근로자 없이도 완전히 자동적으로 다루어질 수 있다.

컴퓨터의 미래

우리는 지금 과학혁명의 어떤 다른 산물보다도 더 크게 인간 사회의 발전에 영향을 미칠 것처럼 보이는 컴퓨터시대를 맞이하고 있음이 분명하다. 그 변화는 너무도 빠르게 진행되어서 그것이 제공하는 가능성의 폭을 측정하고 그것을 취급할 방도를 미리 계획할 수 있는 사람은 거의 없다. 실제로 이와 같은 문제는 컴퓨터 자신이 스스로 맡아야 할 것이다.

새로운 계산장비가 수학이나 물리학, 그리고 다른 과학에 주는 영향은 결국에는 현재보다 훨씬 커질 것이다. 이것은 이제까지 인간의 능력을 훨씬 벗어나던 계산을 가능하도록 만들었으며, 정도는 다르지만 중세에 아리비아 수자를 적용하여 수행했던 방법과 같은 양적인 계산 방법에 관한 인간 사고를 전적으로 변경시키는 것이 확실하다. 그 새로운 기계는 인간 사고의 대용물이라기보다는 오히려 인간의 사고가 새로운 노력으로 향하도록 자극하는 것이다(pp. 107f.). 미래에는 거의 상상할 수 없을 정도의 확장 가능성을 지니고 있는 또다른 전자공학의 측면 오늘날의 레이다나 TV처럼 어떤 형태의 감지된 자료일지라도 번역하고 코드화하여 하나의 표현형식에서 또다른 표현 형식으로 변환시키는 능력이 가능할 것이 다. 이미 전자적으로 읽고 쓰고 변화하는 기계가 존재하고 있으며 신경계의 생리현상에 기초를 둔 마음들 사이의 직접교신에 관한 가능성들이 엿보이고 있다(pp. 276f.). 미국, 소련, 영국에서는 통역용 기계들이 이미 사용되고 있는데, 이들은 인간 통역원이 따라잡을 수 없을 정도의 높은 속도로 과학적·기술적 정보를 다양한 언어의 형태로 만들어낸다. 경제계에서는 이같은 서너개의 장치이면 순전히 상징화되고 수자화된 코드, 즉 비숍 윌킨스의 범용코드(Bishop Wilkins universal character)를 이용하여 세계를 일체화하는 데 도움을 줄 것이라고 지적한다. 이러한 경우에는 문자 구사의 우수성을 자랑하는 것이 무의미하고 단지 본질적인 의미가 왜곡되는 것만 고치면 될 것이다. 궁극적으로는 소형화되고 사용하기 편리한 언어 번역기가 서로 다른 언어를 사용하는 사람들 사이의 의사 전달을 가능하도록 해야만 한다.

이러한 모든 장치들은 내가 보기에는 현재에도 커다란 변혁을 겪고 있는 상태이다. 여기서 의미하는 변혁이란 조직화된 사고나 의사교환이 어렵기 때문에 지워진 제한여건으로부터 인간을 해방시키는 것이다. 인간은 언어의 개발을 통해 사회적인 동물로 탈바꿈했다. 이제 인간은 기록을 통해 그의 기억을 먼 훗날까지 전할 수 있게 되었다. 그러나 전자장비를 단순히 이 같은 용도로만 사용하는 것은 그 능력을 충분히 활용하지 못하는 것이다. 그들은 단순히 의사 전달을 위한 대용물이 아니고 사고의 대용물이기도 하다는 점을 인정받아야 한다. 처음에는 사고 자체가 어떠한 형태로든 형상화되고 코드화되며, 이에 따라 인간의 기억 능력의 제한을 극복한다. 기나긴 교육을 통해 인간이 완성되어서는 단순한 육체적인 죽음에 의해 그 모든 것을 잃어버리는 크나큰 낭비는 현재처럼 책이나 회고록을 쓰는 것보다는 훨씬 능률적으로 극복될 수 있다.

그러나 이러한 차원을 넘어서 컴퓨터에는 우리가 이제 막 느끼기 시작한 또다른 가능성이 있다. 이미 컴퓨터의 설계는 대단히 복잡해져서 새로운 컴퓨터의 설계를 위해서는 컴퓨터 자신이 꼭 필요하게 되었다. 이들은 그들의 성능을 통해 배우고 스스로의 설계를 향상시키는 여건을 조성하는 데도 역시 쓰일 수가 있다. 거리나 물리적 환경 때문에 인간의 거주가 절대적으로 불가능한 곳에 근거지를 설치할 필요가 생기게 될 때면, 컴퓨터는 스스로를 수리할 수 있어야 하고 때로는 주위의 자연물질로부터 스스로를 만들기까지 해야만 한다. 이것을 향한 경쟁은 머나먼 행성에 사람이 살도록 하거나 우주 공간에 사람이 일시적으로 머물게 하는 것 같은 문제에 직면하게 될 것이다.

마주해야 될 현시적인 문제는 아주 정교하고 복잡한 인간 두뇌의 정신과정과 컴퓨터에서 수행되는 거칠지만 매우 빠른 과정 사이에 합리적인 균형을 어떻게 이룰 것이냐는 것이다. 가장 나은 균형은 어느 것이 어떤 정신작업을 다루어야 하느냐에 대해서부터 출발해야 한다. 그러나 무엇이 일어나든지간에, 이같은 현상이 유기체혁명의 틀 바깥으로 확장되기 때문에 우리가 이전의 어느 것보다도 크게 확장될 새로운 자유의 영역으로 들어서고 있음이 확실하다. 전에도 어디에선가 언급한 적이 있지만(6. 19. 280), 이제 우리는 개개의 유기체와 그들로 구성

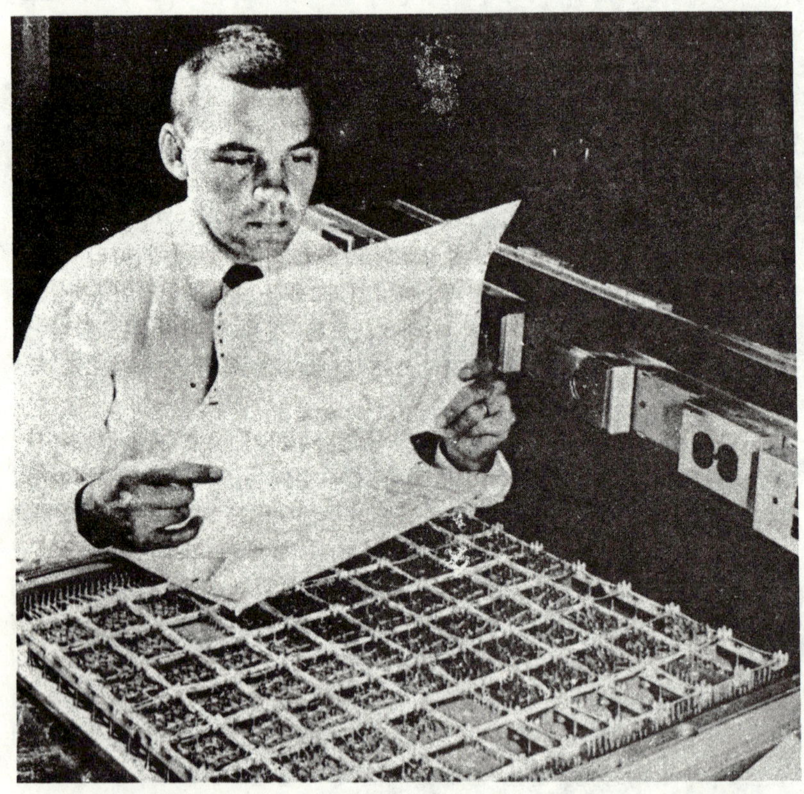

265. 비록 아직은 실험적인 단계이지만 컴퓨터는 컴퓨터를 설계할 수 있다. 사진은 벨 전화 실험실.

된 사회와는 동떨어지고, 스스로를 능가하게 되어 결국은 그의 유기적
인 창조자마저도 불필요하게 만드는 유기적 전자복합체의 제조를 향한
우주혁명의 첫 발걸음을 내디딜 단계에까지 왔다.

새로운 화학

원자구조에 근거한 화학의 윤곽은 이미 잘 알려져 있다. 가까운 장
래에 해야 될 작업은 이러한 화학을 정량적으로 만들며 또한 실제로
활용할 수 있도록 만드는 것이고, 이에 따라 과학이 이런 점에 뒤따르
지 않고 경험에 대한 방법 제시를 할 수 있다. 이미 화학은 몇몇 경험
적인 방법을 가지고도 중합체 분야에서 가장 특색있게 나타나는 물질
합성을 마음대로 수행할 수 있다. 가장 값어치 있다고 생각되는 분야
는 앞으로도 살펴보겠지만 생물학분야일 것이다. 그러나 다른 분야에
서도 혁명적인 변화를 가져오기에 충분하다. 합성섬유, 세제, 페인트,

266. 플라스틱(그림 255를 보라)의 활용 영역이 더욱 개발되고 있다. 그림은 런던시
에 있는 세인트 어거스틴(St. Augustine)탑의 꼭대기를 복구하기 위한 섬유유리 뾰
족탑이다. 그 교회는 2차대전 중에 파괴되었고 그 탑만이 남아 있다.

홉수성 수지는 자연 산물을 모방하거나 향상시킴으로써 화학이 무엇을 할 수 있는지를 잘 보여준 예이다. 다음 단계는 이제까지는 자연에서 발견되지 않았던 바람직한 속성을 지닌 물질을 이론을 근거로 하여 합성하는 일이 남았다.

앞에서 본 바와 같이 화학은 그의 전역사에 걸쳐 산업과 관련을 맺어 왔고 물질의 생산과 변형을 요구하는 가정적, 농업적, 산업적 과정에도 두루 연결되어 있다. 그러나 그 관계는 우연한 것이었다. 이제부터는 전범위에 걸쳐 하나의 종이 위에 그 흐름이 함께 입안되고 짜맞추어질 수 있게 되었다. 이러한 방법에 의해서만이 지구의 한정된 자원을 가지고 산업과 과학 문명의 점점 증가하는 필요에 대처할 수 있을 것이다. 어느 곳에서건 절약과 보존이 강조될 것이다. 물질들은 그들이 손 안에 있기 때문이 아니라 작업에 가장 적합하다는 이유 때문에 사용될 것이다. 원자와 분자는 채택되어 쓰이고는 버려지는 것이 아니라 한 목적으로 쓰였다가는 또 다른 목적으로 쓰이는 끝없는 순환을 반복할 것이다. 필요한 물질은 절대 최소량만이 여러 구조 속에 고

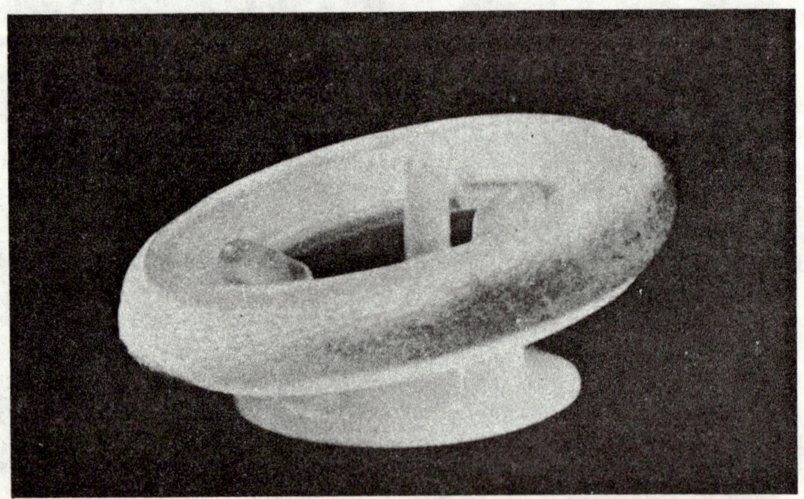

267. 플라스틱은 인간 신체내의 영구 고정물로서 개발되고 있으며 점점 사용이 증가되고 있다. 그림은 보건성으로부터 승인을 받아 제조된 심장작동을 위한 해버스미스 승모판 보철(Hammersmith mitral valve prosthesis)을 보여주고 있다.

정되거나 공기, 물, 땅에 흩어질 것이다. 수목 속에서 형성되는 귀중한 대양 합성 설탕은 우선은 합판, 접착 톱밥, 종이 등에 완전히 이용되고 난 이후에도 직접적으로 또는 이스트나 균류에 의해 전환되어 동물 식량으로 이용될 것이다.

물질과학이 제공하는 전망은 우리가 이미 보통의 자연현상 속에서 친숙해진 경험의 영역——과학적으로 바라보면 모든 핵 외부현상——을 완전히 제어하는 것이다. 세기가 끝나기 전에 원자나 분자는 19세기에 지렛대나 물링톱니바퀴, 실린더가 그랬던 것만큼 유용해져야만 한다. 다음 단계의 작업은 한편으로는 핵 내부와 기본입자에 대한 지식의 깊이를 더하는 일과 또 한편으로는 복잡한 화학적·생물학적 현상을 설명하는 일이다.

물리과학의 활용

만일 과학이 자체의 속성에 따라서만 발전하거나 인간의 복지에 최대한 도움을 주기 위해서만 발전한다면 적어도 가까운 장래의 그 발전 방향은 상대적으로 쉽게 예견할 수 있을 것이다. 그러나 현재 세계에서는 무엇이 개발되고 무엇이 사용되어야 하느냐는 문제는 다른 과학 분야와 마찬가지로 물질과학분야에서도 과학적·기술적인 것이라기보다는 사회적·정치적인 것이다.

세계 곳곳에서 과학을 개발하고 과학을 사용하려는 새로운 자극이 경제적 한계나 군사적 요구 때문에 얼마나 방해받고 왜곡될 것인가의 정도는 앞으로 어떤 일이 발생할 것인지를 결정한다. 만일 세계원자전쟁을 피하려면, 또한 미래의 물리학에 대한 논의가 가치없는 것이 아니라면, 과학적이며 기술적인 진보를 이루려는 데에 있어서나 생명의 일반적 표준치를 높이는 데에 있어서 자본주의제도와 사회주의제도의 상대적 가치가 앞으로 수년 내에 제시되어야 한다. 이러한 상대적 가치비교는 전세계적으로 모든 국가의 국민을 포함해서 수행돼야 하며, 전세계인구의 반을 차지하고 앞으로 어느 제도를 택해야 할 것인지를 생각해야 되는 저개발국가들은 반드시 고려해야 할 것이다. 주요 자본주의국가들은 부나 힘에 있어서 초기의 장점을 가질 수 있지만, 군사적 준비에 역점을 둔다든지 불안정한 경제체제를 가지고 있다든지 하는 이유 때문에 방해받는다. 자본주의국가를 따라잡는 데 주력하는 사회주의국가들은 낮은 경제수준에서 시작해야 하고 소비의 대가인 자본재가 필요하기 때문에 난관을 겪어야 된다. 성공은 과학을 잘 이용하고 개발할 수 있는 제도의 것이 될 것이며, 여기에서는 이론적으로나 실제적으로 사회주의제도가 이점을 가졌다고 해야 옳다(제13장 6절).

10. 12 전환기의 과학과 아이디어

물질과학의 위신은 큰 문제이지만 모호한 것으로서 오늘날에는 전쟁과 평화에다 실제적인 표현을 어떻게 하느냐에 달려있다. 우연에 의해서가 아니고 의식적으로 유도됨으로써 과학은 성장할 수 있으며 생명의 물질 기초를 거의 제한없이 변형시킬 수 있음이 분명하다. 이같은 인간 능력의 뚜렷한 접근 방식은 우주에 대한 인간의 사고와 우주 속에서의 인간 위치——옛날에는 넓은 의미의 철학이었고 오늘날에는 문구적 의미로 축소되었다(제13장 5절)——에 대해 영향을 미치지 않을 수 없었다. 물질과학 자체 내부의 커다란 변혁은 우리 시대의 기술적·사회적 혁명을 동반했다. 비록 이러한 결과들을 원인과 결과라는 단순한 고리로 연결하려고 하는 것이 어리석은 짓일지라도 이것이 그래야만 한다는 것은 우연의 일치는 아니다. 이러한 요소들의 관계는 지난 17세기의 커다란 과학혁명에서보다도 훨씬 복잡한 것 같다(제7장 10절).

우리는 과도기에 살고 있으므로 이제는 갈릴레오(Galileo)로부터 물려내려온 예전의 물리적 사고방식의 끝을 명확히 볼 수가 있다. 이러한 옛날 방식은 이제와서야 비로소 그 변화를 완전히 이해할 수 있었다 할지라도 지금도 생존해 있는 사람들에 의해 세기초에 깨어졌다. 우리가 희미하게나마 바라볼 수 있는 것은 옛 것을 대체한 새로운 틀이 물리적 우주이다. 우리는 코페르니쿠스식의 혁명은 가졌지만 뉴튼식의 혁명은 가지지 못했다. 우리가 불확실성과 의심의 시대에 살고 있다는 말이 딱 맞아 떨어지는 것은 아니다. 만일 물리학의 기초가 그릇된 것으로 발견되면 그 기초들은 평이한 가정에 의해서도 쉽게 지지될 것이고, 따라서 상층구조도 쉽게 이루어질 것이다. 새로운 흐름의 지식은 너무 빠르게 다가오고 전체 속에 동화된 혼동과 모순은 너무나 크다. 아직도 물리학자들은 비록 늦은 감은 있지만 때를 맞춰 모든 것이 말끔해질 것이라고 확신을 가지고 기대한다.

실증주의와 물리학

우리가 살펴본 바에 따르면 간단한 기계적 체계가 고장남으로써 거칠고 반계몽적인 이론들이 쏟아지는 때는 바로 지금이다. 정상이 실패하면 신성하건 그렇지 않건간에 비정상이 결국에는 옳게 될지도 모른다. 대다수의 과학자들은 그러한 난점을 기꺼이 맞으려 하지 않고 관찰 자체에만 지나치게 집착하거나 때로는 그들이 관찰한 것까지도 의심함으로써 회피하려고 한다. 자본주의국가에서 물질과학을 지배하는 철학은 실증주의인데, 이것은 19세기 불가지론의 희미한 형태이다. 실증주의는 물리학에서 파생된 것으로서 근본은 철학이 아니지만——그것의 정치·사회적인 기원은 나중에 이야기할 것이다(제13장 5절)——물리학에는 깊숙하게 파고들었는데 특히 영국이나 미국에서는 전통적으로 철학에 대한 불신이 뿌리깊기 때문에 처음으로 그들에게 전해진 신비한 넌센스에 과학자들이 무방비상태로 희생되었다.

아인슈타인의 상대성이론, 하이젠베르그(Heisenberg)의 불확정성, 보어(Bohr)의 보상론(complementarity) 등은 어떤 본성적인 물질적 이유 때문이 아니라 실증론자와 같은 관점을 갖도록 훈련된 사람들에 의해 고안되었기 때문에 실증론자의 주장과 같은 형태를 가졌다. 해가 거듭될수록 이러한 생각은 현실의 문제에 점점 더 부적절해지는 것처럼 보인다. 그 이유는 현실의 문제들이 이와 같은 신비로운 해결책의 범위를 훨씬 벗어난 동시에 현대 물리학의 세계가 인간의 경험과 때로는 상상과도 동떨어진 것처럼 보이기 때문이다. 그럼에도 불구하고 과학은 친숙한 부분에서는 잘 적용되는 한편, 다른 부분에서는 어떤 일관성을 부여할 것으로 기대되는 명백한 계산의 유추 방법에 의해 이와 같은 생각에 잘 대처해 나가고 있다(pp. 89ff.).

현상태에서는 현대의 이론물리학 전체가 일관성을 갖고 있지 않다. 즉, 논리적인 불일치와 꼬리를 물고 늘어지는 논쟁으로 가득차 있다.

물리학의 위기와 그 혁명

수년 전에 크리스토퍼 커드웰(Christopher Caudwell : 1907~37) (6.47)에 의해 논의된 바 있는 '물리학의 위기'는 이제는 모든 방면에서 공식적으로 받아들여지고 있다. 과학적 훈련이 부족한 그에게서 물리학자

192

들이 직면한 문제에 대해서 올바른 기술적 섬세함을 기대하기는 어렵다. 그가 핵심을 찔러 말할 수 있었다는 사실은 실질적인 문제가 물리학에서만큼이나 크게 사회적으로도 관련을 갖고 있음을 반증하는 것이다. 실제 우리가 보아왔듯이 갈릴레이에서 뉴튼에 이르는 기계론적이고 원자론적인 묘사는 개인주의적이고 경쟁적이며 경제적인 자본주의의 구성에 잘 들어맞는다. 그 묘사는 물질세계의 여러 다른 측면들 사이에 있는 상호작용을 받아들일 수 없음을 알려주는 새로운 실험과 관찰의 무게 때문에 쪼개지기 시작했다. 동시에 자본가적인 생산이 성공하고 거대기업이 생겨났으며 제국주의와 전쟁에의 주력 등으로 인해 자본주의체제는 더욱더 불안정해졌다.

물리학에서와 마찬가지로 사회에서도 이런 어려운 문제들의 해결책은 체계에서 배제되고 무시된 곳에서 얻어졌다. 즉, 정치에서는 산업노동자가 그것이고 물리학에서는 그의 체계에 잘 맞지 않을 것처럼 보인 전기방전과 광전과 같은 양자화된 현상의 축적이 그것이다. 두 가지 경우 모두 체계에 큰 변형을 가하지 않고서는 그러한 새로운 요소가 효과적으로 합일되지는 않는다. 이 양자들 사이의 유사성은 비록 어느 정도의 현실적인 연관관계를 보여주지만 너무 단편적으로 받아들여져서는 안된다. 물질계의 새로운 지식의 내용은 그것을 발견하기 위해 사용된 생각 형태와는 독립적이다. 이같은 생각이 지식의 표현에 깊이 가미되어 있다. 그들은 더 나은 발견을 가능하도록 함은 물론 물질과학의 실험적·이론적 성취를 무효화하지도 않는다.

새로운 합성의 조건

어려운 문제가 무엇인지를 알고 있는 사람들은 물리학의 위기가 간단한 술수나 기존 이론의 약간의 수정만으로 해결될 수 있으리라고는 생각하지 않는다. 이성적인 무엇인가가 필요하며 동시에 그것은 물리학이라는 범주를 훨씬 벗어나서 이루어져야 한다. 새로운 세계의 전망이 꾸며지고 있지만, 그것이 명확한 형태를 갖기 전에는 충분한 경험과 논의가 필요하다. 그것은 일관성을 지녀야 하고, 기본입자와 그것의 복잡한 환경에 대한 지식을 포함하고 예시해야 하며, 또한 핵 내부의 세계와 광활한 우주공간의 세계를 똑같이 지적으로 인식할 수 있도록 해야 한다. 그것은 이전의 모든 세계관과는 다른 차원이어야 하고, 그 내부에 새로운 발견에 대한 설명도 포함하고 있어야 한다.

이러는 가운데 그것은 생물과학과 사회과학이 결합하려는 경향에 발맞추게 되고, 또한 그들의 역사와도 조화를 이룰 것이다. 그것은 자본주의보다 더 결집된 사회주의와도 조화를 이룰 것이다. 이런 모든 이유들 때문에 물질과학의 새로운 계획이 비록 성취되었다 할지라도 최종적인 것은 못된다. 하나의 새로운 계획은 쓰일 차례에 이르렀을 때 새로운 모순에 깊이 빠져들게 되고 결국은 더 나은 계획에 길을 내주어야 할 것이다. 그러나 우리가 해야 할 일은 이처럼 먼 전망을 목표로 하는 것이 아니라 현재의 난관을 적절히 헤쳐나가는 것이다.

이 시점에서 우리는 물질과학분야가 생물과학이나 사회과학의 여러 주된 분야를 고려하도록 남겨두어야만 한다. 과학을 뒤흔들었던 혼동과 논쟁은 비단 물리학에만 한정된 것은 아니다. 실제로 물리학은 그들이 과학에서보다도 더 밀접히 인간 개개와 사회적 생존에 관계하고 있다는 상아탑적인 특성을 아직까지도 보존하고 있다. 그럼에도 불구하고 현재까지도 끝나지 않은 20세기 물리학혁명은 생명문제에 대한 지식에 깊이 영향을 미치고 있다는 사실이 남아 있다. 생물학은 물리학의 한 분파가 아니지만 원자나 양자 같은 새로운 물리적 개념은 유기체 연구에 길을 열어주는 중요한 가치를 지닌다. 그들은 비록 유일한 것은 아닐지라도, 범위에 있어 물리학 자체보다도 결코 적지 않은 생물학의 변형이라는 분야를 진전시키는 필수요소이다.

〈표 6〉 20세기의 물리과학(10장)

현재의 과학의 진보를 표로 보여주는 것은 결코 쉽지 않다. 필자는 이를 물리과학과 생물과학으로 나누었는데, 이것은 어느 정도로 둘 사이의 관계를 무시하는 면이 없지 않지만, 이에 대해서는 본문(pp. 155, 201~5)과 〈표 8〉에서 밝힌다. 필자는 사회과학까지 포괄하려 하지는 않았다. 짧은 시기임에도 불구하고 보여준 과학의 놀랄 만한 활력으로 인해 적지 않은 걸출한 발견들과 과학의 적용이 부가될 수 없었다. 각 단은 가능한 한 상호연관성을 나타낼 수 있도록 정리하였지만, 다섯째 단인 공학과의 연관에서는 전기와의 밀접한 관련 때문에 생기는 어려움이 있다. 그렇지만 이 밀접한 관련은 원자의 구조에 대한 새로운 지식과의 관련으로 인하여 둘째, 네째, 여섯째 단 사이의 밀접한 연관관계들을 모두 깨뜨리고 있다. 그러나 여섯째 단의 위치는 종합적이고 영구적인 도표를 만들 중요성과 함께 화학산업의 발전과 그것이 다루는 물질의 구조간의 밀접한 연관에 따라 지정되었다.

	역사적 사건	수학적 물리학	핵물리학	전자공학
1890				Crookes 음극선 Stoney 전자 Lenard 양극선
	식민지 전쟁			
	독점체의 성장	Lorentz 전자론	Becquerel 방사능	Röntgen 엑스선
		Stephan 복사법칙	Curri 라듐	
1900	러일 전쟁	Planck 양자론	Rutherford, Soddy 방사성 변환	J. J. Thompson 전자의 질량
	1차 러시아혁명	Einstein 특수상대성 이론, 질량과 에너지의 등가성	Soddy 동위원소	Langevin, Millikan 전자의 전하 전자
1910	제국주의간의 긴장 고조		Aston 질량 분광기	진동관 라디오통신
			Rutherford & Bohr 핵 원자	Lauu 엑스선 회절 Braggs 결정의 구조
	제1차세계대전			Moseley 엑스선 스펙트럼
	러시아혁명	Einstein 일반상대성 이론, 중력의 설명		
1920	전후 불경기	Bohr 스펙트럼 이론	최초의 핵 붕괴	
	이탈리아의 파시즘	De Broglie, Heisenberg, Schroedinger 신양자론	우주선	라디오 방송
	영국의 총파업		Cockcroft, Walton 인공 붕괴	
		Dirac 파동 역학		
				Appleton 라디오 에코, 전리층
1930	대공황	Dirac 전자론	Chadwick 중성자 Joliot 인공방사능	
	나찌즘의 등장	Yukawa 중간자론	Anderson 양전자와 중간자	
	스페인시민전쟁	팽창되는 우주	Bethe 태양열의 원자력 기원	레이다의 발전
	제2차세계대전	Bohr 핵낙하이론	Hahn 핵 분열	서보기구와 전자컴퓨터 인공두뇌학
1940	소련을 침략	중간자 장 이론	최초의 핵분열 파일	
	해방	핵 각 이론	원자 폭탄	
	냉전	Dirac 양자 전기역학	우주선 붕괴	전자현미경 TV
	중화인민공화국			전파천문학
1950	한국전쟁	Einstein 통일장 이론	열핵 반응 수소폭탄 싱크로트론	트랜지스터
1955	수에즈		반양자, 중성미자	대양균열체계
	헝가리		Cerenkov 효과 Mössbauer 효과 기본입자의 증가	대륙 이동 외기권 Van Allen 대
1960	아프리카의 해방 콩고 쿠바	Lee, Yang 패리티의 비보존		레이저 메이저
1965		Salam, Gell-Mann et al. 단일대칭원리	오메가 마이너스 바리온	

	공학	물질구조	화학
1890	자동차의 발전	물질의 역학적 성질을 더욱 정밀하게 측정	염료와 약의 합성
	건축에서의 철골과 강화된 콘크리트		
1900	Wright의 최초의 비행기		황산에 대한 접촉반응
	급속한 발전 값싼 지동차		
1910	대량생산	Braggs 고체의 구조와 성질	Haber 공기에서 질소 분리
	탱크, 트럭, 비행기, 기계화 전쟁의 시작		
1920	Freysinnet 미리 응력을 가한 콘크리트	Kossel, Lewis, Langmuir 화학의 전자적 이론 Heitler, London homopolar, forces	셀룰로즈, 플라스틱, 레이온의 발전 Fischer, Tropsch, Bergius 석탄에서 가솔린 합성
	기계 수송	Goldschmidt 지구화학	
1930	트랙터, 컴바인, 농업기계화 진전 정밀 공학	섬유의 구조 금속의 가소성 Taylor 결정에서의 전위(轉位) Bowden 마찰 연구 Orowan 금속 가소성의 현상	원유로부터 가솔린 촉매 열분해
	제트비행기와 로케트의 발전		중합 인공고무 나이론과 새로운 플라스틱
1940	생산의 도구 통제, 최초의 자동화 공장	Mott,Frank, Read 가소성의 정위이론과 결정의 성장	화학에서 추적자 원소 사용
1950	원자력 발전소		Isotactic polymers 섬광전구 분광학
1955	자동화		Semenov 화학반응의 동력학
	Hovercraft 우주시대 스푸트니크 1호	Bardeen 초전도이론	자기공명방법
1960	인공위성 궤도에서의 인간	위스커, 초강 물질	
	로케트 군용비행기를 대신		

제11장 20세기의 생물과학

11. 0 머리말

20세기에 생물과학(biological science)이 끼친 영향을 간략하고도 적절하게 평가하는 것은 물리과학의 경우보다 훨씬 어려운 작업이다. 하지만 20세기에 들어서 생물학은 비로소 실용적이고 유용한 과학으로서 본래의 특성을 드러내기 시작하여 이미 진가를 발휘하고 있으므로 생물학을 논하는 것은 극히 중요하다. 따라서 생물학을 제쳐놓는 것은 과학의 전체 모습을 극히 불균형하게 묘사하는 것이다. 하지만 이것은 다양한 생물학 분야를 공부한 경험 많은 사람만이 할 수 있으며 필자로서는 자격 미달이라 하지 않을 수 없다. 그런데 주제를 직접 다루는 전문가보다는 못하지만, 생물학의 주요 분야는 일반인도 최소한 대충의 개요를 파악할 수 있다. 현재의 생물학은 많은 점에서 물리학과 관계되므로 물리학 분야의 누구라도 생물학의 주제를 실제로 접할 수밖에 없다.

필자의 경우는 생물학과의 관계가 좀더 가깝다고 할 수 있다. 결정구조분석을 연구하면서 필자는 생물학의 문제와 실제로 접해왔고 특히 비타민, 호르몬, 단백질 및 바이러스 등에 대해서는 약간 기여도 했기 때문이다. 또한 30여년 전 케임브리지의 홉킨스(Gowland Hopkins : 1861~1947) 주위에 모인 우수한 생화학자 집단과 처음 알게 된 이래 필자는 생물학자들과 사귀면서 그들간의 논쟁을 경청하고 때로는 직접 그 와중에 뛰어들기도 하였다(6.157~160). 따라서 이 장은 생물학의 사회적·경제적 영향과 아울러 국외자이지만 이 분야와 가까운 과학자가 본 오늘날의 생물학에 대한 기록이 될 것이다.

사실 20세기에 있어서 생물학에 기울여진 과학적 노력은 물리학의 경우보다 훨씬 적지만 오히려 더욱 중요한 발견들이 이루어졌다. 이는 단지 새로운 약품의 개발이라든가 새로운 영양학 등에서 우리의 생명에 끼친 영향 때문만이 아니라 생명 자체의 본성에 대한 우리의 사고에 끼친 영향 때문이다.

유전자의 구조, 핵산과 단백질 형성간의 관계 등을 밝혀내면서 60년대 초반에 절정에 달한 생화학혁명은 20세기초의 원자핵 발견보다는 깊이가 얕을지 몰라도 훨씬 복잡하고 광범위한 학문적 돌파구였다.

하지만 전반적으로 20세기에 있어서 보다 넓은 범위에서 성취된 생물학의 진전은 집중되지 못하였다. 생물학이 우리의 일상 생활과 사고에서 접하는 비중은 20세기초보다는 확실히 훨씬 증대되었지만, 새로운 발견들로 인해 앞으로는 보다 큰 중요성을 차지할 것이 분명하다.

20세기초에는 생명체의 복잡하고 유동적인 성질 때문에 물리과학에서 성공했던, 엄밀한 방법에 의한 연구가 불가능한 것처럼 보였다. 생물학적 지식의 성격은 18세기의 화학처럼 보다 소박하고 정성(定性)적이라고 생각되었다. 대체로 생물학적 과정에 고유한 복잡성에서 유래된 이러한 외견상의 후진성은 이제 거의 사라져버렸다. 정밀과학에서처럼 엄밀한 방법이 생물학에 적용되고 있으며, 심지어 점점 더 많은 우수한 학자들이 물리학과 화학 분야를 떠나 새로운 생물학을 연구한다.

동시에 가장 간단한 형태의 생명체라도 복잡성의 정도는 같은 수준의 물리학이나 화학과 전혀 다르다는 사실이 분명해졌다. 생명체의 외부양태, 나무와 꽃들의 대칭성이나 아름다움, 고등유기체의 동작과 형태 등에서 우리가 전에 감탄해왔던 것들을 이제 우리의 보다 넓혀진 지식으로 살펴보면, 그것들은 훨씬 큰 내적 복잡성이 피상적으로 표현된 데 불과함을 알게 된다. 이러한 내적 복잡성은 살아 있는 유기체가 현재에 이르기까지 거쳐온 장구한 진화의 역사에서 유래된 것이다.

생물학의 문제는 단지 복잡한 체계를 가진 화학이나 물리학의 문제가 아니며, 또한 화학이나 물리학 문제에 다른 것을 부가한 것은 더욱 아니다. 우리는 마침내 생명체가 그들 자신의 모습으로 남아 있게 된 이유를 규명하면서 정량적인 측면과 정성적인 측면이 모두 고려되어야 하는 관찰적이고 실험적인 과학에 부딪히게 되었다. 물리학과 화학의 성공으로 우리가 살고 있는 세계를 이해하려고 도전하는 자연과학 전체의 핵심적 문제를 이제 생물학이 제시할 것이 확실해졌다. 이에는 과거에 과학에 투자된 것보다 더욱 광범위하고 동시에 긴밀히 협조된 노력이 필요하다.

생활환경에 대한 의식적 통제로서의 생물학

20세기에 생물학이 처한 환경은 19세기에 화학이 처한 환경과 흡사하다. 우리가 이미 살펴보았듯이(제9장 4절) 산업, 특히 섬유산업으로부터 증대하는 수요에 자극받아 화학은 매우 신비한 플로지스톤(phlogiston, 산소를 발견하기 전까지 연소를 설명하기 위해 상상한 물질―역주)이론을 부정하고, 조리있고 수학적인 원자이론으로 보강되어, 실제적이고 정량적인 학문으로 탈바꿈하였다. 인간에게 항상 필수적인 임무이던 생활환경에 대한 이용과 통제는 과거에는 전통적인 관습에 따랐으므로 필시 정성적이거나 혹은 정량적이라도 경험에 의존했다. 현대에 와서야 비로소 그것은 이론과 실제에 있어서 과학적이고 정량적인 것으로 되기 시작한다.

이렇게 된 것은 20세기초 제국주의가 확장된 결과 농업, 식품, 의약품과 관련된 새로운 산업이 성장하여, 이들을 효율적으로 운영하기 위해 생물학적 과정과 생산물을 재생하여 관리할 필요가 있었기 때문이다. 동시에 양조나 제빵 등 전통적인 산업도 점차 과학적인 생물학적 기초를 획득하게 되었다. 마지막으로 경제적·군사적인 이유에서 노동자, 농민, 병사들의 건강과 능률에 관한 관심이 고조되어 의약품의 연구에 심대한 자극을 주었다. 결과적으로 생물학은 확실한 경제적 기반을 획득했다. 보다 많은 돈이 생물학으로 몰려들고, 보다 많은 사람들이 생물학을 연구하게 되었다. 이러한 자극은 반드시 보다 고도의 성취도를 요구한다. 이 요구를 달성하기 위한 엄격한 관리는 현재의 물리학과 화학을 탄생시켰고, 이제는 점점 생물학에 적용되고 있다. 모든 학문적 성과는 기업체에서 종합되어 새로운 농업 도구나 의약품이 생산되고, 다음 단계로 전진하는 데 기초를 형성한다(제14장 2절).

사실 이러한 생물학의 진전은 결코 시대를 앞선 것이 아니었다. 만일 인간이 주위환경에 대한 생물학적 통제력을 제대로 획득하지 못하였다면, 인간의 지속적인 토양파괴는 인구증가와 결부되어 대기근이라는 예로부터의 재앙을 틀림없이 불러들였을 것이다. 이는 마치 19세기에 기초적인 생물학이나마 무시했더라면 틀림없이 흑사병이 도처에 번졌을 것과 같다. 농업도 우선 유럽과 미국 같은 부유한 국가에서 인간의 전통적이고 주된 직업에서 보다 과학적 성격의 산업으로 신속히 전환되고 있다. 게다가 의약품 분야도 전통적인 치료술에 자부심을 갖는 의사들의 독점적인 영역으로부터 인간의 신체조건을 과학적으로 통제하는 방면으로 전환되고 있으므로 장래에는 단순한 질병이 아니라 건강이 주된 관심사가 될 것이다.

경제적 발전과의 결합

생물학에 진보를 가져온 인류의 필요와 이러한 진보가 인간의 건강, 식량공급 및 인구에 미친 영향 사이의 상호작용에는 가장 중요한 경제적, 사회적, 정치적 운동이 연관되어 있다. 현존하는 모든 인류를 위하여 지속적으로 생물학적 환경을 개선하려면 세계를 어떻게 개조해야 되는가를 우리는 현재 충분히 인식하고 있다. 하지만 아직까지 세계의 3분의 1을 차지하는 사회주의국가만이 이 방향으로 나아가고 있다. 나머지 3분의 2는 아직도 이윤의 법칙에 지배되고 있는 것이다. 그 결과 사실 가장 혜택받은 산업노동자들만이 상대적으로 양호한 생활수준을 누리고 있으며, 소수의 지배자 및 그 가족만이 사상 초유의 향락을 즐기고 있다. 그 나머지 특히 식민지나 열대의 자유 국가의 20억 인류는 점점 빈곤해질 뿐이다. 그들의 상태를 개선하는 데는 한 푼도 사용되지 않기 때문에 토지는 버려지고 민중은 반쯤 굶은 상태에서 질병에 시달리고 있다. 사실 그들의 비참한 상태는 특혜받은 산업국가들이 그들의 번영에 필요한 필수적인 천연자원들을 값싸게 가져가 버렸기 때문이다.

생물과학은 랜드(the Rand, 남아프리카공화국의 금산출지―역주) 광산의 규폐증이나 말레이지아 고무농장의 학질처럼 환경조건이 너무 나빠서 이윤증대 자체에 방해가 될 때만 자극을 받았다. 대부분의 경우 억압적인 토지소유 및 조세체계 (식민지화되기 전에는 주기적인 반란이 일시적이나마 부담을 경감시켰다), 자본부족, 그리고 유럽인 이민에 의한 최고급토지의 철저한 강탈 등으로 인해서 대부분의 열대 및 아열대 국가의 토착주민의 생활 수준은 계속 억눌러져왔다(6. 171 ; 6. 176).

이러한 국가에서 착취양식은 변혁시키지 않은 채 질병과 싸우기 위한 최소한의 과학적 지식을 적용한 결과 인구만이 증대되었으며 더욱 격심한 생활수준 저하와 자연자원의 낭비를 초래하였다. 식량생산과 토양보존을 위해 과학을 이용하는 것도 마찬가지로 중요하지만, 민중의 실제적인 필요에 비해서 우스울 만큼 적다(6. 174). 따라서 생물학에 대한 현재의 수요는 당위적으로 존재해야 될 수요에 훨씬 못미치며, 이미 이루어진 성과조차도 매우 제한된 범위내에서 이용되고 있다. 그렇지만 생물학에 대한 수요는 지식의 양을 급속히 증대시키고 있으며 환경을 통제할 생물학적 인간의 잠재적인 능력을 변화시키고 있다.

20세기 생물학의 새로운 성격을 결정한 것은 바로 보다 높은 산업효율, 식량과 산업용 천연자원의 증산에 대한 관심, 그리고 심혈을 기울인 노동력의 건강을 위한 노력이었다. 이러한 관심은 본래 20세기 이전인 1880년대에 제국주의의 1차 확장정책과 함께 시작되었다. 열대의약품의 아버지인 맨슨(Manson : 1844~1922)이 조셉 챔버린 (Joseph Chamberlin)의 부하였다는 사실이나 황열병에 대한 대대적인 연구가 1897년의 스페인-미국전쟁 중에 시작되어 성공한 결과 파나마운하가 준공될 수 있었다는 사실은 결코 우연이 아니다.

생물학에는 사실 20세기초에 현대 물리학의 출현이 보여준 것 같은 불연속성이 없었다. 그러나 20세기 생물학에 대해서 논하는 것은 아직도 유용하다. 왜냐하면 처음으로 열대를 비교적 안전하게 만든 의학적 업적이나, 캐나다의 경작면적을 크게 넓힌 마르키스 밀(Marquis wheat) 같은 변종을 개발해낸 품종개량실험 등 새로운 생물학의 최초의 대규모적 성공은 20세기초에 성취되었기 때문이다.

물리학의 공헌

생물학에 대한 전반적인 필요성을 증대시킨 경제적 요인의 작용과 더불어 생물학의 진전을 보다 더 가능하게 한 것은 처음에는 화학으로부터, 다음에는 물리학으로부터 주어진 이론적 성과였다. 물질의 최소단위인 원자와 분자의 움직임에 대한 이해와 이를 연구하는 데 필요한 기술의 발전 등이 생물학에도 매우 귀중하다는 점이 20세기 초반에 이미 판명되었다. 그렇다고 해서 흔히 생각하기 쉽듯이 생물학이 물리학이나 화학의 한 분야가 되어버린 것은 아니다. 오히려 살아 있는 유기체의 기계적, 전기적 또는 화학적 측면을 설명하는 데 물리학이나 화학적 지식을 사용함으로써 생물학적 측면이 보다 분명해졌다. 이러한 생물학적 현상은, 아무리 물리학 용어로 엄밀히 표현하려고 해도 어떠한 신적인 제작자가 영원불멸의 이상적인 모델을 본따서 만든 구조에서는 도저히 일어날 수 없는 것이다. 이것은 단지 수백만년에 걸친 진화의 결과로 형성되어 스스로 자신을 조절·통제할 수 있고 스스로 번식하는 실재에서만 가능하다.

실험생물학

물리학과 화학을 생물학으로 끌어들이는 것은 새로운 과학인 **생화학**과 **물리학**을 창출해낸 데 그치지 않았다. 그것은 생물학의 모든 측면에 커다란 영향을 미쳤으며 특히 실험에 새로운 성격과 중요성을 부여하였다. 생물학에 있어 실험적 방법이란 생소한 것이 아니다. 그렇다고 오랜 역사를 가진 것도 아니지만 갈렌(Galen)시대 이후로 실험적 방법은 생물학 그중에서도 생리학에 적용되어 왔다. 보렐리(Borelli)와 산토리우스(Sanctorius)가 보여준(제7장 8절) 정량적 실험도 생물학에서는 긴 역사를 갖고 있는 것이다.

하지만 19세기말 이래 처음에는 일시적이고 또 극소수 분야에 제한되었지만 실험적 방법은 의미가 새로와지면서 체계적이고 결정적인 연구수단이 되었다고 말할 수 있다.

이 점은 특히 다윈이즘(Darwinism)의 영향을 받아 생물학자들의 주된 관심이 실험을 통해서 모든 유기체가 어떻게 생명을 유지하고 있고 또 정확히 어떻게 해서 현재의 모습으로 성장하였는가를 결정하는 방법보다는, 다양하고 엄밀한 관찰과 해부 결과를 서로 대조하는 방법으로 유기체 각 기관의 진화상의 기원을 찾는 데 있었기 때문에 분명해졌다(제9장 5절). 많은 생물학자들의 유기적인 자연은 너무나 변덕스럽고 불확실해서 계획적이고 정량적으로 통제하면서 실험을 행하기 어렵다고 주장했었다. 그러나 20세기에 들어와서 바로 그러한 실험들이 시도되고 있으며 이미 결과를 산출해내기 시작했다.

완벽하게 실험적인 생물학을 창출하는 데는 특히 20세기에 들어와서야 비로소 3가지 요소가 동시에 이루어짐으로써 가능했다. 첫째로 주로 19세기에 이루어진 것으로 동물학과 식물학에서 관찰과 분류작업이 막대하게 축적되지 않았다면, 어떠한 복잡한 생물실험도 수행하기 어려웠을 것이며 가치있는 결과를 가져오지도 못하였을 것이다. 생물의 각 종류를 명확하게 규명한 분류학의 연구 결과, 각종 생물학 실험에서 대상이 동일한 종류임을 확실시하는 작업이 필수불가결하다. 동시에 실험하는 각 기관의 해부 조사나 조직형태 연구가 예외없이 적절하고 정확해야 한다는 점이 똑같이 중요하다.

두번째 요소는 화학과 물리학에서의 실험기술상의 발전으로서, 생물학 실험에서 필요한 도구나 실험약품은 대개 여기에서 제공되었다. 20세기 생화학의 성과들은 대개가 19세기 유기화학의 이론과 실제에 의존하고 있다.

마지막으로 세번째 요소는 제약업, 농업 및 생물학적 산업 등이 비로소 발전하기 시작하여 생물학적 실험을 필요로 하는 동시에 이를 가능하게 만들었다는 점이다. 들판의 곡식에 대한 통계학적 수치로부터 박테리아 활동의 조절에 이르는 다방면의 생물학 실험이 행해졌다. 그리고 우리가 과거에 무생물의 통제에 성공했듯이 이제는 생물을 적극적이고 정량적으로 통제할 가능성이 있음을 여기서 발견하기 시작했다.

생물학의 새로운 도구

생물학의 진보는 항상 관찰 및 통제도구의 완벽성에 달려 있으며 현재에 와서 이는 더욱 절실한 문제이다. 최근까지만 해도 이러한 도구는 생물학 자체의 직접적인 필요에 의해서 개발되어왔다기보다는 17세기의 현미경처럼 외부로부터의 선물로서 주어졌다. 최근 생물학 연구에 가장 중요한 공헌을 한 것은 물리학이었다. 생명체내의 미세한 전류와 전위를 측정하는 진공관 증폭기(valve amplifier), 광학현미경과 엑스선으로 연구한 원자 상호간의 구조 사이의 격차를 메워주는 전자현미경(pp. 109f.), 생명체내 화학반응의 실제 경로를 해석하는 데 신기원을 이룩한 동위원소와 추적원소 사용(p. 86) 등을 예로 들 수 있다. 또한 순수수학적 기술, 특히 통계학이론과 이를 적용할 때의 컴퓨터 사용 등은 생물과학답게 불규칙적인 측정치로부터 중요한 규칙을 추출하는 데 불가결함이 입증되었다.

이제는 생물학 자체의 발전이 축적되고 과학 상호간의 관계를 명확하게 이해하게 되어 오히려 생물학이 여타 과학의 연구도구 발전에 기여하기 시작하였다. 이들은 생물학 자체를 위해서 개발되었지만 물리학이나 화학에도 직접 사용될 수 있는 도구나 방법들이다. 그중에서 가장 흥미로운 것은 여지분배 크로마토그래피(paper partition chromat-

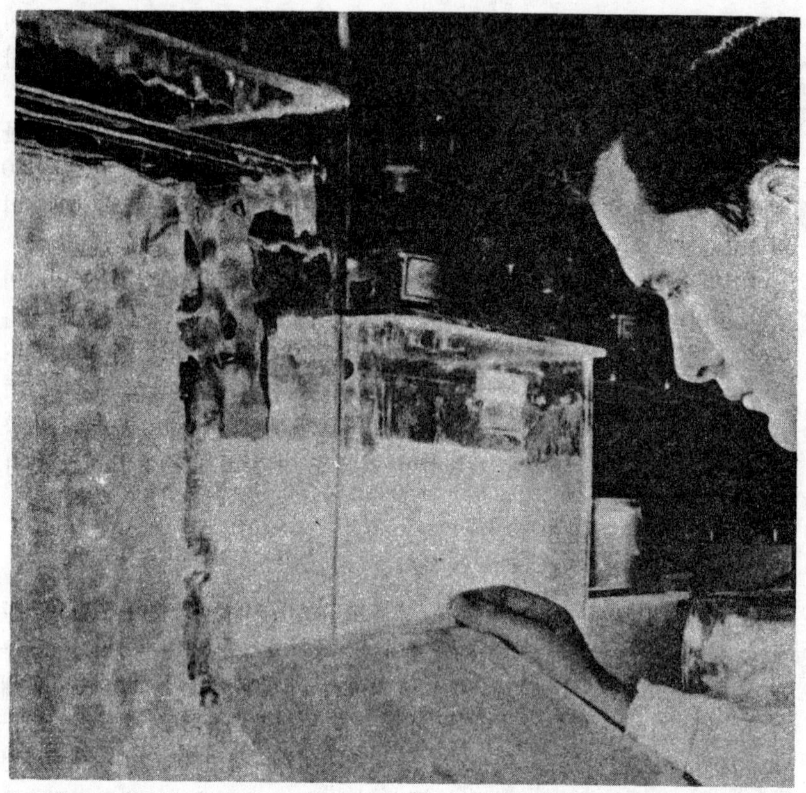

268. 복잡한 유기물질은 크로마토그래피에 의해서 분석될 수 있다. 한 연구원이 복잡한 유기용액의 각 성분별 자취가 흡수지에서 분리되어진 크로마토그램을 조사하고 있다. 상이한 색상과 위치로써 각 성분을 동정할 수 있다.

ography)로서 그 덕분에 신지(R. L. H. Synge)와 마틴(A. J. P. Martin)은 1952년 노벨상을 수상하였다. 이것은 얼룩점을 찍은 종이 몇 장과 몇 가지 용매 외에는 아무런 장치도 필요로 하지 않는 극히 간단한 기술이다. 그렇지만 이에 잇따른 발전, 즉 종이 전기영동(paper electrophoresis), 방사능 크로마토그래피(radio-chromatography), 그리고 생화학의 분석적 방법 등은 새로운 차원의 정확성과 정밀성을 가져왔다.

사실 이것이 없었다면 지난 10년간의 생물학 진보는 거의 불가능했을 것이다. 필요성이 제기되어 개발된 것은 매우 짧은 시간내에 극소량의 물질을 분석해낼 수 있는 방법이었으며, 가령 단백질내에서 아미노산의 배열을 찾아낼 수 있을 만큼 분석범위를 대단히 확장시켰다. 나머지는 보다 순수한 생물학적 성격의 것이었는데, 예를 들면 박테리아와 바이러스의 생화학적 유전학적 분석(pp. 240ff.), 유기체나 생리학적 표본에 미치는 영향을 통해서 화학시약이나 물리적 자극을 분석하는 것 등이다. 이들은 대개 극히 감도가 높은 방법이다. 사실 갈바니(Galvani) 시대에는 주지하다시피 개구리 다리의 수축이 전류를 탐지하는 유일한 수단이었다. 요즈음에도 유기체는 실험장치의 일부로서 사용되고 있다. 하등포유류 같이 매우 복잡한 유기체도 사육방법에 따라서는 고도로 정밀한 물리학 장치와 맞먹는 일관성 있는 반응을 보일 수 있다. 이제 생물학은 그동안 관찰 및 실험기술에서 거두어온 성과를 바탕으로 스스로의 방법과 도구를 발전시키는 데 앞장설 수 있을 것이다.

20세기 생물학의 특징

그럼에도 불구하고 20세기 후반까지 생물학의 성과는 비교적 혼란되고 모호했다. 물론 그 이전에도 주목할 만한 성과들이 전혀 없었던 것은 아니며, 또한 즉시로 실용 분야에서 이용될 수 있었다. 그중에서 잘 알려진 것으로는 항생물질과 호로몬의 발견을 들 수 있다. 생물학이 대상으로 하는 현상이 너무나 가변적이고 복잡한 데다가 이를 연구하기 위한 조직들은 극히 임시적이어서 20세기 생물학의 진전은 항상 다른 분야의 성과와 계속 상호영향을 주고받았다. 이들 여타 분야의 성과에 대해서는 이 장에서 다시 다루겠다(pp. 318ff.).

20세기에서 생물학의 진전은, 신앙심과 전통이라는 깃발 아래 모여 17, 18세기 물리과학을 가로막았다가 극복당한 무지한 기득권이라는 낡은 장애물의 방해를 받았다. 생물학은 아직도 마술의 시대로부터 유래된 개념을 청산하는 데 깊이 빠져 있다. 생물학은 개인적·사회적 이해관계, 특히 우리 자신의 신체구조나 기능과 매우 밀접한 관계에 있기 때문에, 과거시대의 물리학이나 화학만큼 인간의 정열이나 사회형태의 영향에서 자유로울 수 없다. 우리는 이들 물리학이나 화학 같은 외견상 동떨어진 주제들이 과거에 얼마나 격렬한 논쟁거리였는가를 잘 알고 있다. 지금의 생물학이 바로 그러하다. 단 하나, 즉 진화의 존재 여부에 대한 전투에서만 승패가 판가름났을 뿐이다. 진화의 원인이라든가 지구상의 생명체의 기원에 대한 전투는 아직도 계속되고 있다.

기초적인 생물학적 문제들, 즉 유전, 농업, 식량생산 문제, 그리고 향상된 의료기술과 질병억제와 관련된 소위 인구폭발시대의 인구문제 등은 본질적으로 정치적인 문제들이며 생물학적 문제들에 대한 상이한 입장을 포함하고 있다. 생물학은 또한 군사적으로 극히 중요한 문제들, 즉 대량 파괴무기 특히 핵무기와 이에 따른 방사능낙진의 정당성 등의 문제에 말려들었다. 이들은 현대세계의 가장 긴요한 문제점들이며 모두 생물학과 관계되어 있다. 생물학이 아직도 혼돈상태를 벗어나지 못하고 있음은 놀라운 일이 아니다. 그러나 결국은 단순화와 일반화를 달성할 수 있을 것이다.

11. 1 사회의 영향에 대한 생물학의 반응

현대 생물학에 대한 접근은 여러 갈래로 진행되어 왔다. 다윈으로 인한 논쟁의 결과로 19세기 생물학에서 지배적 위치를 차지했던 분류학적인 동물학과 식물학에의 관심은 아직도 사라지지 않았지만 생물학 자체의 발전에는 상대적으로 크게 기여하지 못했다. 의학과 농업 및 새로운 생물학적 산업이 끼친 영향이 보다 유력했다. 20세기 중반의 생물학을 새로운 주제로 급진전시킨 수많은 발전, 특히 사고방식의 발전은 현실상의 필요를 충족시키기 위해 시도하는 과정에서 이루어졌다 (6. 194 ; 6. 223).

의학

기초생물학에 대한 의학의 영향은 지대한 것이었다. 19세기의 파스퇴르와 끌로드 베르나르(Claude Bernard)가 남긴 선구적인 업적을 이어받아 과학이 의술에 대규모로 영향을 끼치기 시작한 것은 20세기에 들어와서부터였다. 의학은 필요한 물품을 주로 화학 및 의료기 산업에 의존하게 되었고, 다른 한편 환자들과의 관계에 있어서 국가 권력기관과 보다 긴밀하게 밀착되었다. 약학은 약초를 수집하거나 무기염을 혼합하는 단계로부터 과학적 산업으로 변모하였으며, 순전히 상업적 관점도 결코 무시할 수 없는 중요성을 갖게 되었다.

269. 페니실린이나 기타 항생제를 대량으로 생산하는 데는 매우 엄격하게 살균처리된 대규모의 화학공정이 필요하다. 따라서 항생물질 양생탱크는 공장의 여타 부분과 파이프 라인으로 연결되어 불필요한 기계들을 배제하도록 한다.

20세기의 주요 업적, 즉 설폰아미드(sulphonamide) 같은 인공 합성물이나 페니실린 같은 자연생산물 양면에서 이루어진 항생물질의 발전과 더불어 약학은 생물학의 전반적 진전에 긍정적인 영향을 미치게 되었으며, 그 진전 방향은 생명 속에 가로놓인 화학 과정에 대한 연구로 전환되었다. 현재의 약학이 미치는 영향력은 그 규모와 효율에 있어서만 과거에 의약품을 마련할 필요에서 발휘된 영향력과 상이할 뿐이다. 의약품의 외연적인 효과뿐 아니라 상세한 생화학적 작용방식까지 파헤치는 합리적인 약리학(pharmacology)은 아직 요원하다. 그러나 이 단계에 이르러야만 건강을 회복하고 유지하기 위하여 신체과정을 과학적으로 통제할 수 있을 것이다. 다른 한편 우리는 약에 대한 지난날의 철학적 또는 마법적 궤변과 단호하게 결별하였는데, 이것은 수세기에 걸쳐서 의학을 지배하고 과학을 오도했다.

영양

20세기초에 비교적 무시되었던 의학의 한 분야, 즉 식사의 의학이 영양학으로서 단숨에 도약하였다. 이 방면의 연구는 과학사상 주요한 발견, 즉 비타민의 발견을 낳았다. 이와 함께 인간이 건강을 유지하거나 생존해나가기 위해서 필요한 식사량과 각종의 영양소에 대해서 알게 되었다. 이것은 대공황기의 영양조사와 영양캠페인의 기초가 되었다. 맥고니글(McGonigie), 르 그로스 클라크(Le Gros Clark) 및 보이드 오르(Boyd Orr) 등 선구자들의 업적은 1936년에 국제연맹이, 1937년에 영양자문위가 최저표준치를 설정하도록 하였다(6. 197). 마침내는 군비경쟁과 전쟁 때문에 정부로서는 군사상·산업상 인력을 유지하는 데 필요한 식량을 준비할 때 영양학에 의존하게 되었다. 이것은 역으로 가장 광범위하고 오래된 생물학적 산업인 농업과 새로이 등장한 식품산업에 모두 직접적인 영향을 미치게 되었다.

식품산업

19세기말에 이미 도시에 새로이 집중한 주민들 식탁에 오른 음식은 농촌에서 직접 가져온 것이라고 할 수 없었다. 점점 더 음식물은 조리과정을 산업에 의존하게 되었고, 이 산업은 시간이 지남에 따라 더욱

더 과학적인 것이 되었다. 그 이유는 단순한 이윤추구에 있기도 했고, 또 부분적으로는 마구잡이로 조리된 불량식품이 사회적으로 물의를 일으켜, 법률을 제정하여 철저히 감독하게 된 데 있다. 식품산업이 성장하면서 식품을 보관하고 조리하는 데 합리적인 체계가 도입되었다. 이것은 공장에서 가정으로까지 확산되었다. 냉동가게에 먼저 도입된 냉장고는 가정의 부엌에도 자리잡았고, 가장 오랜 화학산업이라 할 수 있는 요리법도 마침내 과학성을 띠게 되었다. 물론 가정에서 직접 요리하는 경우가 적어지고 있지만, 그 경우에도 음식의 맛을 잃지 않으면서 시간을 절약하기 위해서라도 더욱 과학에 의존하고 있다.

기생체의 통제

영양학이란 생물학 진보에 기여한 공중건강의 새로운 한 측면에 불과하다. 소독법을 도입하여 수인성 질병을 정복한 것은 19세기의 주요

270. 기생체의 통제는 현재 예방의학의 중심적인 부분이다. 살충제 살포에 의한 학질의 박멸은 20세기의 업적 가운데 하나이다. 세계보건기구 요원들이 사라왁(Sarawak, 보르네오 서북부의 말레지아 속령─옮긴이)의 푼남(Punam)산림 거주지까지 강을 거슬러 올라가서 살포계획을 수행하고 있다.

한 업적이었다. 공학과 화학적 방법을 결합하여 보다 소모성의 곤충매개질병, 즉 학질, 발진티푸스. 황열병 및 페스트를 정복한 것은 20세기의 주요 업적으로서, 새로운 제국주의가 식민지를 보다 집중적으로 착취하려고 노력한 데서 생긴 직접적 결과였다. 이 경우에는 과거에 비해 종합적으로 대처할 필요성이 훨씬 더 강조되었다. 곤충학이나 생태학 등의 생물과학 분야가 활발해졌으며 유행병학이나 기생체학 같은 분야는 사실상 이러한 과정 속에서 등장한 것이다.

질병의 영향을 이해하고 이에 대처하기 위해서 임상의학을 발전시킬 필요성이 대두됨에 따라서 이 또한 생물과학에 지대한 영향을 미쳤다. 전염병을 다루는 데 사실상 성공한 결과 이제는 류머티즘이나 심장병 같은 만성병이나 기계문명에 따라 대두된 긴장이나 사고 등에 더욱 큰 중점을 두게 되었다. 자동차 수송이 보편화된 결과 많은 교통사고 이외에도 직업운전사 사이에 위장병이 만연하게 된 것 등이 그 예이다.

의학과 전쟁

가장 첨예한 경우가 어느 때 보다도 20세기에 들어서 죽음과 부상, 질병 등을 만연시킨 전쟁이다. 역설적으로 전쟁의 긴급성으로 인해 평화시에는 볼 수 없었던 막대한 과학적 노력이 예방의학과 응급처치술에 기울여졌다. 혈액 및 혈청은행이 처음 시도된 것은 전쟁 중이었다. 페니실린 같은 새로운 약이나 DDT 같은 살충제가 갖는 거대한 잠재력이 급속히 개발되어 대규모로 사용된 것도 전쟁을 위해서였다. 보다 직접적으로는 전쟁의학 특히 수혈과 정형외과 덕분에 인간신체의 기능과 성장 및 재생 방법에 관한 지식이 축적될 수 있었다.

이러한 여러 요인이 복합적으로 작용한 결과 인간 생물학이 새로이 탄생하게 되었는데, 이는 과거의 해부학이나 생리학을 결합시키고 부활시키는 것이었다. 의료훈련이나 의학경험에서 학술적 연구가 차지하는 비율이 점차 증대했으며 과학적 지식을 쌓은 유능한 사람들이 의학 분야에 진출하였다. 지금 우리는 의학이 마법적 기술로부터 과학의 한 분야로 신속히 전환하고 있는 것을 목격하고 있다.

271. 비료 사용은 농업에 중대한 변화를 가져온 요인 중의 하나이다. 중국의 수초우(Soochow)지방에서는 대규모의 수성비료공장이 요청되고 있다. 이 사진은 녹비 못자리를 보여주고 있다. 비닐하우스는 서리를 막아주는 역할을 한다.

농업

20세기에 들어서서 농업은 생물학 연구를 크게 자극하기 시작하였다. 19세기에는 농업에서의 변화가 주로 기계화와 관련된 것이었다. 그 당시의 주요과제는 보다 값싼 방법, 특히 보다 인력을 절약하는 방법을 찾는 것으로서, 본질적으로 작업의 내용 자체는 신석기시대의 농부와 다를 바가 없었다. 20세기에 들어와서도 농업상의 변화는 기계화와 관련된 것이 적지 않았지만——트랙터는 20세기에 개발되었다——동시에 그것은 더욱더 생물학적인 성격을 띠게 되었다. 따라서 적극적으로는 비료와 사료의 개량이라는 방향으로, 그리고 소극적으로는 자연과 생물의 힘에 대항하는 끊임없는 투쟁과 해충, 곰팡이, 바이러스와의 싸움, 그리고 침식과 황폐화를 방지하기 위해 토양을 보존하려는 노력으로 나타났다. 사실 19세기말에 도쿠차에프(V. V. Dokuchaev : 1846~1930)

212

와 글린가(K. D. Glinka : 1867~1927) 등 선구자에 의해 개척된 전적으로 새로운 과학인 토양학(pedology)은 과학적 농업을 건설하기 위한 노력의 직접적인 결과인 것이다.

생물산업, 과거와 현재

생물학에 발전을 가져온 세번째 요인은 과거와 현재의 생물산업으로부터 직접적으로 파생되었다. 주지하다시피 양조업은 초기 세균학에 커다란 발전을 가져왔고 그로 인해서 상당한 부분의 화학산업, 특히 그중에서도 자연 산물은 이용하는 데 의존하는 부분은 생물학적 방법, 즉 직접적인 화학작용과 마찬가지로 세균의 작용 같은 생물학적 방법으로도 경제적으로 수행될 수 있음을 점차 알게 되었다. 실로 우리는 새로운 형태의 산업, 즉 소나 흰개미 같은 다양한 동물의 신체 내부에서 자연적으로 수행되는 공정을 커다란 공장 규모로 수행하는 산업이 급속히 성장하고 있음을 목격하고 있다. 소는 먹은 풀을 직접 소화시키는 것은 아니다. 오히려 풀은 소의 여러 위장 속에서 살고 있는 수많은 세균에 양분이 될 뿐이고, 소는 이들 세균이 만들어 낸 용해성 물질이나 세균 자체의 죽은 몸체로써 살아 나가는 것이다.

아마도 장래에는 세균 및 해조류의 신진대사에 관한 완벽한 지식에 기초하여 페니실린 등 의약품이나 식품 및 산업제품을 생산해내는 산업, 즉 미생물산업이 광범위한 생산분야, 특히 현재의 농업폐기물의 효율적인 이용과 관련된 분야에서 순수한 화학산업과 사실상 경쟁하게 될 것이다. 실제로 19세기에는 응용화학에 기초한 대규모산업이 발달했듯이 20세기 후반기에는 응용생물학에 기초한 대규모 산업이 번창할 것이다(pp. 155f.).

20세기 생물학 발전의 여러 단계

20세기의 과학발전에 영향을 미친 요인들을 일반적으로 고찰하려면 역사적인 시각을 갖기 위해서 혼란스럽고 격렬한 시대의 정치적·경제적 사건들과 생물학간의 관계를 고려할 필요가 있다. 이것은 이미 제6부 머리말과 제10장 물리과학의 머리말에서 일반적으로 과학과 관련해서 논의했다.

272. 생물학을 파괴를 위하여 이용하기 시작한 것은 1차세계대전의 독가스공격이 효시를 이룬다. 가스공격에 앞서 때때로 적을 자극하여 공격능력을 떨어뜨리기 위해서 연막탄이 사용되기도 한다. 사진은 1917년 5월 아르데네스(Ardennes)의 세당(Sedan) 부근.

생물학의 경우에는 물리학처럼 뚜렷한 발전 단계를 확정하기가 쉬운 일이 아니다. 따라서 내적 발전과 외적 발전간의 유사점을 추적하는 것은 의심할 여지가 없다. 그렇지만 생물학은 경제적 배경이 상대적으로 취약하기 때문에 대규모의 재정적 지원에 상당히 민감하다는 것이 밝혀졌다. 특히 의학과 농업에서의 급속한 발전은 전쟁의 자극을 받아 이루어진 것이었다. 사실 예를 들어 30년대의 영양학적 생화학이나 2차대전시기의 항생물질학에서처럼 각 시기의 경제적 이해관계가 때로는 생물학 연구방향을 일반적으로 규정했다.

우리 시대의 주된 역사적 단계구분에는 모든 과학자들, 더욱 정확하게는 모든 시민들의 쓰라린 경험이 새겨져 있다. 그들이 겪은 대공황과 두 번의 세계대전은 지나간 50여 년을 5개의 길고 짧은 시기로 나누기에 충분하다.

1914년까지의 첫번째 시기는 자유주의시대의 쇠퇴기로서 생물학은 팽창하는 제국주의를 따라서 번영을 구가하였다. 학질과 황열병에 대하여 의학이 처음으로 위대한 승리를 거둔 시기였으며 오스트레일리아와 캐나다에서 동식물 양식이 비로소 수확을 거두기 시작한 분기점이기도 하다.

제1차세계대전기의 생물학

미국을 제외하면 제1차세계대전 중에는 생물학자들이 연구에만 전념할 수 없었다. 비록 유행성 독감이 반쯤 굶주린 민간인 사이에 퍼져 전사자보다도 많은 수백만의 사망자를 낸 것을 저지할 수는 없었지만, 제1차세계대전은 전쟁터의 무수한 병사들의 건강을 유지하는 데 전염병 방지조치가 불가결하다는 사실을 역사상 처음으로 입증시켰다. 또한 그것은 독가스의 형태로 장래의 생물전을 보여주었다. 명확하게 파괴를 위해서 현대 과학을 사용한 이 최초의 시도는 수많은 과학자와 민중들로부터 반발을 불러일으켰기 때문에, 그 후에도 이에 대한 국가 차원의 연구는 계속되었지만 2차대전 때에도 교전국들이 이를 감히 사용하기는 어려웠다. 가스는 사실상 뭇솔리니가 이디오피아를 소위 개화시키는 임무를 수행할 때 한번 더 사용되었는데, 이들은 흑인이고 보복능력이 없었기 때문에 어떠한 전쟁수단을 그들에게 사용해도 정당한 것처럼 간주되었다.

1, 2차대전 사이의 생물학

1, 2차대전 사이의 시기는 먼저 1차대전 직후의 호황, 그리고 불황, 다시 호황, 다음에는 30년대의 대공황, 그리고 마지막으로 나찌즘의 대두와 전쟁으로의 경사로 이어진다. 먼저 생물학의 주의를 영양학과 전염병 방지대책으로 집중시킨 이유는 기아와 질병 때문이었다. 이것은 일찌기 발견된 비타민과 이에 관련된 호르몬의 사용을 상당히 촉진시켰다. 전쟁 직후 수년간은 **생화학**시대의 도래라고 특징지어도 과언이 아닐 것이다.

풍요 속의 빈곤——소각되는 커피, 방치되는 농작물, 그리고 수백만의 숙련공 실업자들——을 보여준 대공황은 자본주의 경제체제에서의 생물학의 무용성과 좌절을 일깨워주었다. 같은 기간 동안 소련에서 1차 5개년계획의 일환으로 의학과 농업이 급속히 발전했다는 사실은 실제적인 대안이 존재함을 가르쳐 주었다.

30년대말부터는 전쟁의 그림자가 검게 드리워지고 과학을 왜곡시킨 나찌의 인종이론이 급속히 전파되자 생물학자들 특히 유전학자들은 그들 연구에 내포된 사회적 의미를 생각하게 되었다.

2차대전 때의 생물학

하지만 생물학이 가진 실제적인 잠재력을 완전히 깨닫게 된 것은 2차대전에 이르러서였다. 특히 열대의 전쟁터에서 병사를 질병으로부터 보호하고 상처의 피해를 최소화할 필요성으로 인하여 위생학, 의학 및 외과수술 등이 전반적으로 발전하였다. DDT, 페니실린, 팔루드린(paludrin, 항말라리아제 — 옮긴이) 등은 본질적으로 모두 전쟁의 산물이다. 동시에 식량에 대한 우선적인 필요성은 농업과 식품가공산업을 촉진하였다.

전후의 생물학

이들 전쟁의 유익한 영향 중 일부는 전후의 혼란된 시기까지 보존되었고 일부는 그렇지 않았다. 평화가 회복되었을 때 한가지 측면에서는 전쟁 기간 중 주로 물리학에 한정되어 있었지만 과학의 군사적 이용이 생물학으로 전환되었다. 원자폭탄을 생산할 때 생겨나는 방사능의 독성 연구, 세균무기의 실험은 생물학전의 신기원을 여는 듯이 보였다. 수소폭탄 실험조차 독성전파물로서의 효율성을 과시했는데, 이것은 일본의 어부나 태평양제도의 주민에게서 비극적으로 입증되었다. 오로지 자신의 사회적 책임을 자각한 생물학자들에 의해 계몽된 사회적 여론만이, 이것이 냉혹한 현실로 나타나 전체 인류뿐만 아니라 지구상의 생명의 존재 자체를 위협하는 것을 방지할 수 있으리라.

그렇지만 다른 분야와 마찬가지로 전쟁의 영향이 전부 부정적인 것은 아니다. 전자공학의 발전을 통해서 전쟁은 새로운 물리학적 기술, 즉 방사능 추적자, 초음파, 전자현미경, 전자 두뇌엑스레이가 생물학에 침투하는 데 도움을 주었다. 2차대전 후의 특징은 생물리학에 대한 협조가 시작된 것이다.

최근 10년간의 성과들은 과거의 생화학과 생물리학(biophysics)을 다양한 차원에서 여러 연구분야를 이용하는 하나의 통합된 분야로 결합한 데 기인한다. 또한 전후 시기에는 약리학에 대한 합리적인 접근과 더불어 항생제의 다양화가 이루어졌다.

동시에 생물학은 농학과 더욱 밀접한 관계를 맺게 되었다. 또한 전 세계적으로 자연자원의 낭비를 막고 끊임없이 증가하는 인구를 부양할 새로운 식량원을 시급히 찾아야 할 필요성을 자각하여 생물공학과 자연의 변형이라는 종합적인 개념이 등장했다. 이는 최초로 소련에서 의식적인 목표로 설정되었고, 현재는 다른 국가로 파급되는 중이다. 저개발국가의 장단기 문제를 다루는 데 통합된 계획을 제공해야 된다는 것은 중대한 의미를 갖지만, 아직까지 모색의 단계에 머물러 실행된 예는 없다. 냉전은 바로 이 문제에 막심한 폐해를 끼쳐서 효율적인 진보를 가로막고, 선진산업국가와 과학의 혜택에서 소외된 국가들간의 생활조건상 격차를 더욱 넓혀버렸다. 필요한 것은 처음의 자연적인 생태학뿐만 아니라 본질적으로 착취적인 이윤추구경제하에서 강요된 잘못된 생태학까지도 새로운 생태학이 대체할 수 있는 지질학, 물리학 그리고 생물학적으로 완벽한 통일체를 구축하는 것이다.

생물학의 성장점

이상과 같이 20세기 생물학의 성과에 대해 요약한 것은 생물학 각 분야의 진전을 보다 상세하게 연구하기 위한 서론이라고 할 수 있다. 이미 경제적·사회적 세력이 우리 세대 생물학의 급속한 발전에 강력하게 기여한 경로라든가 역으로 이러한 생물학적 성과가 경제적 발전과정에 미친 영향에 대해서는 충분히 다루었다. 하지만 이들이 생물학의 진전에 영향을 준 것은 사회적 세력이 생물학 각 분야에 부여한 추진력을 통해서만은 아니다. 다른 한편으로 이들 경제적·정치적 세력은 생물학적 사고의 내부적 작용, 개념의 형성과 어떤 현상에 관한 여러 형태의 설명에 대한 생물학자의 관심에 영향을 미치고, 따라서 관찰이나 실험방식에도 영향을 미치는 것이다.

이러한 영향들에 대해서는 우리가 지난 50여년 간 가장 위대하고 풍성한 수확을 올린 생물학의 주요 분야에 대해서 보다 구체적으로 검토할 때에만 알 수 있을 것이다. 필자가 여기서 선택한 분야는 11.2 **생화학**, 11.3 **분자생물학**, 11.4 **미생물학**, 11.5 **의학내의 생화학**, 11.6 **세포학과 발생학**, 11.7 **전체로서의 유기체와 제어구조**, 11.8 **유전과 진화**, 11.9 **생체**

와 환경 ; 생태학, 11. 10 생물학의 미래 등이다. 이들 분야 각각에 대한 필자의 지식이 매우 산만해서 포괄적으로 다루기는 확실히 어려울 것 같다. 그러나 힘이 닿는 데까지 균형있게 다루려고 노력하였다.

각 주제는 주지하다시피 어지러울 정도로 복잡한 소주제를 포함하고 있기 때문에 물리학을 다루었을 때의 역사적 고찰 수준을 결코 유지할 수 없었다. 각 주제와 시간의 상호관계는 더욱 취급하기 어려웠다. 그렇지만 이 장 및 제6부의 머리말에서 이미 언급한 일반적인 역사적 배경에 비추어보면 수많은 특정한 성과들이 정치적·경제적 사건들과 맺는 친소(親疎)관계를 알 수 있을 것이다.

생물학 발전의 이상 8가지 분야는 분리된 것이 아니라 끊임없이 서로 교차하고 합쳐지고, 게다가 물리과학의 더욱 많은 부분과 통합된다. 그중에서 처음 5가지는 의학과 보다 밀접히 연결되어 있고, 나머지 3가지는 농업과 관계가 깊다. 분야 모두가 20세기에 들어서 상당히 진보했으며, 사실상 이들 대다수는 본질적으로 20세기 과학이다.

11. 2　생화학

생화학(biochemistry)이란 단순히 생물학적 문제에 화학을 적용한 것만은 아니다. 그것은 오히려 살아 있는 유기체내에서 일어나는 지극히 정교하고 잘 제어된 화학적 작용을 탐구하고 나아가서는 궁극적으로 모방하려고 시도한다. 생화학이 새로운 분야로서 독립하게 된 것은 그것이 생명활동의 산물에 대한 화학이라는 상이한 분야일 뿐 아니라 상이한 방법을 사용하기 때문이다. 생화학의 목표는 생명체내에서 발견되는 분자의 구조 및 전반적이 반응양식을 고립적으로 또한 결합한 상태로 조사하는 것이다. 이를 위해서 유기체나 각 기관을 본래대로 또는 여러 단계로 분해하여 연구하는 각종 접근방법이 개발되었다. 따라서 이런 생화학 특유의 접근방법은 유기체로부터 분자에 이르기까지 내적이며, 날이 갈수록 보다 세련된 측정방법이 사용되면서 추적자 같은 물리학적 방법, 다양한 분자석출(析出) 과정 같은 화학적 방법(pp. 203f.) 그리고 유전학적이고 면역학(免疫學, immunology)적 분석 등 보다 순수한 생물학적 방법이 도입되고 있다.

생화학의 추진력은 과거부터 항상 인본주의적이고 실리주의적인 것,

273. 홉킨스(Frederick Gowland Hopkins, 1861~1947)는 생화학과 영양학 연구에
있어서 선구자였다. 1930년에서 1945년까지 그는 영국 학술원의 원장이었으며 에레
디츠 프랭튼에 의한 아래 사진은 실험기구로 둘러싸인 전형적인 그의 모습을 보여
주고 있다. 한손에는 작은 직시(直視)분광기가 쥐어져 있으며 그의 공책에는 스펙트
럼 분석 결과가 적혀 있다.

즉 한편으로 의학을 발전시키거나 다른 한편으로 농업이나 양조술 같은 오래된 사업과정을 개선하기 위한 것이다. 그것은 자립적이고 실로 자기가속적인 과정이다. 생화학의 기원은 발효를 연구한 데 있다. 그리고 독립된 과학으로서의 출발점은 1897년 부흐너(E. Buchner : 1860~1917)가 으깨어진 누룩이 생명세포 없이도 설탕을 발효시킬 수 있다는 사실을 거의 우연히 발견한 날로 잡아도 좋을 것이다. 이것은 화학 물질인 효소가 발효에 관계함을 나타내며, 마찬가지로 유사한 물질들이 생명체내에서 일어나는 대부분의 화학반응에 관계함을 암시한다.

그렇지만 효소의 성질과 작용구조를 이해하기 시작하는 데는 40년이나 걸렸다. 발효의 본질에 관한 파스퇴르와 리비히(Liebig)의 19세기의 대논쟁에서는 양쪽 모두가 옳은 동시에 틀렸다(제9장 5절). 발효가 화학적으로 일어난다고 주장한 점에서는 결국 리비히가 정당하다. 다른 한편 이들 물질은 실험실에서 화학적으로 만들어질 수 없고 살아 있는 유기체에 의해서만 생산될 수 있으며, 이 점에서는 발효과정에서 생물이 필수적인 역할을 한다고 주장한 파스퇴르도 정당하다. 사실 엿기름의 디아스타제 같은 무생효모(無生酵母)는 태고적부터 인류가 이용해 왔다. 부흐너의 발견이 갖는 의미는 이로써 오랫 동안 불확식했던 사실, 곧 종종 신비한 생명의 힘 탓으로 돌려졌던 세포내에서의 반응이 세포내 **효소** 때문임이 증명된 점이다.

생명의 산물을 연구하면서 생겨난 보다 고전적인 유기화학으로부터 생화학을 본질적으로 구별하는 것은, 이것에 살아 있는 유기체의 세포 속이나 주위에서 효소에 의해 수행되는 화학적 과정을 취급한다는 데 있다. 예를 든다면 대부분의 모든 생명 유기체가 수행하는 두 가지 주요 활동인 발효와 산화, 그리고 또하나 녹색 식물이 수행하여 나머지 모든 생물에게 이익을 주는 광합성이 있다. 이들은 모두 구성요소는 단순하지만 각기 고유한 효소에 매개된 수많은 단계를 거쳐서 극히 복잡하게 진행된다.

제한된 지면내에서 생화학의 역사를 의학, 농업 및 산업과 상호 관련시키면서 제대로 서술한다는 것은 거의 불가능하다. 화학과정으로 투입되는 물질은 생명체내에서 발견할 수 있는 무수히 많은 독특한 화학물질들 가운데서 임의로 수천개를 선택하고도 남을 만큼 극히 다양하다. 이들 사이의 반응은 더욱 다채롭고 복잡하다(6. 153 ; 6. 181).

이러한 미궁을 헤쳐나갈 실마리는 유용하거나 유해한 자연 과정을 이해하고 통제하고자 할 때 제기되는 일정한 문제들을 인간적, 사회적, 경제적으로 선별함으로써 주어진다. 발효나 성장을 촉진하거나 억제할 필요성, 약품의 작용을 이해해야 할 필요성, 그리고 음식물의 실제 유용성을 분석해야 할 필요성 등은 모두 생화학의 발전에 일정한 역할을 담당했으며 각 단계마다 이룩된 성과들(비타민, 호르몬, 항생물질의 발견)을 통해서 차차로 생화학의 명성과 활동범위를 증가시켰다. 하지만 의학적 또는 산업적으로 관심있는 중심노선과는 별도로 흥미있고도 가치있는 주변부가 존재하고 있으며, 순수한 호기심조차 역할을 하고 있다. 위대한 홉킨스는 나비 날개의 색소를 분석하는 데서 생화학 연구를 시작하였는데, 비타민 B_2의 성분 가운데 하나인 판토텐산(pantothenic acid)과 연관된 프테린(pterins)이라는 중요한 물질군(郡)을 발견했다.

설령 생화학의 역사를 좁은 지면으로 압축시킬 수 있더라도 전문가가 아닌 독자가 이를 이해하려면 역사 그 자체보다 더 긴 설명이 불가결할 것이다. 이러한 어려움을 피하고 필자의 생화학자 친구들을 화나지 않게 하는 최선의 길은 역사적인 접근을 포기하고 생화학분야 가운데서 과학연구와 사회세력간의 상호작용을 특별히 잘 나타내는 생화학 측면을 엄밀히 선택해서 논의하는 방법뿐이다.

나아가서 이들을 보다 이해하기 쉽게 하기 위해서 필자는 비록 시대에 뒤떨어졌음이 틀림없지만 필자의 현재 생화학 지식으로 이를 다룰 것이다. 따라서 이들이 실제로 이루어졌을 당시의 과학 지식과는 상당히 다른 과학지식의 배경에서 조망될 수밖에 없을 것이다. 필자가 택한 순서는 역사적이라기 보다는 오히려 논리적이다. 그런데도 각 부분이 나중에 첨가된 내용을 제외하고 이전에 이룩된 성과에만 의존하도록 하기가 어려웠다. 그러므로 보다 관심이 있는 사람은 한번 더 읽어보아도 좋을 것이다.

필자는 대부분의 생명체를 구성하고 있는 중간분 자체에 대해서 간략하게 설명하는 데서 시작하겠다. 이것은 효소와 보(補)효소(coenzime)의 작용, 발효, 산화, 광합성 과정을 논의할 때 필수적이다. 그 다음에는 소량의 특별물질의 생화학적 작용사례로서 비타민, 미량원소, 호르몬을 논하겠다. 그리고나서 신진대사 및 열역학적 과정으로서의 생명의 특징에 대해서 일반적으로 다룰 것이다. 이것은 소위 고전 생화학이라고 불리고 있다. 필자는 이 절(11. 2)에서는 분자구조에 관한 생화학 과정을 보다 깊게 설명하는 것을 피하고, 생화학 연구의 실로 새로

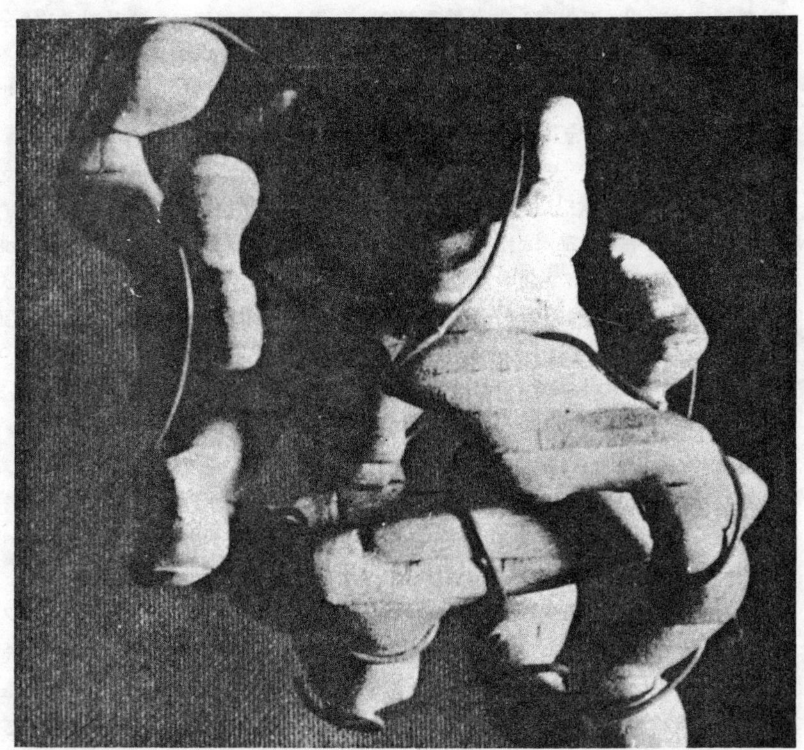

274. 달걀 흰자위의 리소좀 효소 분자모델. 이것은 엑스레이 연구를 통해서 밝혀졌다. 화학적으로 이것은 폴리펩티드(단백질)을 함유하고 있음이 발견되었으며 구조적으로는 이 단백질이 사진의 선으로 보여주듯이 효소를 꿰뚫고 있음이 발견되었다.

운 주제를 가지고 다음 절(11. 3)에서 다루도록 하였다. 현대 생물학 혁명, 즉 분자구조에 관한 설명은 여기서 시작된다. 그동안 핵산에 축적된 정보, 그리고 정보의 교환 및 저장의 분자구조, 또한 특정 단백질 합성과 이들의 관계를 설명하는 데 커다란 성과가 있었다. 뒤에 서술하겠지만 결정 분석이나 유전학적 연구에서처럼 생화학 외부에서 온 지식과 기초생화학 지식의 종합을 우리는 여기서 획득한다.

생명 유기체의 기초분자들

생명에 특유한 성질을 부여하는 것은 어떠한 물질의 존재라기보다는 화학적 과정의 끊임없는 순환활동임이 최근의 연구로 분명해졌다(pp. 235ff.). 그렇지만 이러한 과정을 논하기에 앞서 암모니아나 이산화탄소 같이 간단한 무기 기체분자와 현존 유기체에 필수적인 고도로 복잡한 단백질과 핵산을 중개하는 분자형식에 대해서 언급할 필요가 있다. 논리적으로 그리고 아마 역사적으로도 십여개의 원자로 구성된 작은 분자가 천 내지 수백만 원자로 구성된 거대분자보다 먼저 나타난다.

이들은 모두 비교적 소수의 형태로 분해될 수 있음이 밝혀졌는데, 이것은 다시 4개의 주요한 집단으로 구분된다. (1)단백질을 구성하는 20여 아미노산, (2)핵산 중에서 퓨린(purines)과 피리미딘(pyrimidines), 세포색소(pigment)인 피롤(pyrroles)과 포피린(porphyrin), 그리고 생리학적으로 활성(活性)인 다수의 알칼로이드(alkaloids)를 포함하여 소수의 질소함유 이중결합을 가진 환상(環狀) 분자들(doble-bonded ring molecules), (3)식물산(vegetable acids)과 탄수화물로서 대부분 당(糖, sugars)과 그 파생물, (4)지방 및 이와 연관된 스테롤(sterols). 지금까지 생화학이 연구해온 모든 지구상의 생명체는 이 기초 분자로 구성되어 있으며, 아직 조사하지 못한 대상이 많지만 이것이 대표적인 표본이다.

이 가운데서 아미노산처럼 간단한 것은 극히 근본적인 것으로 여겨지는데, 실제로 최근에 밀러(Miller)가 암모이나와 이산화탄소에 빛을 가함으로써 만들어냈다(6. 202). 질소함유 환상(環狀)화합물은 이 아미노산의 환형성반응과 탈수소반응(ring formation and debydrogenatiory)으로 생겨난다고 생각된다. 당과 탄수화물은 현재 이산화탄소와 물을 광합성함으로써 만들어진다고 생각되지만, 이는 매우 복잡한 과정이므로 원래는 (1)의 집단으로부터 질소를 제거함으로써 생겨났다고 하는 것도 당연하다. 지방 및 스테롤의 기원은 아직 연구가 진행중인데 그 유사물이 운석에서 발견되는 것으로 보아서 매우 오래 전부터 나타났을 것으로 짐작된다(p. 323).

현존하는 생명의 기원이 동일하다는 사실은, 기초분자집단이 비교적 제한되어 있다는 점뿐 아니라 모든 생명유기체내에서 진행되는 합성과 분해 경로가 동일하다는 점에서도 알 수 있다. 식물의 경우에는 합성에서, 동물의 경우에는 분해에서 이 점이 뚜렷하다. 독성만 없다면 모든 동물이 모든 식물로부터 일정한 영양분을 섭취할 수 있고 또 궁극적으로 모든 동물이 식물을 먹고 산다는 사실은 결국 생화학적으로 생명이 통일성을 갖고 있음을 나타낸다.

효소의 작용방식

이러한 통일성은 **효소**를 촉매로 하는 일련의 반응 과정을 통해서 유지된다. 그렇지만 이러한 역할을 처음으로 수행한 분자가 현재의 **효소**는 아니었다. 레닌(rennin, 젖을 응고시키는 위액 속의 **효소**—옮긴이)이나 엿기름 같은 천연의 발효제 극소량으로도 거대한 양의 우유나 녹말 같은 **기질**(基質, substrate, 효소의 작용을 받는 물질—옮긴이)을 변화시킬 수 있는 효소의 작용을 이해하기 위해서는 먼저 **효소**를 상당히 순수한 상태로 추출할 수 있어야 한다. 이것은 20년대 중반부터 비로소 가능하게 되었으며, 현재 비교적 순수한 표본이 알려진 것은 수백 가지에 이르지만 결정화된 것은 겨우 십여 가지에 불과하다.

효소를 정제할 수 있을 때에만 거대한 효력을 정확히 평가할 수 있다(6. 183). 페록시다제(peroxidase) 같은 효소 한 분자는 매초당 과산화수소 백만 분자를 활성화시킬 수 있다. 효소 정제가 근본적으로 중요한 이유는, 누룩의 소위 지마제(zymase)같은 천연의 발효제가 설탕을 알콜과 이산화탄소로 발효시키는 과정이 단번에 이루어지는 것이 아니라 각각 기질분자에서 원자를 분리하거나 화학결합을 변화시키는 세밀한 화학단계를 담당하는 20여 가지의 서로 다른 효소에 의해 수행된다는 사실을 밝혀낼 수 있기 때문이다. 사실 세포에서 이루어지는 화학물질의 생물학적 변화는 현대의 화학공장내에서 이루어지는 것과 상당히 비슷한데, 화학공장에서는 각각의 반응 용기가 하나의 역할만을 수행하고나서 변화된 물질을 다음 단계로 넘겨 보낸다. 나아가서 각 단계 사이의 에너지 변화는 상당히 작다는 사실이 발견되었는데, 이런이유로 각 반응은 에너지를 발산하여 온도를 현저하게 상승시키지 않고도 비교적 저온에서 진행될 수 있다. 효소변화 시스템이란 사닥다리와 같아서 상당량의 에너지나 높은 온도가 없어도 반응물이 차근차근 고에너지 장벽을 넘을 수 있다.

일단 효소정제가 가능하게 되자 이들 대부분이 단백질이거나 혹은 단백질을 함유하고 있음이 명백해졌다. 이미 오래 전부터 단백질이나 달걀 흰자위와 살코기처럼 단백질을 함유한 물질이 모든 생명세포에서 발견되었고, 굳어진 형태로는 비단, 양털, 뿔처럼 동물이 껍데기에서 발견되었다. 엥겔스(Engels)는 이미 1877년에 생명을 '단백질의 존재방식'이라고 표현하였다. 이제 최초로 정제된 효소를 통해서 단백질의 중요성에 관한 최소한 하나의 근거가 드러나기 시작하였다. 그것은 바로 생화학적 변화를 촉진할 수 있는 단백질의 능력이다. 나중에 우리는 단백질의 구조에 관해서 보다 자세히 다룰 수 있을 것이다. 지금은 대부분의 단백질 효소가 산성과 알칼리성을 모두 포함하는 수천 내지 그 이상의 원자를 가진 가용성 거대분자로서 구성되어 있다고 정의하면 충분하다.

생화학적 방법

물리학적 또는 유기화학적 방법과 구별되는 생화학적 방법이 발전된 것은 주로 효소의 작용에 연관되어서이다. 생화학자의 기술이란 간이나 씨앗 같은 세포조직을 짓이겨서 그 속의 갖가지 효소를 분리해내는 것이다. 생화학자들은 고금(古今) 화학의 모든 기술을 이용하는 한편 효소 자체로부터 터득해서 만든 도구로 작업한다. 그들은 반응과정 중의 중간산물을 찾아내기 위해서 종종 시약을 사용하여 특정 효소를 죽여버리거나 비활성시킴으로써 연쇄반응을 원하는 단계에서 중단시킬 수 있다. 효소가 기질을 변화시키는 속도로 효소의 작용을 측정하면 다시 효소를 찾아낼 수도 있을 것이다. 즉, 보다 활발히 발효가 진행되는 곳에는 보다 많은 양의 효소가 있음에 틀림없다. 따라서 화학적 정제를 거듭해도 더 이상 발효 효율이 상승되지 않는다면 아마도 불순물이 모두 제거되었다고 단언할 수 있을 것이다.

마법사의 솥

이러한 정제법은 생화학이 고전화학으로부터 채용한 가장 강력한 도구 중의 하나이다. 퀴리가 라듐을 분리할 때도 사용했던 이 방법은 실상 광부들의 작업에서 유래된 것이다. 일단 어떤 작용을 알아내게 되면 이 방법을 사용하여 작용인자를 상당량 포함하는 물질을 조사할 수 있고, 최량의 상태에 도달했을 때 우리는 그것이 정제되었다고 할 수 있다. 이러한 과정 중에서 종종 예기치 못한 성질을 가진 관련 물질이 발견되기도 한다. 원료물질은 고대의 의사나 맥베드(Macbeth) 중의 마녀에서 보듯이 다채롭다.

> 늪에서 잡은 뱀의 토막살아,
> 끓어라, 구워져라, 가마솥에서.
> 도롱뇽의 눈알과 개구리 발가락,
> 박쥐 털과 개 혓바닥,
> 독사 쌍설(雙舌)과 독충의 침(針),
> 도마뱀 다리와 올빼미 날개,
> 무서운 재앙의 부적이 되도록
> 잡탕처럼 펄펄 끓어라.

하지만 이제 이것들은 섞여 있는 것이 아니라 주의깊게 분리되어 있다. 효소뿐만 아니라 비타민, 호르몬, 그리고 항생물질은 바로 이런 방법으로 발견되고 정제되었다.

점점 더 늘어난 생화학자들(1911년 당시 영국 생화학협회의 회원은 50여명에 불과했는데 1965년에는 3,500명을 넘었다)이 50여년간 끈질기게 연구한 결과 몇몇 반응과정의 상세한 내용과 수백 가지의 효소 및 기타 생물학적으로 활성(活性)인 물질들이 밝혀졌다. 소분자의 활성물질에 대해서는 유기화학을 이용해서 다수가 분석되었고 일부는 합성하는 데 성공했다.

보효소

효소에 의해 촉진되는 연쇄반응이 보다 면밀히 연구됨에 따라 효소 단백질이 유일한 작용요인은 아니라는 사실이 발견되었다. 반응이 진행되는데는 통상 녹기 쉽고 분자량이 작은 분자로 구성된 소량의 비단백질 물질이 마찬가지로 필수적이다. 이들 보(補)효소(co-enzymes) 중 하든(Harden : 1865~1940)과 영(Young)이 1906년 처음 코지마제(cozym-ase)를 발견했고, 엘버엠(Elvehjem)이 1937년 니코틴산 디뉴클레오티드 (NAD), 즉 항펠라그라(anti-pellagra)비타민과 동일함을 확인했다. 효소의 수만큼 보효소가 발견되지는 못했지만 하나의 보효소가 여러 개의 효소를 돕기도 한다. 보효소의 기능은 몇 가지 경우가 밝혀졌는데, 그것은 효소의 작용으로 방출된 원자와 작은 분자들을 받아들이거나 내보내는 기능이다. 예를 들어 리보플라빈(riboflavine) 같은 보효소는 산

소를 과산화수소로 변화시키시 위해서 수소를 제공하는 역할을 수행한
다.

호흡색소(respiratory pigments)

작지만 활성 분자를 단백질 효소에 연결시키면 효소의 작용이 혈액
의 헤모글로빈이나 세포의 시토크롬(cytochrome) 같은 소위 호흡색소
의 작용과 극히 유사함을 알 수 있다. 이들 호습색소는 밝은 색이고
통상 금속을 함유한 포르피린기(porphyrin group)와 느슨하게 결합된
단백질 글로불린(globulin)으로 구성되어 있다. 이러한 결합은 산소와
같은 작은 분자를 매우 손쉽게 수용할 수 있어서 이들 분자가 자유로
이 드나드는 것 같다. 이와 같이 호흡색소는 생화학에서 작은 분자들
을 끌어들이거나 내보내는 중대한 과정을 수행하는 역할을 한다.

275. 남오스트레일리아의 메마른 사막 가운데 6백만 에이커가 미량원소 아연과 구
리를 사용해서 개발되고 있다. 이전에는 이들 원소의 결핍으로 정착이 불가능했었
다. 개발된 토지 바로 곁에 사막의 덤불숲이 나란히 있는 모습이 미량원소의 위력을
실감나게 한다.

미량원소

이들의 특수성은 관련된 금속에 전적으로 달려 있다. 따라서 척추동물의 혈색소 헤모글로빈에서는 오직 철만이 기능할 수 있으며 마찬가지로 해초류(海鞘類, 원색동물)에서는 바나듐이, 달팽이에서는 구리가 기능한다. 이 물질들은 상당한 활성을 갖고 있으며 5,000개 정도의 원자를 가진 단백질에도 단지 1개의 금속 원자면 충분하므로 필요한 총 금속량은 극히 적다. 그렇지만 이것이 결핍되면 시스템은 작동하지 않게 되어 동물이건 식물이건 죽게 된다. 특정 금속이 결핍된 풀밭에서 방목되는 가축들에 생기는 이상하게 마르는 병은 이런 이유 때문이다. 예를 들어 이러한 가축들은 에이커당 28온스의 코발트만 뿌리면 쉽게 치료된다. 미량원소의 이용은 장래 농업 분야에 널리 보급될 것이다.

광합성

포르피린은 유색의 분자들이다. 즉 포르피린은 가시광선에 반응한다. 그러므로 이들 중 하나인 엽록소(chlorophyll)가 **광합성**에서 가장 압도적으로 광범위하고 효율적으로 빛을 끌어들이는 분자인 점은 놀라운 일이 아니다. 식물을 자라게 하고 동물을 움직이며 인간으로 하여금 생각할 수 있게 하는 모든 에너지는 엽록소를 통해서 태양으로부터 흡수된다. 고등식물의 광합성이 만들어내는 산물은 사실 무척 단순한 것으로 보인다. 대기에서 흡수된 이산화탄소는 탄소와 산소로 분리되어, 탄소는 물과 결합되어 탄수화물——당, 녹말, 혹은 섬유질——을 형성하고 나머지 산소는 다시 대기 속으로 방출된다.

그런데 근래 반 닐(Van Niel), 캘빈(Calvin), 카멘(Kamen)을 중심으로 하는 일단의 생물리학자와 생화학자들이 대략 밝혀낸 바에 따르면 실제 과정은 훨씬 더 복잡하다. 엽록체(chloroplast)에서의 첫 단계에서 빛의 역할은 조효소 같은 어떤 중개분자를 충전시키는 것이고 이때 저장된 에너지는 공중의 CO_2를 단계적으로 당이나 기타 생물학적 분자로 합성하는 데 이용되는 것으로 생각된다. 이때 필요한 수소는 물에서 얻어지며 남은 산소는 공중으로 방출된다.

호흡색소, 효소, 보효소 등의 작용을 발견하게 되자 이미 오래 전부터 알려진 현상을 설명할 수 있는 길이 열리게 되었다. 그것은 극소량의 특정물질이 상대적으로 거대한 유기체에 미치는 놀라운 효과에 관한 것이다. 사실상 이러한 지식은 구석기시대 독약의 발견과 이용에까지 거슬러 올라간다. 그리스어로 *toxon*은 화살을 의미하기도 하고 독약을 의미하기도 한다. 몇 가지 단순한 경우에서의 독약의 작용방식이 규명되었다. 예를 들어 청산가리와 일산화탄소는 산소보다 더욱 강하게 산소를 운반해야 될 헤모글로빈의 색소성분 및 산화효소와 결합함으로써 유기체의 주된 산소전달구조를 방해한다.

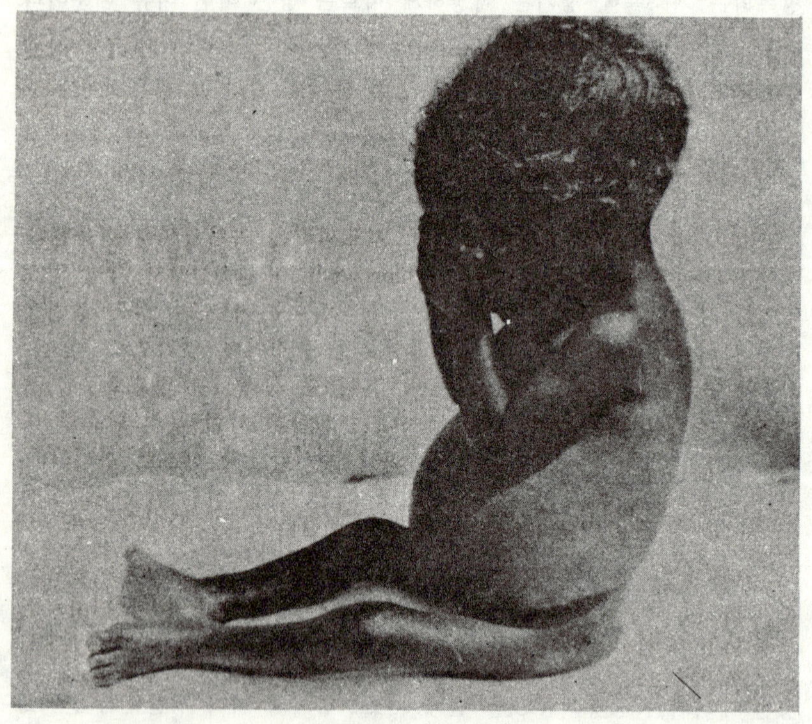

276. 영양실조는 여러 가지 형태를 취한다. 사진에서 단백질 부족은 부종(浮腫)과 피부 손상 및 머리카락 이상을 가져왔다. 단백질이 풍부한 음식이 치료에 효과가 있다. 유엔 식량농업기구 사진.

비타민의 발견

생물학적 과정에서 극소량의 화학물질이 갖는 중요성은 현대에 다시 한 번 발견되었는데 이번에는 역설적으로 이런 물질의 결핍이 미치는 영향에 의해서였다. 과거에는 많은 질병들이 음식물의 결핍에 기인하는 것으로 간주되었는바, 이는 매우 타당했다. 이중 가장 중요한 것은 아마도 선원들의 괴혈병이었을 것이다. 이것은 또한 결핍증으로서 가장 먼저 인정된 것이다. 이미 18세기에 쿠크 선장은 신선한 과일을 지속적으로 제공함으로써 선원들을 이 병에서 보호하였다. 하지만 이러한 지식은 아직 비과학적이었고, 19세기에 질병에 대한 병원균이론이 유행하면서 점차 잊혀졌다. 결핍시에는 성장이 중단되고 퇴행성 증세가 나타나는 소량물질이 든 완전식품의 존재에 처음으로 관심을 쏟은 사람은 홉킨스이다(6. 189).

후에 비타민으로 알려진 이들 부수 요소는 생화학 연구를 직접적으로 자극했다. 왜냐하면 궁극적으로 치료를 위해서 화학물질이 이용될 수 있고, 또 직접 이용된 분야가 이곳이기 때문이다. 일단 특정한 상태가 결핍에 기인한다고 인정되면 결핍물질이 무엇인지 알아내고 이 물질을 분리하고 화학공식을 결정하여 최종적으로 이를 합성하는 일은 오로지 화학적 기술에 관한 사항일 뿐이다. 물론 여기에는 많은 어려움이 있는데, 일부는 젠트-기오르기(Szent-Gyorgyi)가 최초로 분리해낸 비타민C(아스코르빈산[ascorbicr acid]으로도 불림)처럼 단순하다. 젠트-기오르기는 비타민을 가리켜 '당신이 섭취하지 않으면 질병을 가져다 주는 물질'이라고 역설적으로 규정하기도 했다. 다른 비타민들은 정말 대단히 복잡하다. 최초의 비타민B라고 명명된 물질은 최소한 15가지의 물질을 함유하고 있는 것으로 밝혀졌는데, 이들은 각기 상이한 신체 기능을 수행하는 데 필요하다. 대다수 어쩌면 모든 비타민은 보효소로서 기능하는 것으로 생각되며 대부분은 보통 음식물에 함유되어 있으므로 유기체는 합성능력을 상실한 것으로 여겨진다.

비타민 지식이 갖는 사회적 영향

비타민을 발견하여 분리해내고 건강을 유지하는 데 필요한 이들 각각의 양을 알아내게 되자 비로소 인간의 음식물 필요량을 거의 완벽하게 계산하는 것이 원칙적으로 가능해졌다. 이리하여 20세기의 과학은 식량에 관한 한 지구상의 모든 인류에게 복된 삶을 확보해줄 수 있는 수단을 인류의 손에 제공했다. 비타민은 극히 널리 분포되어 있으므로 다양한 음식물을 먹으면 충분히 섭취할 수 있다. 결핍증은 주로 가난의 질병이므로 좋은 경제와 좋은 정부라면 완벽하게 고칠 수 있다. 예를 들면 19세기의 영국에는 손발이 비틀어진 구루병이 너무나 흔해서 영국병이라고까지 불렸지만 지금은 찾아보기 힘들어졌다. 이것은 상당히 최근의 업적이며 모자(母子) 보건소를 운영한 덕분이다. 1931년까지만 해도 표본 조사에 따르면 취학아동의 80% 이상이 구루병의 임상증세를 약간씩 보이고 있었다. 반면에 저개발지역의 주민에게는 아직도 문제가 순조롭게 해결되지 못하고 있다. 아프리카 대부분에는 각기병이 아직도 존재하며, 이탈리아나 미국 남부의 여러 주에서는 펠라그라(니코틴산의 결핍으로 생기는 피부병—옮긴이)가 흔하다.

이런 경우에 과학가연구의 가치는, 이전에 수많은 잘못된 추측으로 혼동된 영양에 관한 사실들을 명백히 규명했다는 데 있다. 가난한 자들의 질병은 너무 쉽게 물이나 악덕 탓으로 돌려졌고, 따라서 그들이 현저하게 굶주리거나 식량부족으로 죽어가지 않는 한 그들을 위해서 할 수 있는 일은 모두 했다고 생각하였다. 이제는 새 지식과 함께 비타민을 함유한 양질의 식량을 억제하는 것이 인류에 대한 실제적인 죄악이라는 사실을 숨길 수 없게 되었다. 일단 이러한 지식이 잘 입증되어 널리 퍼지면, 사회적 무시로 인해 인간을 불구로 만드는 일을 묵인한다는 것은 더이상 가능하지 않게 될 것이다.

그런데 응용영양학을 완전히 효율적이고 공식적으로 채택하게 된 것은 이러한 고려에서가 아니라 오히려 2차대전 중 병사의 건강에 대한 고려에서였다. 이는 매우 효과적으로 수행되어 훨씬 식사량을 줄여도 영국 국민은 전쟁 전보다 더욱 건강을 유지할 수 있었다. 비타민에 관한 지식이 없었다면 당시의 식사량으로는 특히 어린이들에게 결핍증이 창궐하는 것은 피할 수 없었을 것이며 또한 전염병도 기승을 부렸을 것이다.

호르몬

매우 적은 양의 특정분자들이 얼마나 중요한가에 대한 연구는 음식물에서 섭취되는 분자에만 제한되지 않았다. 동시에 이런 연구가 계속됨에 따라 또한 다른 연구가들은 많은 신체적 조건들이 보통 신체 내부의 특정 장소에서 생산되는 미소량의 물질에 의존하고 있음을 밝혀냈다. 이것은 초기 해부학자들에게 그 기능이 미스테리였던 내분비선이다. 따라서 새로운 분류의 물질들이 발견되었다. 그것은 스탈링(E. H. Starling : 1866~1927)이 1905년에 최초로 **호르몬** 또는 메신저로 명명한 에스트론(oestrone)과 이와 관련하여 여성의 성주기와 젖분비에 관계하는 난소 호르몬이다. 또한 티록신(thyroxin)이 있는데 이것이 결핍되면 갑상선종이나 크레틴병(선천적으로 갑상선의 결손이나 기능저하로 성장발육이 저해되는 병)에 걸린다. 요드(iodine)는 티록신의 중요 요소로서 대부분의 경우 요드의 결핍이 이들 질병의 기본적인 원인이다. 따라서 이들 질병은 요드를 적절히 공급하면 예방할 수 있다. 다른 예로 인슐린과 같은 경우는 문제가 보다 복잡한데, 그 이유는 호르몬 자체가 단백질이어서 아직 합성할 수 없기 때문이다. 당뇨병 환자는 신체의 다른 기관이 생산한 대용물이나 소나 양의 췌장으로부터 추출한 인슐린에 의존한다. 그러나 불행하게도 전세계적인 당뇨병의 발생은 동물로부터 추출한 인슐린의 공급가능량을 초과하고 있다. 우리가 예방할 수 있는 원인으로 수십만명이 죽어가는 것을 묵과하지 않기 위한 가장 확실하고 바탕이 든든한 노력은 인슐린이나 인슐린 대용물을 합성하는 데 기울여야할 것이다.

식물호르몬

비타민과 호르몬에 대한 연구는 동물에만 머무르지 않았다. 1928년 벤트(Went)와 다른 연구자들은 생화학적 방법으로 식물의 성장이 빛과 중력 등의 외부 자극에 영향받는 점을 연구하기 시작했다. 식물은 자연적으로 빛을 향하여 위로 성장한다고 말하는 것은 단순한 상식일 뿐이다. 이것을 이해하려면 반드시 성장하는 방법을 측정해야 된다. 그러나 성장과정은 환경상태를 조절하고 변화시키는 실험에 의해서만 이해 될 수 있다. 이러한 방법으로 자연물질, 즉 **옥신**(auxin)이 세포의 신장 즉 식물의 성장을 일으키는 것으로 밝혀졌다. 식물의 성장은 옥신이 균등하게 또는 불균등하게 분포됨에 따라 곧바르게 되거나 구부러진다. 나중에 자연적인 옥신과 화학적으로 별로 유사하지 않은 인공물질이 동일한 효과를 갖는다는 사실이 밝혀졌다. 이들 헤테로옥신은 현재 성장촉진, 특히 꺾꽂이의 뿌리내림에 광범위하게 사용된다. 보다 다량으로 투여된 헤테로옥신은 불규칙적으로 성장하게 하거나 말라죽게 하므로 제초제로서 새롭게 응용되기 시작했다. 생물학전에서 적의 농작물을 말라죽게 하는 헤테로옥신이 막대한 예산과 엄중한 비밀 속에서 개발되어, 실제 효과적으로 항의를 받지 않은 채 영국에 의해 말레이반도에서, 미국에 의해 남베트남에서 실험된 사실은 자본주의 사회의 병적인 상태의 특징이다.

비타민과 호르몬. 그리고 나아가 그것들을 통제하는 놀라운 효과에 대한 연구는 유기체를 더이상 역학적인 기계로서가 아니라 부여된 활동인자의 총체성으로 기능이 완전히 결정되는 화학적 기계로서 생각하게 한다. 노련한 생물학자나 생화학자들이 지적하는 바와 같이, 특정 화학물질을 투입하여 어떤 생화학적 결과를 가져왔다고 해서 건강한 상태에서 그러한 결과를 가져오는 화학물질과 그것이 동일한 또는 매우 근사한 화학물질이라고 말할 수는 없다. 이를 위해선 고려해야 될 많은 다른 화학적·신경학적 요인이 존재한다. 따라서 같은 결과가 매우 다른 방법들에 의해서 얻어질 수도 있다. 그렇지만 이러한 지식은 생물학에 상당히 널리 퍼져 있는 회의론과 신비론으로 연결되지는 않을 것이고, 오히려 올바르게 판단한다면 보다 깊고 보다 포괄적으로 생물학 연구를 하는 데 자극이 될 것이다.

면역학

지금까지 우리는 유기체에서의 분자들의 활동을 강조했다. 어떤 분자는 단백질과 특히 관련된 특별한 성질을 갖고 있다. 파스퇴르는 우연히 죽은 박테리아의 혼합물에서 추출한 무해한 백신이 독성있는 동일한 박테리아의 침입으로부터 환자를 보호하는 방법, 즉 유도면역 반응을 발견했다. 이 발견은 **면역학**이라는 새로운 학문의 기초가 되었다. 면역학이 실지로 성공함으로써 디프테리아와 같은 질병을 사실상 퇴치

277. 인플루엔자 바이러스의 전자현미경 사진. 바이러스는 빛의 파장보다도 작기 때문에 광학현미경으로는 관찰될 수 없다. 바이러스의 크기는 일인치의 백만분의 일이다. WHO 제공 사진.

하게 되었다.

본질적으로 이것은 수백만년 동안 동물들을 전염병으로부터 보호해 온 과정을 밝히는 데 오직 한 단계 나아갔음을 의미할 뿐이다. 이에 대한 인류의 지식과 사용은 역사의 안개 속에 또한 묻혀 있다. 과학과는 거의 무관하지만 동양에서 오랫동안 행해졌던 천연두 접종의 기원은 아무도 모른다. 하여튼 1796년에 제너(Jenner)가 접종을 시행한 것은 젖짜는 여인들이 전통적으로 알고 있었던 소들의 약한 천연두감염에서 비롯되었는데, 그의 접종은 예방면역원리를 처음 과학적으로 이용했으므로 중요한 의미를 갖는다. 그러나 거의 80년이 지난 후에야 파스퇴르의 획기적인 발견이 뒤따랐고, 면역원리가 널리 응용된 것은 20세기에 이르러서였다. 나중에 구식의 수혈방법이 인간을 대상으로 신중하게 시도되었을 때 이와 동일한 효과가 나타나게 되었다.

혈액형

최초로 수혈이 시도되었을 때 성공도 많았지만 심각한 사고들도 발생했다. 어떤 사람의 혈액 속에 있는 단백질은 다른 사람의 혈액세포와 반응하여 응고한다는 사실에서 발견된 것이다. 이것이 랜드스타이너(Landsteiner)의 혈액형 연구의 시초였으며 이러한 혈액형 연구는 전쟁이나 평화시에 인간의 생명을 구하게 되면서 무한한 가치를 증명했다. 각종 단백질이 신체에서 항체를 만드는 동인(agent)으로 작용할 수 있고, 다시 항체는 이 단백질만을 응집시키는 두 반응은 단백질이 고도로 독특하다는 사실에 기인한다. 이러한 반응구조는 아직 분명하지 않다. 그러나 단백질 분자의 어떤 특별한 부분만이 관계되어 있다는 사실은 충분히 알려져 있다. 혈액형에 관한 연구가 더욱 진행되면 단백질에 대한, 생물학적으로 본질적인 상세한 구조가 밝혀질 것이다 (pp. 239 ff.).

물질대사

생물학이 갖는 중심적인 문제 중의 하나는 물질대사에 관한 것이다. 이미 언급했듯이 물질대사과정의 어떤 부분, 예를 들면 당의 연소과정은 다소 해명되었다. 그러나 아직 많은 부분이 남아 있고 물질대사의 구조부분, 즉 **동화작용**에 대한 연구는 거의 시작되지도 못했다. 그러나 한 가지는 아주 최근에, 특히 추적자를 사용함으로써 밝혀졌다. 즉 동화작용(생체에서 단순한 구조로부터 합성물을 구성하는 것)과 **이화작용**(합성물을 파괴하는 것)은 모두 지금까지 생각된 것보다 훨씬 높은 비율로 수행되고 있다는 사실이다. 우리의 신체와 모든 유기체의 분자는 끊임없이 다시 만들어지며 원자는 분자를 통해서 계속적으로 순환된다. 누구도 우리가 태어났을 때 갖고 있던 원자보다 많은 원자를 갖지 않을 것이고, 그리고 성인이 되어서조차 우리는 아마 몇달만에 몸을 이루는 물질의 거의 전부를 교체하고 있을 것이다.

하나의 과정으로서의 생명의 생화학적 특성

개인의 생명 중에서 영원한 것은 물질이 아니라 유기체를 구성하는 분자들의 형태와 반응이다. 유기체를 이루는 실질적 물질은 주로 생명의 본질인 화학적 변화의 계속적인 순환을 수행하는 데 필요하므로 필수적인 것으로 생각된다. 이들 변화는 전체로서의 유기체 속에서 일어나므로 모든 생명 세포에서 **다소간 평형을 이루어야** 한다. '다소간'이라는 말은 각 세포 내부에서, 그리고 전체 유기체 속에서 순환은 결코 완결되지 않음을 의미한다. 성장이나 퇴화는 수명을 지배하는 법칙이고, 아리스토텔레스에 따르면 지상을 지배하는 '생성과 파괴'의 희미한 메아리이다(제4장 6절). 나아가 평형은 버나드(Claude Bernard)가 지적했듯이 일정한 범위내에서 영속적이다. 즉 유기체는 내부적·외부적으로 일정한 상태를 유지하도록 반응한다. 살아 있는 세포나 유기체가 모두 기능하지 않게 되는 것, 즉 우리가 죽음이라고 부르는 것은 오직 그 범위를 넘어서서 어떤 변화형식이 끝났을 때뿐이다. 이런 현상이 일어난 후에도 유기체의 전체 세포나 세포의 효소 같은 구성 부분의 대부분은 당분간 전과 같이 기능한다.

불활성인 건축물과는 달리 모든 유기체의 본질적인 모습은 **과정들**의 연쇄와 협조다. 지구상의 생명 전체를 볼 때 과정의 중요성은 더욱 크다. 성장에서와 같이 생식에서도 속도는 더 완만하지만 과정의 순환은 조절된다. 그들을 유지하는 실질적인 과정과 구조는 긴 진화, 무엇보다도 화학적인 진화의 산물로 간주될 때만 비로소 완전한 의미를 갖게 된다.

생명물질의 근본적인 화학적 과정의 본질에 대한 탐구는 지난 10년 동안 겨우 시작되었고, 현재에는 매우 활발한 발견을 성취하고 있다. 이런 모든 과정은 효소-보효소 체계(Enzyme-coenzyme system)에서 비롯되는 것처럼 보인다. 물론 세포의 비단백질 분자의 대부분은 효소로 기능하는 것으로 생각된다. 보효소, 특히 뉴클레오티드(Necleotide, 핵산의 구성물질)를 함유한 인의 기능이 가장 중요한 것 같다. 이것은 에너지를 방출하는 이화작용과 에너지를 흡수하고 구조를 만드는 동화작용 사이의 연결고리처럼 보인다(6. 198).

우리가 이미 살펴보았듯이 이러한 효소작용변환은 작은 에너지 단계에서 발생하며 유기체로 하여금 온도가 별로 상승하지 않아도 상당한 화학적 변화를 수행할 수 있도록 한다. 생명은 퍼넬(Fernel)(6. 222)의 말에 따르면 '불꽃없는 약한 불'이다(제9장 4절). 유기체에서, 그리고 서로 유익한 공생에서부터 완전한 기생에까지 유기체 사이의 화학적 관계에서 발행하는 반응은 복잡하고 연결된 화학적 체계를 구성한다. 완전히 발달된 **생물권**(biosphere) 속에서 비교적 적은 유기분자들이 적어도 과거 30억년 동안 존재했으면서도 항상 버려졌다.

그러나 석탄이나 석유와 같은 것들은 인류에게 매우 가치있는 것들이다. 대부분의 유기물은 식물, 동물 그리고 박테리아를 통한 끊임없는 형태변화의 순환을 하고 다시 식물로 돌아간다. 생물권 전체는 하나의 진화하는 생화학적 체계로서 간주할 수 있다. 그러나 이것이 우주에서 가능한 오직 한 가지 체계라고 믿을 근거는 아무 것도 없다. 어떤 행성에서는 우리보다 더 효율적인, 그리고 다른 행성에서는 더 비효율적인 또다른 생화학적 변화체계가 존재할지도 모른다(6. 156 ; 6. 211).

생명유기체의 열역학

상호간에 빠른 속도로 물질이 순환하는 생명체계들 속에서 발생하는 에너지 교환의 독특하고 통제된 성질은, 유기체가 모든 폐쇄구조 속에서 엔트로피——또는 혼란도——는 언제나 증가해야 한다는, 다른 말로 하면 폐쇄구조는 곧 무질서하게 된다는 열역학의 제2법칙과 모순되는 것처럼 보이는 역설적인 현상을 잘 설명해준다(제9장 1절). 현재 유기체들은 오랜 기간에 걸쳐 그들이 살아 있는 기간의 대부분에 거의 동일한 엔트로피를 유지한 것처럼 보인다. 그들은 사실상 성장하거나 재생산할 때 질서상태를 증가시키고 죽을 때에만 그것을 잃는다. 이것은 마치 신이 부여한 질서, 또는 의도적인 배열을 의미하는 것처럼 보였다. 그러나 이것은 생명유기체는 폐쇄된 체계가 아니라 개방된 체계이기 때문이라고 간주되고 있다. 이러한 체계에서는 프리고긴(Prigogine)(6. 215)이 최근에 밝힌 바와 같이 엔트로피가 증가하지 않고, 고정된 값을 나타내는 경향을 띤다고 한다. 열역학의 제2법칙은 사실상 폐쇄체계라는 특별한 경우에만 적용된다. 이러한 지식으로 인해 물질대사와 유기체 성장의 열역학적 측면은 특별히 생명력이 있는 어떤 것으로 생각할 필요가 없게 되었다. 하지만 그것은 생명의 문제를 해결하지 못한다. 그것은 ˙단지 생명의 문제와 혼재된 사이비 문제를 제거했을 뿐이다. 이 지식은 본질적 문제, 즉 살아 있는 유기체를 특징짓는 구조와 과정의 기원과 끊임없이 변화하지만 본질적으로 재현되는 진화형태를 설명해야 된다는 문제를 남겨놓고 있다.

11. 3 분자생물학

독립된 학문으로서의 분자생물학은 한편으로는 생화학으로부터 또 다른 한편으로는 결정구조분석의 발전으로 생겨났다. 고전적 유기화학, 전자현미경, 그리고 유전학이 또한 이 학문에 도움을 주었다. 분자생물학의 본질적인 내용은 생물학적 방법으로 연구된 세포들보다 낮은 차원의 구조물과, 통상의 화학적 방법으로 연구된 분자들, 특히 단백질과 핵산분자, 보다 큰 구조물들의 구조와 기능을 연구하는 것이다. 분자생물학은 현재 생물과학 중에서 가장 흥미롭고 빨리 성장하고 있는 분야 중의 하나다. 이 분야가 시작된 정확한 날짜를 알기는 매우 어렵다. 아마도 30년대 초반의 애스베리(W. T. Astbury : 1898~1961)의 모섬유구조에 대한 초기 연구로부터 분자생물학이 시작되었다고 할 수 있을 것이다. 1945년에 애스베리가 생물분자구조학의 교수로 지명됨으로써 최초의 공식적인 인정을 받았다.

전반적인 분자생물학 연구는 비공식적이고 어느 정도 임시적으로 여러 분야를 조직한 작업으로 이루어진 지극히 충실한 연구의 응결체를 의미한다. 분자생물학은 섬유성 및 결정성 단백질 분자와 핵산 분자, 그리고 이 양자를 포함하는 핵단백체인 바이러스의 구조에 대한 연구의 역사로 나눌 수 있다. 이들 연구는 단백질과 핵산의 상호 관계를 원칙적으로 해명할 수 있는 중대한 조합을 가능하게 하였고, 핵산의 정밀한 암호가 상이한 단백질들의 구조를 결정한다는 것을 밝혀내기 시작했다.

단백질 분자의 구조

단백질 구조에 대한 초기의 연구는 효소작용의 보다 정확한 설명과 요소분해효소(Urease)나 펩신과 같은 특정 효소가 결정체형태로 분리됨으로써 시작됐다. 이미 20년대에 단백질의 역할이 생명체에 지극히 본질적이라는 사실이 밝혀지기 시작했다. 단백질은 개체성과 활동성을 동시에 부여한다. 유기화학자가 다루는 대부분의 분자와 비교해보면 단백질은 매우 복잡하다. 무엇보다도 모든 단백질분자는 크다——그것들은 보통의 화학적 방법으로는 측정불가능하며, 스베드버그(Svedberg)가 크림분리기 속도의 100배 정도인, 고속 회전의 초원심분리기로 단백질 분자를 추출한 것과 같이 물리적 측정이 가능할 정도로 크다.

더욱 놀라왔던 것은 그들이 결정체화된다는 것, 백만개의 동일한 단백질 분자가 무기물 결정에서의 가장 단순한 원자들과 똑같이 규칙적으로——뉴튼의 말대로 열과 줄을 지어—— 서로 맞물려질 수 있다는 것이다. 이것은 한 종류의 단백질 분자는 본질적으로 동일하다는 것을 의미한다. 이 동일성은 완전한 동일성——원자나 결합방식까지——일 필요는 없다. 다만 결정화는 분자의 대부분이 크기나 모양에 있어 몇 퍼센트 이상으로 틀리지 않다는 것을 의미하는 것이다.

단백질 결정체의 존재는 이미 유기결정체에 적용되었던 것과 같은 엑스레이 분석 방법에 의해 단백질 구조를 실험할 수 있게 했다. 이 방법은 1,000개에서 백만개의 원자——대부분 탄소, 질소, 산소, 수소 원자인——로 구성되어 있는 단백질 분자의 크기를 정확히 측정해내었다. 이 측정을 통해 그것들이 서로 결합하고 있는 방법에 대한 단서를 알아낼 수 있다.

화학적 측면에서 볼 때 단백질 구조분석의 근본적인 기초로서 단백질의 구성은 아미노산의 연쇄일 것을 예시하여 그 구조에 대한 거의 확정적인 단서를 발견하였던 것은 에밀 피셔(Emil Fisher)의 작업이었다. 이 부분에서의 최초의 결정적인 진보는 1952년 종이 크로마토그래피를 이용하여 생거(Sanger)가 인슐린 분자를 구성하는 두 체인의 아미노산의 정확한 순서를 결정한 것으로서, 이에 따라 여타 많은 단백질의 아미노산 순서를 결정할 수 있게 되었다. 이것은 분석화학에 있어 아직까지 가장 커다란 성공으로 알려져 있다. 하지만 화학적 분석은 그 스스로는 효소와 같이 화학변화를 진행시키고 신경 전달을 지휘하며 모든 동물의 운동을 지배하는 근육의 수축에 관계하는 활동적인 생리학적 분자들을 구성하는 것과 같은 단백질의 가장 흥미로운 모습이나 그 능력에 관한 많은 부분을 해명할 수는 없었다.

섬유상 단백질

신경과 근육은 섬유상 단백질로 이루어져 있는데 연골의 콜라겐, 머리카락, 손톱, 뿔의 케라틴, 그리고 곤충이나 거미의 실크와 같은 동물기관의 불활성부분도 또한 마찬가지이다. 이와 같이 단단한 섬유상 단백질은 어느 의미에서 생물학적 부산물이나 구조적인 목적을 위해 남겨진 여분으로 생각할 수 있다. 식물의 섬유질 셀룰로오즈나 곤충의 각피 속에 있는 키틴도 같은 역할을 한다. 섬유상 단백질이 원시시대부터 인류에게 값진 것으로 증명되어 왔고 또한 중요한 모직, 견직, 피혁산업의 기초를 이루게 된 것은 바로 그것이 단단하고 강하며 질기기 때문이다.

마찬가지 이유로 그것은 엑스레이로 분석된 최초의 단백질이었다. 마크(Mark)와 애스베리의 면구는 양모와 같이 신축성 있는 단백질은 접혀지고 감겨진 모양으로 배열된, 그리고 실크와 같이 질긴 단백질은 일직선으로 배열된 아미노산의 연쇄일 것이라고 설명했다. 이것은 낡은 방직기술의 개선과 새로운 방직섬유의 발명에 과학적 근거를 제공하는 데 크게 기여하였다. 이미 제2차 섬유상 단백질이라는 새로운 계열이 천연의 구상 단백질로부터 생성되었다. 땅콩의 이데스틴(edestin)으로부터 생성되는 아딜(ardil)과 같이, 사실 폴리벤졸 글루타메이트(polybenzoyl glutamate) 같은 합성단백질이 섬유 형태로 만들어질 수 있는 것처럼, 이것은 완전히 인공 폴리아미드계의 나일론과도 경쟁할 수 있다.

구상 단백질의 구조와 생성

하지만 아미노산에서 섬유상 단백질을 인공 생산하는 것과 현재 결정성 단백질과 같은 활성이 있는 소위 구상의 단백질 분자의 실제 구성 사이에는 현격한 차이가 있다.

그러나 각자의 특성이 지적될 정도로 구분되는 것은 아닌데 그 이유는 그것들이 상호 전환되는 경우가 많이 때문이다. 예를 들면 인슐린의 경우 섬유단백질 형태로부터, 근육의 액틴의 경우 구상 단백질 형태로부터 정상적 형태인 섬유단백질이 만들어질 수 있다. 이러한 변환

을 설명하는 단서는 폴링(Pauling)이 현재 우리가 섬유상과 '구상'이라
는 단백질 분자의 **2**차 구조로 알고 있는 형태, 즉 내부 수소결합에 의
해 안정화되는 아미노산의 나선배열이론을 제창함으로써 주어졌다.

규칙성 없는 완전한 결정체적 나선구조 개념은 단백질 구조뿐만 아
니라 바이러스나 핵산구조에도 매우 유용한 개념으로 증명되었다. 이
것은 새로운 분석활동의 폭발을 가져왔고 그 결과 이러한 형태의 모든
분자에 대한 완전한 분석에 대단한 성공을 거두게 되었다.

미오글로빈과 헤모글로빈

단백질 결정에 대한 도전은 켄드류(Kendrew)와 페루츠(Perutz)에 의
해 최초로 성공적인 결론이 내려졌는데, 그들은 무거운 추적원자를 엑
스선의 반사면을 고정하기 위해 투입하는 방법으로로 원자 위치를 계
산해냄으로써 반복구조를 밝혀내는 고전적인 결정학적 방법을 사용하
였다(pp. 60f.). 켄드류의 최초의 대략적 단백질 분석은 향유고래의 미오
그로빈 속에서(모비딕[Moby Dick]의 괴상한 주석인데) 폴릭(Pauling)의
나선형으로 이루어진 분자가, 산소를 포착하는, 분자의 '실질적인' 부분
인 철분을 함유한 중앙의 포피린(porphyrin) 주위로 겹쳐 있다는 사실
을 밝혀냈다. 이것이 단백질의 화학적 기능을 특이적으로 규정하는 결
정요소인 소위 **3**차 구조이고 이것은 통상적인 화학적 분석방법의 영역
을 넘는 것이다. 이후의 연구들은 화학적 순서결정에서 나아가 원자
자체의 배열에 대해서 설명하고 있다. 페루츠는 헤모글로빈의 보다 복
잡한 구조 속에서 두 쌍의 거의 동일한 아(亞)분자가 있다는 것을 밝
혀냈다. 정확한 구조의 중요성은 한 개의 아미노산 대치에 의해, 헤모
글로빈에서 일어난 미소한 변화가 '겸상(鎌狀) 적혈구'(sicklecelled hae-
oglobin)라는 최초의 유전적인 분자 질병으로 알려진 **특이 질병**을 유발
시킨다는 사실의 발견에서 명확해졌다.

분자구조에 대한 연구는 아직까지도 시작단계에 머물러 있다. **3**차 구
조, 즉 효소분자를 형성하는 아미노산의 사슬이 이뤄내는 입체구조가,
효소에 의해 제어되는 기질 분자가 붙을 수 있도록 큰 역할을 한다.
이것이 일종의 지그(Jig)이다. 그러나 어떠한 효소단백질의 구조도 완
전히 해명되지는 않았다. 또한 단백질의 구조에 대해 어떠한 분류도
아직 존재하지 않는다.

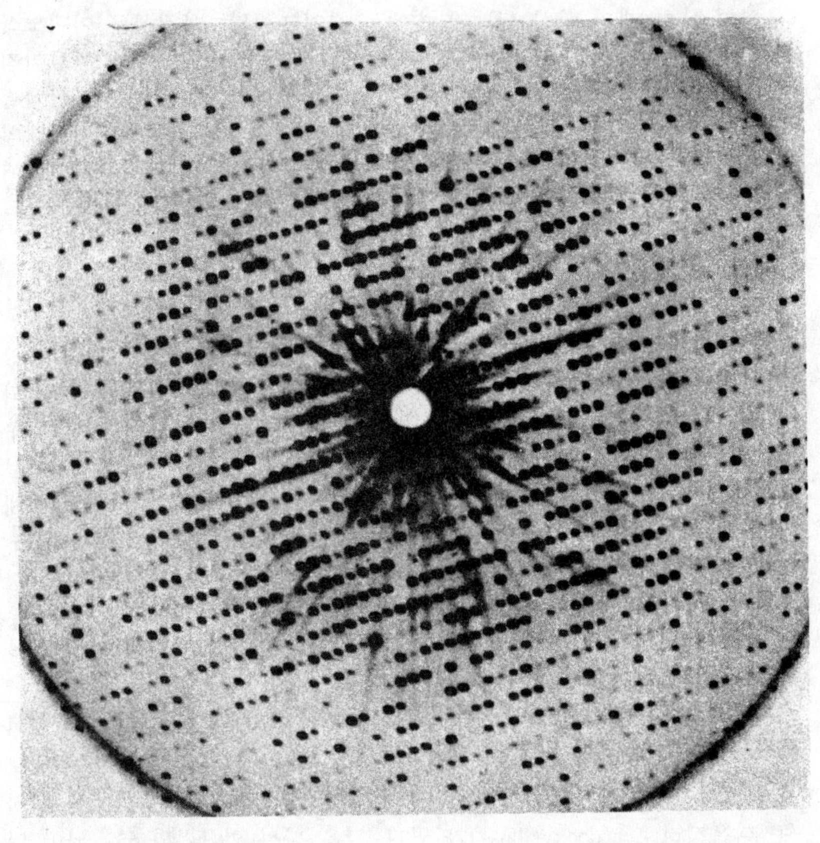

278. 생물체에서 발견되는 유기물질의 분자는 지극히 복잡하다. 켄드류(J. C. Kend-
rew)와 페르츠(M. F. Perutz)는 엑스선 회절분석기술을 사용하여, 단백질인 미오글
로빈과 헤모글로빈의 구조를 밝혀냈다. 이 회절자료는 미로글로빈이다. 분자가 작은
간단한 무기물과 비교할 때, 복잡성은 그림 214와 비교해봄으로써 알 수 있다.

하여간 한 개의 구상 단백질 속에서 보이는 모든 복잡성은 아미노산의 배열에 의하여, 특히 분자의 매우 상이한 부분 사이에서 만들어지는 디설파이드결합(S-S결합)에 의하여 해명될 것으로 보인다. 단백질 구조의 비교연구는 거의 시작되지 않고 있다. 그러나 수많은 형태의 이러한 많은 단백질이 세포 속에 존재한다는 사실은 아마 단백질과 핵산합성에 대한 발달사에 궁극적인 단서를 제공할 것이다(pp. 243ff.).

핵산

핵산에 대한 해명 연구는 단백질의 구조 연구보다 더 늦게 시작되었는데 몇몇 섬유상 단백질과 같이 핵산이 비교적 순수한 상태로 발견되지 않는다는 주된 이유 때문이다. 핵산은 그 명칭 자체가 세포핵의 구성물이라는 점을 암시하고 있다. 핵산은 처음엔 급속히 분열하고 있는 효모에서 가장 많이 발견되었고 이후에 빠르게 성장하는 어린이들에게서 크게 발달하는 흉선 속에서 발견되었다. 30년대의 카스퍼센(Casperssen)의 기근에 대한 연구에서는 성장과 단백질 합성이 관련된다고 강조했다. 핵산이 자외선을 흡수하며 몇몇 염료로 염색된다는 사실로부터 유전적 변이와 생식에 관계한 것으로 이미 알려진 염색체에 다량으로 존재함이 밝혀졌다.

화학적으로 핵산은 퓨린, 피리미딘이라는 질산을 함유하는 염기가 특정한 당과 연결된 복잡한 구조를 띤다. 당은 소위 RNA 또는 효모 핵산내에 존재하는 리보스(ribose)와, DNA 또는 흉선의 핵산에 존재하는 디옥시리보스(deoxyribose)가 있다. 당은 다시 인산기와 연결되어 있어, 핵산은 모든 생명체 기관에서의 주된 인산의 담체인 것처럼 보인다.

핵산에 대한 본격적 연구는 1932년 애스베리가 섬유성 중합체구조를 나타내는 염색사로써 분리가능한, 끈끈한 액체에 녹아 있는 것을 발견, 분리한 후에 시작되었다. 애스베리는 퓨린염기(purine)인 아데닌과 구아닌, 피리미딘염기(pyrimidine)인 시토신과 치아닌(RNA에서는 우리딘) 등 4종류의 뉴클레오시드(nucleoside)가 동전처럼 실의 축에 직각으로 쌓여 있다고 밝혔다. 펄벅(Furberg)은 당분자들의 환이 직각으로 배열되어서, 이 당들이 인산 결합에 의해 중합체를 형성할 수 있다는 사실을 밝혔다.

279. 유기물질의 복잡성은 그 크기 뿐아니라 그 구성원자들이 배열하는 방식에도
기인한다. 이 사진은 유전학자 마더(K. Matter)가 이중의 인산-당 사슬을 가진 DNA
분자모델을 설명하고 있다.

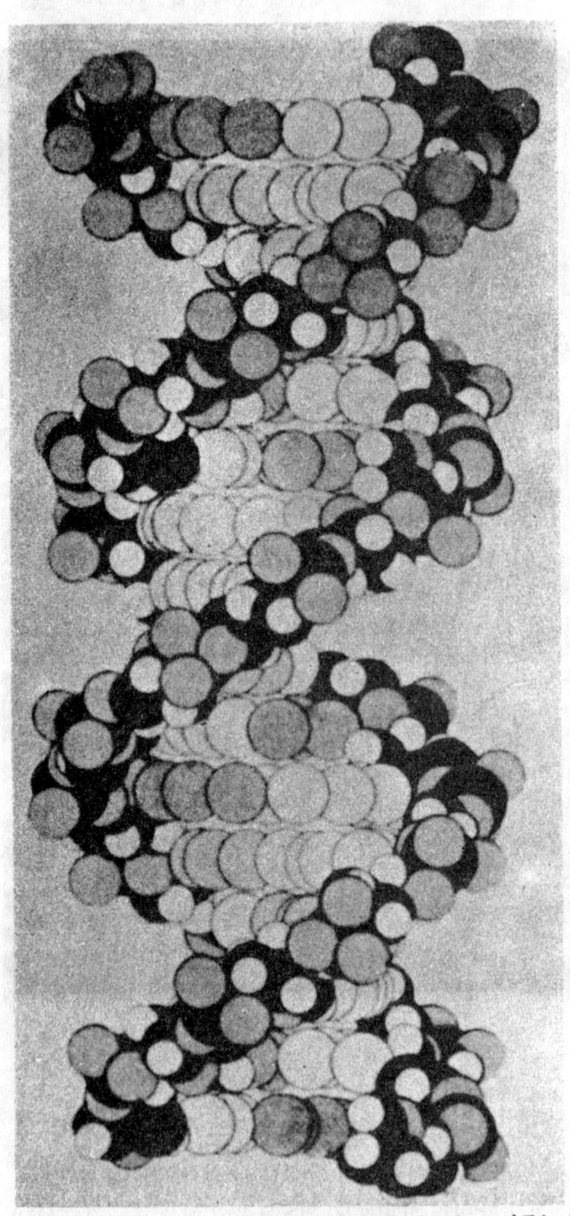

280. 염기의 쌍을 둘러싼 이중의 인산-당 사슬을 보여주는 DNA분자의 모델.

챠가프(Chargaff)가 퓨린과 피리미딘의 수가 정확히 균형을 이룬다
는 화학적 분석을 하고 있을 때, 크릭(Crick)과 와트슨(Watson)은 한가
닥의 퓨린이 다른 가닥의 피리미딘과 연결된 상태로 **하나의** 나선이 아
닌 **이중**나선으로 정열되어 있다는 유명한 가설을 진행하고 있었다. 이
가설은 윌킨스(Wilkins)와 플랭클린(Flanklin : 1920~58)의 엑스선 분석
을 통해 입증되었다. 핵산이 4개의 뉴클레오티드를 갖더라도 이 뉴클
레오티드의 정확한 **순서**는 각각의 핵산에 따라 다르며, 원래의 핵산가
닥에서 새로운 가닥이 생성될 때 유사하게 자동적으로 전달된다. 이러
한 핵산분자들의 구조적 성질은 원칙적으로 정보전달을 가능케 하고
모든 세포와 바이러스 입자의 내핵에 전달 테이프로서의 역할을 할 수
있게 한다.

분자의 재생산

이러한 순수 구조의 발견이 가지는 의미는 상당한 것이었다. 그것은
생물학에서의 단일발견으로서는 최대의 것이었다. 그 구조는 유전과
염색체 연구에서 수십년 동안 축적되어 온 모든 지식과 직접적으로 연
결될 수 있는 것이었다.

세포학자들은 오랫동안 재생산의 본질이 다음과 같다고 생각했다.
즉, 현미경으로 보면 명백히 염색체로부터 시작해서 이분자 구조의 복
제로 되는데, 이것은 왼쪽과 오른쪽이 항상 바뀌므로 **입체적** 복제나, 사
진과 같은 평면적 복제일 수는 없다는 간단한 원리로 재생산을 추측해
왔다. 그것은 한 줄로서 한점한점이 반복되는 선적인 재생산일 수밖에
없었다. 이제 이것은 근본적으로 꼬여져 있는 나선이며 퓨린과 피리미
딘이 정확하게 쌍을 이루고 있다. 이것으로 인해 핵산분자의 자기 복
제가 가능하다. 이러한 구조가 효과적이라는 것이 동위원소를 사용한
메젤슨(Meselson)과 스탈(Stahl)에 의해서 후에 증명되었다.

일단 분자 재생산의 열쇠가 발견되자 그것이 단백질 생산과 그를 통
한 생명의 전체적인 화학적 메카니즘에 사용되는 방법은 곧 밝혀지게
되었다. 이것은 단백질의 가장 원시적인 형태는 아니지만 가장 단순한
형태로서 생명을 가지는 바이러스에 대한 연구에 의해서였다.

바이러스 구조

우리는 홍역이나 천연두 같은 질병을 일으키는 상대적으로 크고 복잡한 동물 바이러스에서부터 식물들에게서 무수한 병을 발생시키고 동물에게는 소아마비 등을 일으키는 매우 작은 바이러스에 이르기까지 수많은 종류의 바이러스를 발견할 수 있다. 박테리오파아지와 같이 박테리아까지도 감염시키는 것이 있는데 이것은 마치 '등 위에 자신을 물어뜯는 작은 벼룩을 올려놓은 보다 큰 벼룩들'의 연쇄적 연결로서 생각할 수도 있다. 한 생명체에서 다른 생명체로 질병을 전파시키고 또 전염병까지도 발생시키는 바이러스의 활동은 그 본질적인 방법에 있어서 박테리아와 조금도 다르지 않다. 사실상 바이러스는 여과막을 투과할 수 있다는 점과 일반 현미경으로 볼 수 없다는 점에서만 박테리아와 구분되었다. 전자현미경이 발견되자 바이러스는 볼 수 있게 되었고 그 구조의 많은 부분이 알려지게 되었다. 일찌기 버날(Bernal)과 판쿠헨(Fankuchen)은 스탠리(Stanley)와 버든(Bawden) 및 피리(Pirie)가 1934년 분리해낸 최초의 바이러스, 즉 담배모자이크병바이러스(TMV)가 내부 규칙성을 지닌 막대모양의 형체라는 것을 엑스선을 통해 증명하였다. 1954년 와트슨, 윌킨스와 플랭클린에 의해 담배 모자이크병을 일으키는 바이러스는 내부에 실 같이 감긴 핵산선과 관처럼 그 주위를 둘러싼 단백질 분자로 되어 있다고 판명되었다. 구형의 바이러스인 경우에는 단백질 분자들이 규칙적인 다면체를 형성하여 핵산을 감싸게 된다. 그러나 바이러스와 박테리아는 한 가지 중요한 점이 다르다. 즉, 바이러스는 인공 배지에서 키울 수 없다는 점이다. 어떤 물질대사도 나타내지 않은 채 수년간 유지되어 온 바이러스 현탁액도 발병력을 충분히 나타낸다. 그같은 성질의 예로서 항생제에 대한 높은 저항성을 들 수 있다. 바이러스 입자를 둘러싸고 있는 단백질은 단지 보호역할만을 하는 것으로 알려졌고 생식역할을 담당하는 것은 핵산으로서 세포내에 들어가서 그 세포의 물질대사를 이용하여 복제를 하게 된다. 바이러스 입장에서 볼 때 이같은 현상은 세포를 파괴시키고 새로운 세포에 감염할 수 있는 새로운 바이러스 입자를 많이 만들 수 있는 충분한 바이러스와 바이러스 단백질을 형성하기 위한 것이다. 바이러스는 자신의 핵산분자에만 적용되는 특수한 단백질 형성을 명령하는

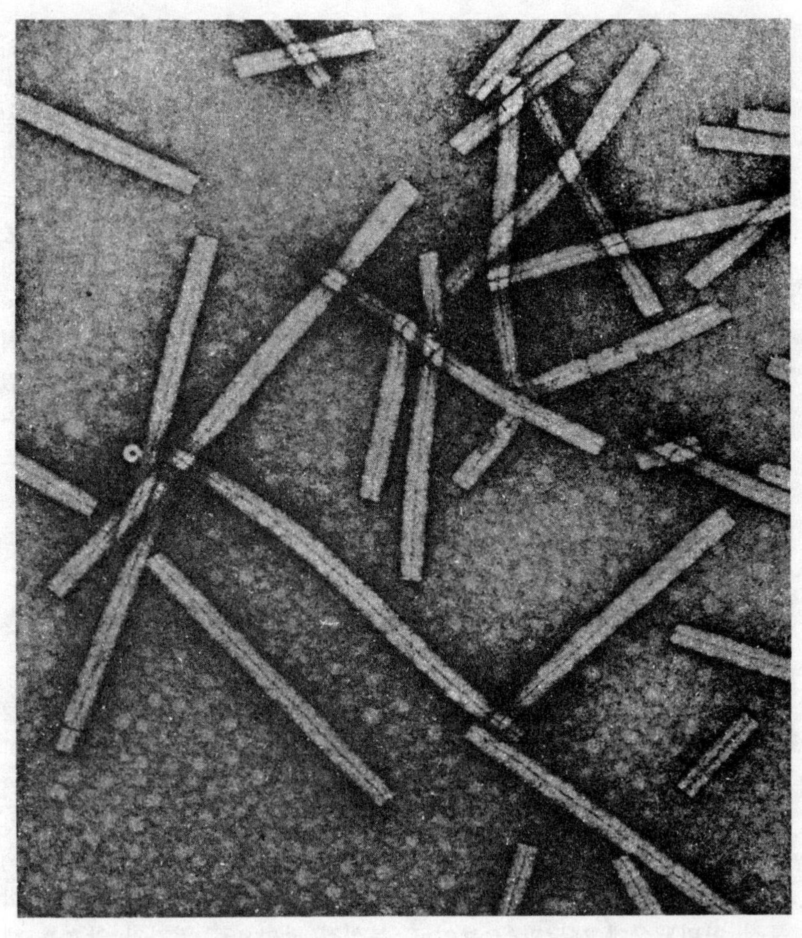

281. 담배 모자이크 바이러스는 핵산 한 가닥에 단백질이 둘러싸여 있는 관상구조이다. 이 사진을 배율은 220,000배이다.

능력이 있는 것으로 생각된다. 바이러스는 세포의 물질대사를 제어하여 자신의 목적을 위해 쓰이도록 전환시킬 수 있다.

바이러스가 생명체라는 것은 그들이 생식할 수 있다는 바로 그 사실을 볼 때 명백해진다. 한편 바이러스가 뻐꾸기 같은 완전한 생명체가 아니라, 개체에 기생하는 분자라는 사실 역시 명백하다. 숙주의 종류는 다양할 수 있지만 바이러스의 고유성은 항상 유지되는 것이다. 몇 종류의 바이러스들은 단순히 세포를 파괴시키는 현상을 넘어서, 세포의 유전기구에 들어가서 연결됨으로써, 세포분열에 의해 다음 세포로 전이될 수 있다. 그 결과 시간이 경과한 뒤 핵산이 떨어져 나와 외형적으로 건강해 보이는 세포로부터 바이러스를 형성하게 된다. 특정한 암들의 발생도 이같은 기전과 관계있을 것으로 생각된다(pp. 268ff.). 어려운 문제는 '바이러스 핵산분자가 숙주의 단백질 합성 기전을 조절하는 방법이 무엇인가?' 하는 것이다.

핵산의 유전정보 해독

24개의 아미노산이 적절한 순서로 배열된 특정단백질을 형성할 수 있는 유전정보는 4종류의 뉴클레오티드의 순서에 의해 결정되는 코돈(Codon)에 함축되어 있는데, DNA 바이러스를 이용해서 코돈의 성질을 잘 알아낼 수 있다. 이것은 한개의 박테리아 세포에 두 종류의 바이러스 DNA를 감염시킬 수 있기 때문에 가능하다. 만일 이들 바이러스가 다른 돌연변이체를 포함한다면 형성되는 서로 다른 바이러스 자손들의 비율에 따라 핵산배열을 밝힐 수 있다. 크릭과 브렌너(Brenner)는 이같은 방식으로써 3개의 뉴클레오티드로 이루어진 '암호'가 하나의 특정 아미노산에 해당함을 보이고, 분석적 방법으로 몇가지 암호를 해독하였다. 이 해독작업은 합성연구를 통해 보충되었다. 오코아(Ochoa)는 아주 단순한 중합반응을 이용해서 한 종류 혹은 두세 종류의 뉴클레오티드를 핵산으로 합성한 뒤, 완전한 핵산조각을 형판(型板)으로 넣어줌으로써 생성되는 생성물을 통해 특정한 핵산의 암호를 해독하였다. 즉 실험실에서 새로운 형태의 생명체를 생성시킨 것이다. 결정적인 실험은 1961년 니렌버그(Nirenberg)와 매티(Matthaei)에 의한 것으로서, 폴리우리딘(Poly-uridine)이라는 인공적 핵산을 넣어주었을 때 인공 단백질인 페닐알라닌 중합체가 합성되었다. 현재 암호 해독작업은 많은 연구실에서 왕성히 이루어지고 있으며, 실용적으로 유용한 정보를 얻으려면 작은 규모의 연구라 할지라도, 모든 기전과 실험 등 모든 것을 컴퓨터화할 수 있어야 한다.

핵산과 단백질 합성

핵산이 단백질 합성에 필요한 정보를 갖고 있다는 사실은 이미 1953년에 명백해졌지만, 그것들이 어떻게 작용하는지는 더 많은 연구를 요구하며, 추측할 수는 없으나 풀 수 있는 복잡성을 나타낸다. 연구 결과 우선 핵 속에 있는 DNA와 외부세포질에 존재하는 소기관——즉 RNA를 함유하는 리보솜——에서 일어나는 실제 단백질합성 사이의 지역적 지시체계가 밝혀졌다. 볼킨(Volkin)과 아스트라챈(Astrachan)은 새로운 단백질을 형성하는 초기 단계에는 핵내에서 DNA를 특정 형태의 RNA, 즉 m-RNA(전령RNA)로 전사시켜 이들이 특정단백질을 형성하는 데 필요한 정보를 함유한다는 기전을 밝혔다. m-RNA는 세포질로 이동한다. 세포질에는 각각의 짧은 길이의 특정 **가용성** RNA와 결합된 일련의 아미노산들이 모여 있다. 가용성 RNA분자는 m-RNA 상의 적절한 위치에 결합한 뒤 자신이 함유하는 아미노산의 올바른 순서를 확정지어 특정단백질을 형성한다.

이 기전만큼 오스카 와일드가 말한 자연의 복사예술을 잘 나타낸 것도 없다. 왜냐하면 이것이야말로 사실상 전기전이 자기복제가 가능한 테이프에 의해 조절되는 분자 규모의 현대적 자동생산체계에서 일어나는 재생산이기 때문이다. 모든 세포에서 거의 2천종의 단백질이 단 한 개의 실수——이것은 정상적인 치사를 보이는 돌연변이를 의미함——도 없이 이런 기전이 이루어진다는 것을 고려할 때, 최근 20년 전까지도 심지어는 과학계 어느 누구의 상상도 초월했던 생명현상의 복잡성을 인식할 수 있다. 비록 대략적이고 잠정적이긴 하지만 그 정교한 현상체계를 정립했다는 것은 인간 사고의 위대한 승리인 것이다. 이것은 여러 분야의 과학자들 사이에서 막대한 양의 상호교환과 협동이 이루어진 뒤 이제 겨우 연구의 시작단계에 있다. 그러나 그 이상의 진전이 내년 혹은 내달 뒤라도 이루어질 수 있다고 확실히 기대할 수 있다.

세포내에서 단백질 합성기전은 1차구조——즉 아미노산의 순서적 배열——을 형성하는 데 국한된 것처럼 보인다. 유전 암호는 단순히 핵산의 4개 문자들의 순서에 의한 정보를 아미노산계열의 24개 문자들의 순서로 재생산시킨다는 것을 보증할 뿐이다. 그러나 단백질 1차구조의 순서내에는 차후의 뚜렷한 단백질 형성——즉 1차구조 뒤에 나타나는 2차, 3차구조 형성이 내포되어 있다. 어느 정도까지 파괴된 2차, 3차구조는 순수한 물리적 방법으로 재구성된다. 이 사실은 선형상태의 유전 암호가 3차원 상태의 암호로 변이될 수 있다는 것을 효과적으로 보여주는 것이다.

또한 세포내의 더 복잡한 구조들 모두가 단백질 분자들의 단위가 연합된 것으로 보인다. 콜라겐이나 근육 같은 섬유질, 핵막, 미토콘드리아막 등의 세포내 막구조 등도 단백질 요소를 갖고 있다. 중심체와 거기에 연합된 편모구조처럼 세포내에서 가장 중요한 모든 소기관들도 미리 구조와 형태가 결정되어 있는 동일한 단백질 분자들이 자발적으로 연합하여 형성되는 것으로 보인다.

이같은 자동합성기구에 대한 한 가지 단서를 바이러스의 단백질 껍질이 형성되는 과정에서 볼 수 있다. 대부분의 바이러스는 한 종류의 단백질만을 형성하여 나선체 혹은 약간의 다면체를 보이는 전형적 껍질을 만든다. 순전히 화학적 방법으로 이 껍질을 분해시킨 뒤, 다시 바이러스 핵산 부분을 화학물질로 파괴시켜도 외형적으로 동일한 바이러스 구조가 재구성되어 자연상태에서 자주 나타나는 소위 껍질뿐인 바이러스가 형성된다.

이것은 절대적으로 동일한 단백질 분자들이 형성된 뒤 고도의 제한된 특이적 방법으로 연결되어 복잡한 구조들을 형성한다는 기본적 중요성을 제시해준다. T_2박테리오파아지 같은 매우 복잡한 구조도 바이러스 자신의 DNA상의 서로 다른 유전자에 의해 각각 조절되는 5종류의 단백질 분자만을 포함하는 것으로 여겨진다.

바이러스 형성은 그 복잡성과 동시에, 서로 다른 일련의 아미노산 세트만 형성하면 충분하다는 것을 보여준다. 일련의 아미노산들은 우선 단백질 분자로 꼬인 뒤, 생명현상을 방해하지 않는 범위내에서 단백질 분자들을 상호적으로 배열시킨다. 비록 연구의 초기단계에 있으나, 이같은 사실은 생물계에서 나타나는 구조 형성의 문제를 대폭 단순화시켜준다. 유전적으로 결정된 단백질 분자에 의해 조절되는 세포내 복잡한 소기관들의 형성 역시 입증되지는 않았으나 유사한 기전으로 설명할 수 있다.

연구는 진척되어 의학 분야에서는 벌써 결실을 맺고 있다. 정교한 과정들을 일단 이해하게 되면 조절할 수 있는 것이다. 자연 상태의 핵산과 유사성이 크면서도 충분히 다른 종류의 핵산을 도입함으로써 핵산 형성을 중지시키게 된다. 이것이 치오우라실(thiouracil) 등의 새로운 항바이러스 약제의 근간을 이루는 것이며, 결국 암을 정복하는 가장 확실한 방법이 될 수도 있다.

일견, 우리가 연금술사들이 생각했듯이 실제로 생명체——달인의 세계에 있는 homunculus(옛사람들이 정자내에 존재한다고 믿었던 미세人)——를 만든다는 이상에 가까이 가고 있는 것처럼 보인다. 그러나 사실상 유전암호가 발견됨으로써, 생명체를 만드는 기전이 얼마나 터무니없이 복잡한 과정인가를 제시해준다. 생명에 대해 더 많이 알게 될수록 어떤 선한 목적을 위해서 생명체를 만든다는 사실이 점점 더 어려워 보인다. 한편 **나쁜** 목적으로 생명체를 만들 수 있다는 사실 역시 자명하다. 현시대에서는 생물학전에서 두드러지게 나타나는 과학자들의 위치로 말미암아, 최초의 생명입자로서 여지껏 알려지지 않은 병을 유발하는 바이러스를 만들어낼 수 있다고까지 기대된다.

분자생물학의 중요성

이같은 모든 발견들이 극히 최근의 것이어서 현대의 대중성에도 불구하고 아직 과학계에서도 충분히 이해되지 못했고 다른 지식계에서는 더 알지 못하고 있다. 인간을 종(種)이 아닌 개체로서 볼 때, 동일한 자연이 단지 1/4인치 길이에 백만분의 일인치 넓이밖에 안되는 작은 분자의 정보로써 충분히 결정된다는 사실은, 대부분의 절대적 운명론자들의 꿈을 초월할 만한 것이다. 어쨌든 분자생물학은 소위 '생명의 비밀'로 향하는 거대한 발돋움이며, 이제 비밀 속의 비밀의 베일을 처음 벗김으로써 모습을 드러낸다.

뒤돌아 보건대, 이제는 분자 수준에서 다음과 같이 생명체를 정의할 수 있다. 즉, 엥겔스의 말을 확대시켜서 "생명이란 단백질-핵산의 연합운동이 나타내는 형태이다"라고 말할 수 있다. 비록 이것이 전 시대의 생명체에 적용되지는 않는다 해도, 지금 지구상의 생명체에 대해서는 확실한 진리이다. 우리가 현재 알고 있고 발견하고 있는 한도내에서 생명체는 생화학적으로 연결된 단위로서, 가장 작은 바이러스에 이르까지 모든 요소들이 이 특정한 분자기전에 의해서 합성을 조절하고 있다. 이것만으로서도 분자적·총체적인 것을 다루는 생물학자들이 앞으로 도래할 긴 세월 동안 연구하기에 충분하다. 그러나 생명의 기원에 대한 문제가 풀리지 않은 채 남아 있기는 하지만 그처럼 복잡하고 아름다운 기전이 갑자기 모습을 드러내리라고 생각하는 것처럼 비과학적인 일은 없을 것이다. 그같은 생각은 대단히 미안하지만 신화를 만들어냈던 원시인들의 정신적 게으름과 같은 종류의 것이다. 이것에 대한 어떠한 대안도 발견하기 힘들지만 생명의 기원을 밝히는 이론에 대한 접근이 이미 시도되었다(pp. 321ff.).

11. 4 미생물학

생명의 기본적인 화학적 본질은 그 형태나 행동의 정교함에도 불구하고 복잡화되지 않는다는 점에서 가장 잘 나타난다. 20세기의 생화학은 드디어 가장 작은 생명체, 박테리아, 효모, 곰팡이와 가장 단순한 동물인 단세포 원생동물의 비밀을 벗기기 시작했다. 그러나 그들의 형태나 구조만 단순할 뿐, 나중에도 언급하겠지만 생화학적으로는 고등동물보다 더하지는 않더라도 적어도 그만큼은 복잡하다. 그들이 유발하는 병의 치료적인 면과 그들이 산출해내는 일반적 약제 및 알콜 등 가장 중요한 화학물질과 약품의 측면 때문에, 의학계와 공업계에서 이들 연구에 대한 강력한 지지와 격려를 하고 있다. 토양의 비옥도가 대부분 미생물에 달려 있기 때문에 농업에 기여하기 위한 연구도 이제 시작 단계에 있다.

단순한 개체의 화학적 다양성과 적응성

우리는 이제 겨우 화학적 방법으로 미생물학에 접근할 때의 가능성을 잠깐 보았을 뿐이다. 이들 미세한 개체를 여러 다양한 물질이 들어 있는 용액내에서 배양함으로써, 정상적 혹은 비정상적인 생명현상을 알 수 있다. 미생물의 성장에 미치는 이들 물질들의 영향과 배지로 분비되는 산물을 연구함으로써 이들 물질이 미생물체내에서 거치는 변환과정에 대한 정보도 알 수 있다. 이같은 연구로부터 나온 결과는 형태적으로는 가장 단순한 개체들이 화학적으로는 가장 복잡하다는 것이다.
실제로 그들은 고등생물에서 일어나는 모든 현상을 수행할 뿐만 아니
라 더 많은 기전을 보일 때가 많다. 그들은 마치 효소들이 차례대로
놓인 선을 분자들이 통과하면서, 개체에 합병되어 성장을 일으키거나,
분자들로부터 에너지를 추출하고 결국 쓸모없는 노폐물로 배출해 버리
는 작은 화학공장처럼 보인다. 서로 다른 개체들은 다른 기전을 나타
내도록 특수화되어 있지만 엄격한 의미의 특수화는 아니다. 단순한 개
체의 물질대사는 놀라울 만큼 적응성을 나타낸다(6. 192). 만약 한 종류
의 먹이 분자가 없다면 그들은 곧 다른 분자를 이용하게 되고, 그렇게
되기 위해서 많은 화학기전들을 변화시킨다. 이같은 다양성이 항균성
독소에도 작용하기 때문에 무척 애를 먹이고 있다. 현재 많은 종들이
설파제(sulfal 劑)에 익숙해져 있고 심지어 어떤 것들은 페니실린까지

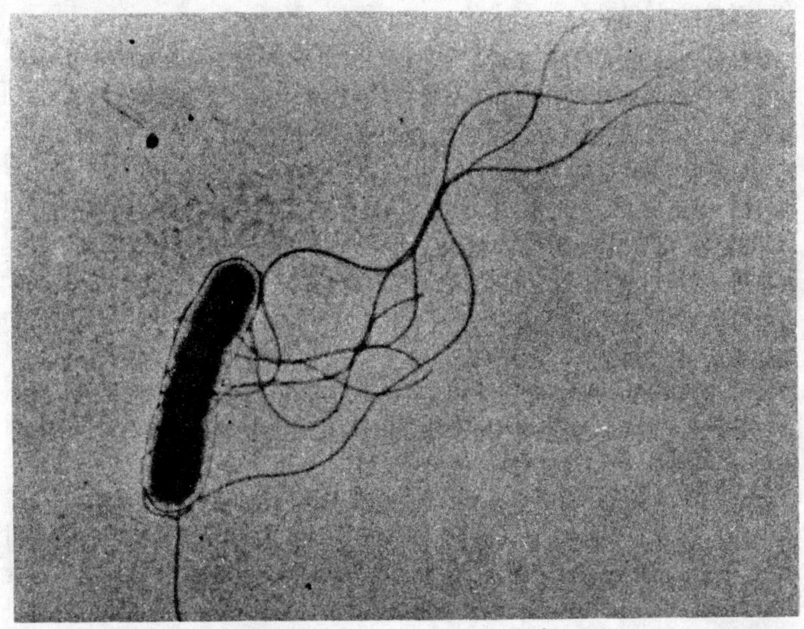

282. 살모렐라 티피무리움(Salmonella typhimurium)균은 음식의 부패를 야기시키
는 균으로 실 같은 편모를 가지고 있는데, 이 돌출물이 운동성을 부여한다. 27,000배
배율의 전자현미경으로 본 것.

익숙해져 있다. 정식으로 말해 이것은 화학적 지식의 일종이다. 그래서 일단 그 기전을 습득하게 된다면, 우리가 원하는 것을 만들도록 미생물을 가르칠 수 있게 될 것이다. 이것은 원시생물체들에게 생존과 진화를 가능케 해준 강인성과 유연성을 보여준다.

자가영양성 박테리아

이미 설명했던 바이러스는 외견상으로는 간단하지만 확실히 퇴화한 생물체로서 세포내 신진대사의 환경에 절대적으로 의존하는 소기관 혹은 개체의 극단이라고 말할 수 있다. 곰팡이와 원생동물은 현미경으로 볼 수 있는 내부구조를 가진 상대적으로 복잡한 개체이다. 그들 모두는 적절한 배지만 있다면 정교한 신진대사를 수행한다. 그러나 이미 보았던 바와 같이 더 작고 간단한 개체인 바이러스는 그같은 신진대사도 결여되어 있다.

화학적 반응면에서의 또다른 극단의 절대적 독립을 나타내는 자가영양성 박테리아로서 완전한 기생적 의존성에 반해서, 토양이나 온천에 살면서 그들이 필요로 하는 모든 것들을 질산염이나 황산염 등의 단순염으로부터 충족하고 있다. 어떤 박테리아들은 생존하는 데 있어서 심지어는 산소도 요구하지 않으며, 철이나 황화합물을 산화 환원시켜서 그 역할을 대신하고 있다. 그들은 대부분의 황침전물을 형성하고 있기 때문에 경제면에서 상당히 중요하다. 그들의 극단적인 자가충적성은 바이러스보다 그들이 진정한 원시생물체에 더 가깝다는 것을 보여준다. 그럼에도 불구하고 그들은 다른 개체에 있는 모든 효소들뿐만 아니라 그들이 섭식하는 단순물질을 처리하는 데 필요한 효소를 약간 더 가지고 있어서, 내부의 화학적 체계가 완전히 고도의 복잡성을 띠고 있기 때문에 진정한 원시생물체가 될 수 없다.

원시 박테리아는 아마도 따로 분리되어 얻어진 화학적 정당성을 좀더 적게 가지는 개체로부터 발달된 것으로 보인다. 자가영양성 박테리아는 전적으로 무기환경에서 살 수 있다. 모든 동물과 식물들은 그들 기전 중의 일부를 잃어버렸기 때문에 이미 만들어진 유기먹이나 비타민 같은 부수적 먹이물질이 존재하는 환경에 의존하고 있다(6. 196). 이 같은 개체들보다 좀더 원시형은 단순히 다른 개체가 분비하거나 분해시킨 물질을 세포막을 통해 섭취함으로써 살고 있다. 약간 더 진보한

다른 개체는 섬모나 편모 같은 운동성 소기관을 이용해서 좀더 먹이가 많은 부위로 이동하는 방법을 터득했다. 아메바처럼 아직은 단세포성인 다른 개체는 결정적인 다음 단계로서 살아 있거나 죽은 물질의 음식 조각을 실제로 섭취하게 되었다. 즉, 다른 개체에 효과적으로 기생하며 사는 것이다. 이제 이같은 경향은 두 배의 효과를 가진다. 첫째로 다른 개체의 몸에서 나온 이미 형성된 많은 필수요소를 포함하는 먹이를 단순히 요구하던 많은 생화학적 기전에 대한 필요성이 없어졌다. 따라서 그들은 화학적으로 간단해졌으나, 이것은 기능적·조직적으로 좀더 복잡해진 결과에 상응하는 것이다. 그들은 단순히 하는 일 없이 생존하고 있는 것이 아니라, 좀더 먹이가 많은 곳으로 이동하거나 먹이를 잡는 기술을 가짐으로써 먹이 환경에 대처해야만 한다.

크기의 중요성

이와 같은 이유로 해서, 크기가 중요한 요인이 된다. 작은 단세포 동물은 인접한 지역내에서 매우 잘 움직일 수 있다. 그들은 돌아다니는 데 아무런 기관도 필요로 하지 않는다. 반면 크기가 더 커지면, 돌아다니는 데 드는 노력과 더우기 개체 전체에 필요한 먹이를 섭취하는 일도 매우 어려워진다. 여기에는 원칙적으로 서로 다른 두 가지 해결책이 있다. 그중 하나는 개체가 움직이지 않고 있다가 지나가는 먹이를 말끔히 쓸어먹는 방법이다. 해면동물들이 원시적 방법으로 이같이 행동하고 있으며, 조금 더 복잡한 방법은 굴이나 따개비류에서 볼 수 있다. 다른 방법은 먹이를 쫓아가는 방법이다. 이것은 어류, 파충류, 그리고 우리들 포유류가 나타내고 있는 방법이다. 우리는 더 진보된 방법으로써 농경을 통해 다른 개체들이 우리의 먹이를 산출하도록 자극하는 단계에 있다. 진화의 일반적 경향은 미세 단위의 순수한 화학적 존재에서 벗어나 조직과 상호협동과 합리성이 증가하는 방향으로 변화하고 있다.

생화학과정의 이용

생명의 기원에 대해 아무리 많이 알고 있다 해도(pp. 321ff.) 아직까지는 인공적으로 생명체를 창조할 수 있을 것으로 보이지는 않는다. 더 가능성 있고, 몇해내에 이루어질 것으로 보이는 사실은 순전히 인공적 방법에 의해서 우리의 이익을 위해 생명체의 많은 기능, 특히 유기물의 광합성 같은 중요한 기능을 효과적으로 수행할 수 있을 것이라는 점이다. 만약 오늘 지구에 도달하는 태양광을 이용해서 식물에 의존하지 않고 인류의 음식을 만들 수 있다면 세계경제의 중심문제가 단번에 해결될 것이며, 인류의 무제한적 팽창의 가능성 역시 보장될 것이다. 여기서 다시 지식의 획득과 힘의 획득 사이의 관계를 볼 수 있다. 생물체의 어떤 특성을 재생하길 원하기 전에 우선 생물체가 어떻게 자신을 운영하는지 이해해야만 한다. 그것은 굉장한 양의 연구를 의미하며, 그 대부분은 문제를 푸는 것이 아니라 미래에 문제를 푸는 데 필요한 관계를 규명하는 방향일 것이다(pp. 320ff.).

11. 5. 의학내의 생화학

이미 지적했듯이(pp. 204f.), 생화학 연구의 근원적 추진력은 의학에서 나온 것이다. 크게는 19세기 파스퇴르의 업적이 선도했던 위대한 의학혁명의 제2단계를 생화학이 이룩했다는 점에서 20세기의 그것은 생리화학으로서 중요성을 더해가고 있다. 초기의 세균학자들은 백신이나 박테리아에서 만든 항혈청 등을 치료에 이용함으로써, 순수히 생물학적 입장에서 만족했었다. 그 후 좀더 확실한 결과를 얻으려는 욕구에서 이들의 역할에 대한 화학적 기전을 깊게 연구하게 되었다. 이런 경향은 화학적 기초를 가진 것으로 알려진 결핍증이나 물질대사병의 연구에서 유추된 또 다른 연구방향과 연합되었다. 생화학은 그들 모두를 공통적으로 연결시켜 준다.

질병을 좀더 과학적으로 연구함에 따라 질병이란 균형있는 분자변환의 평형상태인 생명현상이 방해를 받아서 세포와 조직액의 생화학적 행동이 이상을 보이는 현상으로 점점 더 밝혀지고 있다. 그같은 방해현상은 탄저나 페렴처럼 상해 혹은 종기가 어떤 치명적인 생명의 연결을 파괴시켜서 보급을 완전히 절연시켜 버리는 총체적인 면에서 나타날 수도 있고 당뇨병을 일으키는 퇴보적 변화처럼 내부적인 요인일 수도 있다. 몸체와 그 모든 부위는 그것이 필요로 하는 화학물질이 결여되거나, 수행하는 작업을 방해하는 화학물질을 섭취한다면 병에 걸릴

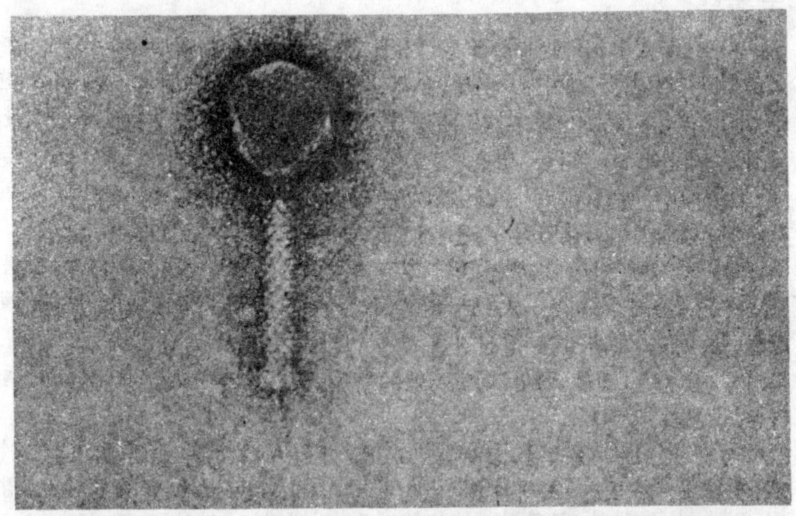

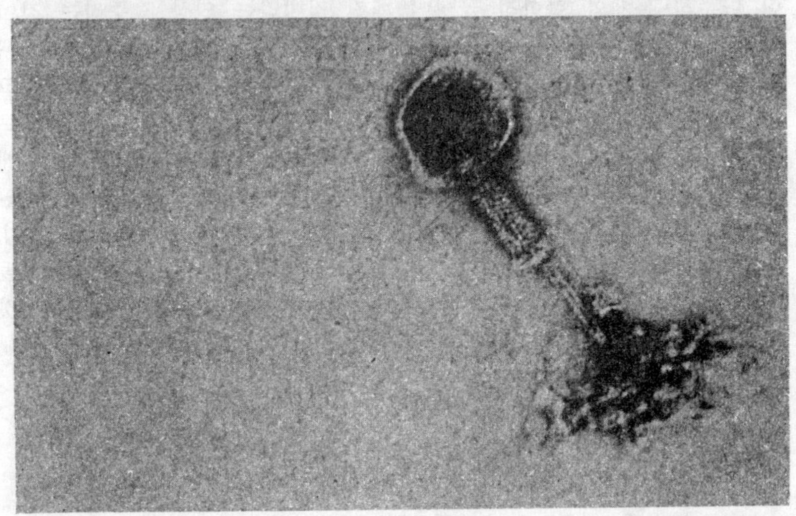

283 a, b. 박테리오파아지입자의 2가지 모양. 이것은 분명히 박테리아를 공격하는 바이러스의 일종이다. 전자현미경의 고배율(약 370,000배)에서 관찰해보면(a그림) 이 입자는 머리와 꼬리부분을 가지고 있는데, 머리부분은 박테리아를 파괴하는 핵산을 가지고 있고, 꼬리부분은 박테리아에 박테리오파아지를 붙게 하는 섬유를 가지고 있다. 그림b는 같은 종류의 박테리오파아지가 박테리아세포 벽에 붙은 후, 꼬리부분을 통해 핵산을 주입하고 있다. 그리고 머리부분은 비어 있다.

수 있다.

　순수한 정신병을 제외한 모든 병은 결국 필요한 물질의 결핍이나 독소섭취에 기인한 것이다. 어떻게 독소가 들어가는가, 혹은 왜 필요한 물질이 결핍되었는가에 따라 질병을 네 가지 그룹으로 나눌 수 있다. 그러나 한 질병이 다른 병을 일으킬 수도 있고, 불행히도 네 가지 그룹 모두가 함께 나타날 수도 있기 때문에 이들 그룹은 배타적인 것이 아니다. 이들은 (1)감염성 혹은 기생성 질병 (2)외부적·내부적 결핍증, (3)조직 성장에 이상이 생긴 병, 혹은 암으로서 좀더 연구한 결과 그룹 (1) 혹은 (2)에 속하는 것으로 밝혀졌다. (4)몸체의 화학균형을 나쁘게 만들 수 있는 사회적인 정신질환 등이다. 이 모든 그룹에 속하는 질병, 특히 그룹 (1) (2)를 예방 치료하는 데에 금세기 특히 지난 20년간 놀라운 진보가 있었다.

　이렇게 임시로 질병을 분류함으로써, 생화학을 이용하여 질병을 이해, 조절할 수 있는 20세기의 진보가 이루어졌다. 그러나 이것은 질병이 단순히 몸체의 화학적 균형이 깨진 것이라는 인상을 주려는 것이 아니고 특수한 화학치료물질, 쉽게 말하자면 병에 들어 있지 않은 새로운 약으로써 질병을 고치려는 의도인 것이다. 그럼에도 불구하고 이 진보는 중요한 것이다. 의사들에게 새로운 전략무기를 제공함으로써 질병에 도전하는 전투에 큰 도움을 주었다. 그러나 이것이 건강에 대한 오랜 동안의 전투 전략을 대신해 주지는 않는다. 그것은 전체 인류와 경제적·사회적 환경을 포함하고 있다. 좋은 음식, 깨끗한 작업, 우정, 미래에 대한 활동적이고 이성적인 신념 등이 기본적 필수요건들이다. 이들이 없는 생화학의 모든 승리란 단순히 미봉책에 불과한 것이며, 이들과 함께라면 외부의 감염이나 내부적 결핍 가능성에 대해 좀더 성공적인 전략을 제공할 수 있을 것이다.

항생물질

　다른 개체가 몸체내에 들어와 살면서 독소를 형성하는 감염성 질병을 다루는 데 있어서 20세기의 의학은 파스퇴르의 모든 방법을 유지, 정련시켰을 뿐만 아니라 한걸음 더 진보하였다. 물론 병원균과 기생충이 몸체로 들어가지 못하게 하는 게 필수적이지만, 현재는 그 이상의 조처를 성공적으로 증가시키고 있는 것이다. 그렇기 위해서 특수 화학

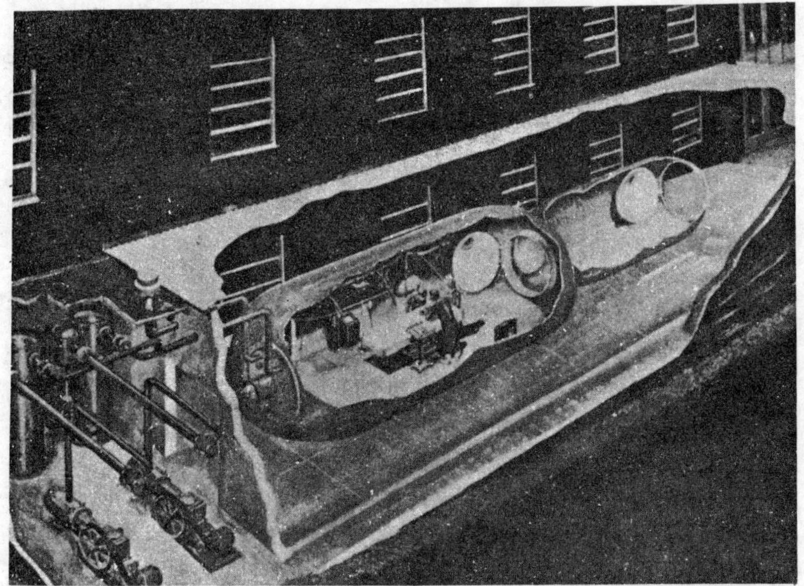

284. 항생제를 사용하더라도, 수술중 신체에 세균의 침입을 막을 필요가 있는데, 사실상 방에 압력을 높인 고압산소 수술실이 고안되었다. 이런 수술실은 의학적 관점으로 볼 때 수술중과 수술후 처치에 이점을 더해주는 것으로 보이며 고압산소 조건의 유지는 가압병동(병실)을 설립시킬 만큼 유리한 점이 많다. 델라웨어의 허클스 동력회사의 고압산소 수술실 디자인.

물질이 미생물과 그 숙주, 특히 인간에게 미치는 직접작용을 연구하는데 박차를 가하게 되었다. 비록 이 연구에 대한 처음의 동기는 질병을 정복하는 것이었지만, 풍부한 재정지원을 받고 있는 또하나의 매우 중요한 동기는 독가스나, 요즘은 방사능 활성이 있는 해독제와 대량의 박테리아 공격 등을 이용해서 질병을 일으키는 것이었다.

　파스퇴르가 박테리아를 발견한 이래 환자를 죽이지 않고도 환자 내부에서 살고 있는 박테리아를 죽일 수 있는 어떤 화학물질이 발견되기를 항상 기대해 왔다. 수면병의 트리파노좀(trypanosome)이나 매독의 스피로헤타(spiroxchaeteo)처럼 감염성 생물체가 특정 화학물질에 매우 예민한 종류가 있는 것을 볼 때 단순히 무기화합물, 특히 중금속 등이 좋은 효과를 가질 것이라는 기대를 어느 정도 할 수 있다. 이것은 이미 19세기에 발견되었으나(제9장 5절) 박테리아가 일으키는 질병에 대한 일반적 노선은 **훨씬** 더 반항적임이 밝혀졌다.

박테리아를 염색시켜 구별해주는 화학물질이 몸체내에서 박테리아를 추적하여 죽일 수 있을 것인지를 연구하여 최초의 성공을 거두었다. 이것이 1932년 도막(Domag : 1894~1964)이 최초로 만들어낸 설폰아미드 즉 화학요법제의 제1그룹의 기원이다.

페니실린

페니실린이 획기적으로 발견된 지 오래 지나지 않았다. 이것은 20세기 과학단체의 강함과 약함을 나타내는 아주 좋은 예이다. 1928년 플레밍(1881~1955)은 배양한 몇가지 박테리아가 군데군데 먹혀버렸으며, 이것이 슬라이드 위에 박테리아를 죽일 수 있는 어떤 물질을 분비했다고 생각되는 곰팡이가 생성되어 야기된 것이라고 관찰하였다. 그러나 미생물학자들이 그 곰팡이를 잘못 동정(균의 종류를 밝히는 것)했기 때문에 약 10년간 아무도 그것이 더이상의 가치를 가진다고 생각지 않았었다. 그렇다고 해서 곰팡이에 대해 알았던 어느 누구도 그 관찰에 흥미를 가지지 않았음을 의미하는 것은 아니다. 많은 사람들이 박테리아를 죽일 수 있는 어떠한 비독성물질이라도 찾고자 했다. 부족했던 것은 연구단체와 전망있는 시작을 전개시키는 일이었다. 플레밍의 관찰이 이용되기 시작한 것은 10년이나 지나서 플로리(Florey, 1898~1968)와 체인(Chain)이 설폰아미드의 성공에 힘입어 자연 항생물질을 체계있게 연구하기 시작한 후부터이다. **푸른 곰팡이**(Penicillium notatum)에서 추출된 물질이 큰 효험을 나타냈기 때문에 그 작용원리를 알고, 그 물질이 숙주에는 독성없이 박테리아에게만 독성이 있음을 보이기 위해 화학적 연구가 집중되었다. 동물실험이 매우 유망한 것이어서 그 약품을 인체에 처리하기에 충분한 노력이 이루어졌다.

당시 약품에 대한 임상적 가치는 전쟁중에 입증되었으며 다음 단계로서 평화시기에는 절대로 이룩될 수 없을 정도의 속도로 그 물질의 분리와 대량생산이 이루어졌다. 이것은 화학, 생물학, 의학 분야에서 원자폭탄과 필적될 만한 두뇌력에 상응하는 집중적인 노력이었다. 엄격하게 말해 필요보다 훨씬 많은 과학자들을 고용해서 서두른 작업이었으며 그 작업은 이루어졌다. 많은 사람의 시간을 절약해서 천천히 그 작업을 수행했다면 수천의 사람들이 죽었을 것이다. 전쟁이 아니었다면 페니실린은 발달되지 않았을 것임이 의심할 여지없이 확실하다. 처음에는 특별히 유망하다고 생각되지 않았으며, 가치를 증명하는 위치까지 가는 데 필요한 자금을 늘리기가 어려웠다. 또한 페니실린이 만들어진 후 수행될 3가지의 과업이 남아 있었다. 페니실린이 무엇인지를 규명하고, 그것을 어떻게 합성하며 박테리아를 죽이는 데 어떻게 작용할 것인가의 3가지 과업이다. 첫째는 1944년 엑스선 기술을 주로 이용해서 페니실린의 상세한 구조식을 밝힘으로써 수행되었다(6. 164). 두번째 문제는 지금까지는 화학자들을 좌절시키고 있지만, 세번째 문제에서는 약간의 진전이 있었다. 화학물질이 박테리아를 공격하는 양상을 밝히는 것이 단연코 제일 중요하다. 왜냐하면 일단 그것이 발견되면 훨씬 쉽고 싸게, 더 잘 작용하는 화학물질을 설계해서 만들 수 있기 때문이다. 현재 항생물질 분자가 박테리아의 정상적 먹이와 똑같지는 않지만 매우 유사하기 때문에 박테리아내로 들어가서 정상작업을 중단시킴으로써 효력을 나타낸다는 증거들이 있다.

과학 진보의 기회 및 계획

페니실린의 발견은 중요한 발견이 우연히 이루어진다는 점을 증명해 주곤 했다. 목적을 달성하는 특별한 조합이 우연히 올 수도 있지만, 일차적 발견과 2차적으로 흥미있는 사람들이 이룩할 수 있는 발달의 기회를 제공한다면 우연의 가능성이 증가하게 된다(제9장 3절). 일단 페니실린이 발견된 후 유사하지만 더 좋은 효과를 가진 다른 물질을 자연을 통해 찾기가 상대적으로 쉬워졌으며, 스트랩토마이신, 클로로마이세 틴 등 새로운 항생물질의 시대가 열렸다. 그러나 현재까지도 항생물질의 탐색이 적절하게 지도되는 과학적으로 유망한 운영으로서가 아니라 금광을 찾아 쇄도하는 사람들 같은 느낌을 준다(6. 172). 과학자와 그 뒤를 받혀주는 제약학적 확증들은 새로운 항생물질을 꺼내는 데 너무나 열심인 나머지, 많은 생물체들에서 작용할 수 있는 무엇인가에 대한 열성적인 연구 때문에 항생물질의 작용기전이나 기원 같은 기초적 발견의 가능성을 포기할 수도 있다. 이것이 발견에 대한 독점자본주의적 태도로써 연구 결과를 자유로이 발표했던 영국 의사와 연구원들이 최초의 페니실린을 생산한 반면, 페니실린을 대규모로 제조한 것은 미국 특허국으로서, 페니실린의 기원인 영국에서조차 페니실린을 사용할 때마다 미국의 화학공장에 로얄티를 지불해야만 했다.

결핍증의 기원

20세기 생물학의 주요 성과 중의 하나인 결핍증에 대한 대략적 개요는 이미 비타민과 호르몬을 논의할 때 언급되었다(pp. 228ff.). 이 연구로부터 개체의 화학적 행동과 조절에 대한 좀더 일반적인 생각이 일어나기 시작했다. 현재 존재하는 고등동물과 식물은 박테리아만큼 화학적으로 일반경쟁을 보였을 것으로 생각되는 단순형태로부터 진화한 것이다. 그들은 단순한 무기분자로부터 원하는 모든 복잡한 물질을 만들 수 있었다. 개체가 좀더 복잡화됨에 따라 세포 중의 일부가 많은 특수한 물질, 주로 비타민 B_6나 니코틴산 같은 조효소와 인슐린 같이 복잡한 호르몬의 생성을 중단하였다. 이것은 순환계가 발달함에 따라 특수한 소수의 세포들이 전 개체에 충분할 만큼 물질을 제조하기 때문에 문제되지 않았다. 동물과 곰팡이류 같은 식물체는 더 나아가서 먹이, 비타민 등 모든 유기물질을 대규모로 섭취함으로써 더 이상 자체내에서 생성할 필요가 없게 되었다. 먹이공급이 적절하고 특수화된 세포나 분비선들에 이상이 생기지 않는 한 아무런 해가 없다. 그러나 이 두 가지 중 어느 한 현상이 야기된다면 단세포생물 같은 유연성을 상실한 다른 세포들이 큰 손상을 받아서 궁극적으로 가장 약한 세포들이 무너져서 전체 동물이 죽게 된다.

물질대사 결핍 등의 만성질병

20세기 초기에 비타민C 결핍인 괴혈병이나 비타민B 부족의 각기병 등의 외부적 결핍증과 티록신 결핍의 갑상선종, 인슐린 결핍의 당뇨병 같은 내부적 결핍증을 이해하고 치료하는 데 성공한 이후, 어떤 경우에는 결핍증이 초기 감염에 의한 효과이기도 하지만 만성질병 중 다수가 결핍증임이 명백해졌다. 이것은 그 증상에 상응하는 결핍물질을 조사하기 위한 도전이었다. 가장 최고의 성공으로는 비타민 B_{12}결핍의 악성빈혈과 부신피질 호르몬인 코르티손 결핍의 관절염이 있다. 아직도 일반 조직과 동맥의 경화증과 뇌출혈과 심장병을 일으키는 비정상적인 지방축적이 어떤 호르몬 결핍에 의한 것인지, 아니면 음식에 어떤 독성물질이 존재하기 때문인지를 밝히는 연구가 필요하다(6. 154).

　20세기에서 이 분야의 성공은 19세기에 급성감염증의 원인을 밝히는데 성공한 것만큼 중요하다. 현대 산업인구는 어느 때보다 노년층이 많으므로 만성질병에 의해 불구가 되거나 일찍 죽는 일에서 해방될 수 있다면 인류의 행복과 효과가 굉장히 증가할 것이다. 실제 생활에서는 질병들이 특정 범주에 딱 들어맞지 않는다. 감염이 결핍을 유도하거나 결핍증이 좀더 감염되기 쉽게 만들어 주기도 한다. 두 가지 모두 심리적, 사회적 영향과 가정과 직장조건에서 영향을 받는다. 건강의 문제란 항상 어떤 의학이나 생화학만으로는 풀 수 없는 훨씬 거대한 것으로 남아 있다. 그러나 생화학이 없다면 어떤 중요한 해결도 불가능하다.

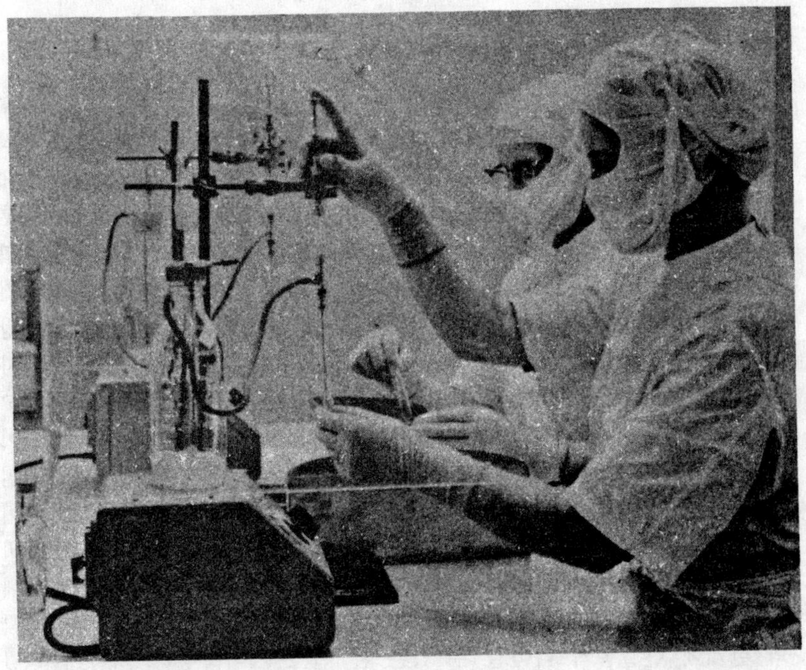

285.　항생제의 앰플 충진시에는 특별히 위생적인 조건 및 정확히 조절된 분량의 배분이 필요하다.

생화학 공업

의학과 농업에서 성공한 생화학은 20세기 중간쯤 화학물질을 제조하는 새롭고 중요한 공업을 야기시켰다(p. 155). 우리가 보았던 것은 단순한 시작일 뿐이다. 더 거대하고 빠르며 화학요법의 연구에 훨씬 많은 노력을 기울여서 수행할 수 있으며, 이것이 사람들의 건강과 생명을 한 손에 쥐고 있기 때문에 무엇보다도 대중적 소유권하에 있는 공장을 지을 수도 있다. 그같은 공장은 단순히 종래의 화학적 방법에 의해 가동되는 것이 아니라, 한편으로는 전통적인 양조와 빵공장을 연결하고 다른 한편으로는 농업과 연결되어 있는 점점 더 미생물적인 방법으로 나아갈 것이다.

11. 6 세포학과 발생학

세포생화학이 분자생물학보다 더 오랫동안 세포의 구조를 현미경적으로 연구하는 것을 예상하고 있었다. 그럼에도 불구하고 오늘날 단세포 동물이나 조직 배양에서 얻거나 살아 있는 고등생물에서 얻는 세포를 전체적으로 관찰한 것을 이해하고 확장할 수 있는 것은 분자생물학의 수준에서이다. 그러나 새로운 해설이 오래된 것의 가치를 감소시키지 않을 뿐더러 특히 염색체의 유전물질 연구 같이 새롭고 정교한 방법을 통해 세포학을 발전시켰다. 따라서 그냥 눈으로 관찰하는 자연사와, 원자 수준의 화학적 연구의 미세성 사이의 불가사의는 적어지고 그 관계가 점점 뚜렷하게 되었다. 생물학 문제에 접근하는 데 화학이 유용한 방법으로 등장하기 시작한 것은, 대부분이 효소의 연구에 힘입어서 지난 50년간 이루어진 일이다. 초기의 생물학과 화학의 접촉이 화학의 진보에는 귀중한 도움이 되었으나 생물학에는 거의 기여한 바가 없었다. 다윈의 『생명의 기원』에 대한 논쟁은 어떤 화학적 지식에도 의존하지 않는 것이다. 20세기의 관찰과 해부방법은 현미경적 시각의 한계에 한걸음씩 나아갈 수 있는 큰 진보를 이룩했다. 처음에는 관찰만으로, 나중에는 관찰과 실험이 병행되어 세포내 구조가 점점 더 밝혀졌다. 염색체를 가지는 핵과 미토콘드리아, 색소체를 포함하는 세포질이 비록 광학현미경이 볼 수 있는 한계에 도달해 있긴 하지만 휴지기의 염색체와 분열하는 세포에서 잘 연구되었다. 1910년 모르간(Morgan)이 세포의 염색체가 멘델의 유전법칙에서 예상했던 특정 형질의 유전과 밀접한 관계가 있음을 보이자 이들에 대한 관심이 급증했다(p. 286).

새로운 현미경

물리학의 발달로 인해 그 동안 수많은 새로운 기기가 만들어졌다. 그러나 1940년 이전의 60년 동안 구식의 광학현미경은 상대적으로 진보없이 남아 있었다. 이제는 훨씬 강력하고 새로운 전자현미경이 가능하다(pp. 109f.). 이것은 일상적인 현미경에 약간의 새로운 변경을 한 것으로서 실제로는 전기기기들의 경합에 의해 자극받은 것이다. 이들 중 가장 중요한 것은 위상차현미경과 간섭현상을 이용한 현미경으로서 세포를 죽여서 염색했을 때 그 세포를 생생하게 보이게 한다. 그 다음 중요한 것은 자외선과 적외선 반사현미경으로서, 다른 방법으로는 보이지 않는 것을 상세히 밝힐 수 있고 세포구조의 화학조성 연구에 이용된다.

이것들로부터 세포가 굉장히 복잡한 동시에 규칙적인 구조임을 알 수 있었다. 이제 세포는 거의 분자 수준까지 구조가 알려진 여러 가지 종류의 더 작은 부분, 즉 소기관의 집합체로서 나타난다. 어떤 세포는 핵산을, 어떤 것은 핵 속의 염색체와 리보솜과 마이크로솜(microsome)을 가지고 있으며 이들의 기능이 생식과 단백질 합성이라는 것이 알려졌다. 미토콘드리아 같은 다른 소기관은 효소에 의한 물질대사작용과 연관되어 있다. 요즘은 미토콘드리아와 함께 반드시 라이소좀(lysosome)을 포함시키고 있는데, 미토콘드리아에서 세포의 일반호흡과 동화작용을 하는 것처럼 라이소좀에서는 이화작용을 행한다. 라이소좀은 상당히 안정된 막을 가지고 있고, 이물질 등 세포에서 필요로 하지 않는 이종단백질을 소화시킬 수 있는 효소계를 가지고 있으므로 고등생물의 소화계와 유사한 것으로 보인다. 라이소좀이 작용을 하는지 안하는지는 그 막의 유지성에 달려 있는데 건강, 질병, 약제에 의해서 여러 가지 다른 방법으로 막의 유지성이 영향을 받는다. 세포내 생화학을 충분히 연구하는 것이 좀더 합리적인 의학에 도달하는 열쇠임이 명백하

다. 몇가지 소기관들은 대부분 2중의 지방성막들이 정교하게 접혀져
있는 내부구조를 가진다. 기초적인 공통구조는 막이 굉장히 많이 접혀
진 구조인 소포체로서 외부 원형질과 내부 세포질의 두 개의 액체를
분리시켜준다. 소포체의 한 부분은 리보솜을 지지해주며, 다른 부분은
골지체를 지지한다.

세포에 대한 우리의 지식은 묘사적 또는 케플러 단계인 금세기 중반
을 지나 핵산-단백질 합성을 분명히 밝힌 해석 또는 뉴튼 단계에 이르
렀다. 과학은 이제 세포에서 밝혀질 수 있는 것과 세포가 실제로 행하
는 것을 연관짓기 시작했다.

세포분열과 성장

세포학의 가장 중요한 부분 중의 하나는 생식세포, 수정 그리고 새

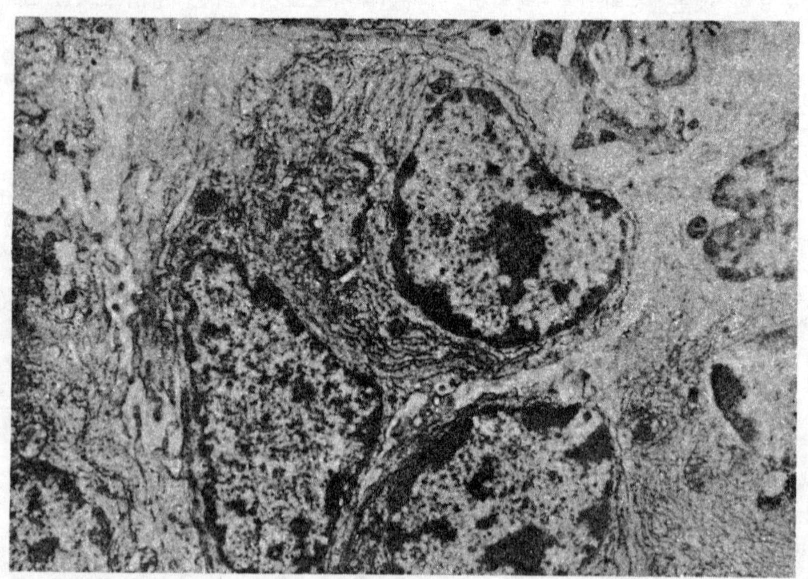

286. 살아 있는 세포는 하나의 복잡한 구조물이다. 임파조직의 원형질세포의 12,650
배율의 사진. 거이(Guy)병원의과대학 찍음.

개체 형성을 위한 세포증식에 대한 자세한 연구이다. 알에서부터의 동물성장에 대한 홍미는 곧바로 과학 자체의 기원으로 올라가곤 했다. 이 견해와는 상반되게 18세기에 개체의 전부분이 알에 접혀져 존재한다고 믿는 **전정(前定)론자**와 형성혼의 작용을 통해 각각의 개체가 새로 만들어진다고 간주하는 **신생(新生)론자**의 견해가 존재했었다(6. 208).

다른 부분에 대한 논쟁은 19세기말까지 각 개체의 성장은 알로부터 자라면서 철저하게 결정된다는 **기계론자**와 형성계의 영향을 통해 알의 각 부분이 전개체로 자라는 잠재력을 갖는다는 **생명론자** 사이에 일어났다. 드리히(Drieshi : 1867~1941)가 1891년에 성게알을 2개로 나누면 2개의 반유충이 아닌 2개의 온전한 유충이 나타남을 보여 후자의 견해를 증명했으나, 로엡(Loeb : 1859~1924)이 1900년에 미수정란을 화학처리하면 완전한 개체로 만들수 있음을 보여주어 전자의 견해를 지지했다. 스페만(Spemann : 1869~1941), 홀트플레터(Holtfreter), 그리고 만골트(Mangold)는 1931년에 몇몇 화학적·기계적 자극을 미분화된 알에 가하면 전체적으로 개체를 형성할 수 있는 반면, 개체가 자라기 시작하는 늦은 단계에서만 작용하는 다른 것들은 눈, 다리, 심지어 보조눈, 다리 같은 다양한 부분을 만들 수 있는 것들을 밝혀내어 위의 논쟁을 어느 정도는 해결했다(6. 206). 이런 **형성자**의 본성은 아직 분명치 않다. 이것들은 사춘기에 2차성징을 나타내는 성호르몬과 비슷한 것일지도 모르며 이런 변화는 사실상 개체발생의 늦은 단계까지 지연되는 발생적 변화로 생각되고 있다.

화학적 발생학의 연구로 정상적 그리고 비정상적 대사만큼 보편적인 개체발생은 화학적 요인에 의해 조절됨이 틀림없다. 발생의 각각 다른 단계에서 각각의 형성자 또는 호르몬의 계속적인 출현을 결정하는 것에 대한 문제는 각기 다른 세포의 DNA로부터 복제된 정보가 각기 다른 단계에서 연속적으로 방출된다고 새롭게 해석되고 있다.

형성된 DNA가 가끔 작은 단백질, 프로타민 또는 히스톤과 결합되어 있다고 알려져 있다. 이것들은 DNA의 모든 부분을 억제하는 기능을 가지고 순차적으로 DNA가 기능을 발휘하도록 하는 역할을 한다. 이런 방법으로 같은 DNA가 어떤 때는 어떤 단백질 합성을 촉진하고 그 후에는 또다른 단백질 합성을 촉진한다. 사실 이것은 다세포동물에서의 분화의 열쇠이다.

조직과 기관배양

금세기를 통해 모든 차원에서의 성장과 분화에 대한 실험적 연구 경향이 늘어났다. 이 연구는 1907년 해리슨(R. G. Harrison : 1870~1951)과 1928년 펠(Fell)에 의한 우수한 조직, 기관배양기술과 함께 알과 배(胚)의 성장에 대한 연구가 고등개체에까지 이르렀다. 이 연구로 생체에서 분리된 세포들이 계속 성장, 분열하고 대부분 각각의 특징을 유지함을 보여주었다. 근육세포는 근육을 유지하고 뼈세포는 뼈로서 생장한다. 이것으로 건강한 동물의 세포 성장을 조절하고 다른 경로를 방해하는 화학성의 내부조절계가 존재함을 보였다.

그 후 어떤 암에서 세포 상호간의 접착을 방해하여 조직 형성을 방해하는 기전을 밝혔다. 이런 연구들, 특히 카렐(Carrel : 1873~1944)의 기관배양을 뒤따른 연구들은 이미 외과적 적용에 중요하며 더욱 진전되고 있다. 무균상태에 주의를 기울이고 기계적인 분리기구의 발달로 인해 기관이식 조작은 동물, 심지어 인간에까지 가능하게 되었다. 이 기술로 세심한 주의를 기울여 사고로 잘린 인간의 팔도 회복가능하게 되었다. 잘린 다리를 2달 동안 냉장고 안에 보관했던 개가 이제는 편안하게 걸어 다닌다. 이식된 심장뿐만 아니라 기계심장까지도 성공적으로 쓰이고 있다. 오래 전에는 이같은 사고 또는 국부적인 병에 의해 회복불능 내지 죽음에 이르렀다.

암

이 연구는 생장조절불능의 제3부류의 병을 다루는 정열적인 시도 아래 광범위하게 행해지고 있다. 암이라는 이름 아래 인간에게, 특히 이 병에 크게 많이 노출된 공업문명지역의 사람들에게 테러를 점차 더 가하고 있다. 지금까지 밝혀진 바로는 암은 적어도 초기단계에선 지극히 국부적이라는 면에서 다른 병들과 다르다. 암은 세포에서 세포로 이전되고 주로 세포의 이동, 이 병의 특징인 종양성을 띠는 세포의 증식에 의해 생체내에 널리 퍼지는 세포에 대한 병이다. 새로운 세포학적 지식에 의하면 암은 핵에 의한 병이며 특히 핵에 들어 있는 핵산의 병이라는 것이 명백해졌다.

　　세포유전의 변형은 핵으로 진입가능한 물질 또는 바이러스 감염에 의한 직접적인 화학물질에 의한 여러 경로로 발생가능하다. 바이러스의 핵산은 일반적인 감염을 시작하는 것 외에 소위 말하는 세포의 유전물질을 오염시켜 이 세포의 성장 특징을 변화시킬 수 있다. 이것은 서아프리카의 낮은 평지의 어린이들에 널리 퍼져 있는데, 곤충이 살아 있는 바이러스를 옮길 수 없는 지역인 언덕에는 존재하지 않는 바이러스성 턱종양이라는 것의 원인으로 간주된다.

　　제거가능할 때 환부를 제거하는 성공적인 외과적 치료와 달리 암에

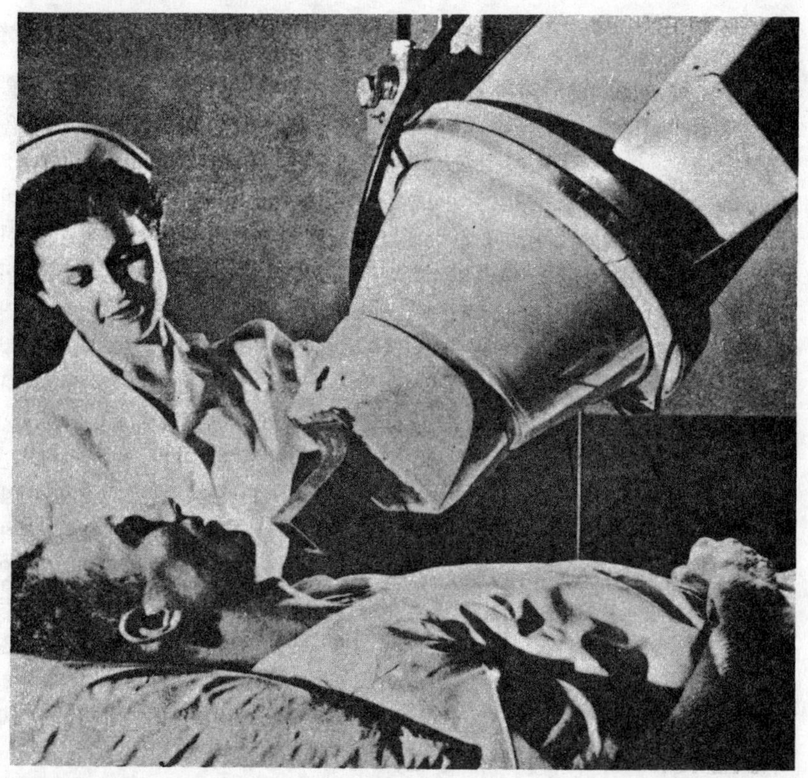

287.　암치료의 한 형태는 단파를 발사하는 방사선요법으로 종양세포의 증식을 억제하는 방법이다. 원래는 감마선을 라듐바늘의 삽입으로 얻었으나 지금은 인공적인 방사선 원소를 사용한다. 방사성 코발트는 감마선을 내는데, 이 사진의 환자에게 적용하고 있다. 테네시의 오우크 리치 병원의 사진.

대한 의학적인 치료방법은 아직 요원하다. 그럼에도 불구하고 암의 성질에 대한 지식은 가까운 장래에 그러나 연구와 그 연구의 적용이 현재보다 **훨씬** 더 정열적이고 순차적으로, 그리고 과학적 방법으로 수행될 때, 어느 정도의 명확한 조절이 성취될 수 있는 방법 등에 진전이 있을 것이다. 가공할 질병에 대해서는 우선 그 치료에 노력하고 그것이 어떻게 발생하는가를 이해하는 것은 그 다음의 문제라는 것은 당연하지만, 이것은 극히 근시안적인 시각이다. 통제와 이해는 똑같이 본질적이다. "이론 없는 실천은 맹목이고, 실천 없는 이론은 공허하다."

새로운 부문에서의 도전

암에 대한 첫번째 단계의 도전은 암의 기원과 동시에 암의 발생을 막는 방법에 대해 연구하는 것이다. 오랫동안 어떤 화학물질이 암을 발생시키는 것으로 알려져 왔다. 18세기에 최초로 헌터(John Hunter : 1726~29)가 굴뚝 청소부의 암의 원인이 타르(tar)라는 지적을 했으며 이 물질은 곧 확인되었다. 흡연과 암의 관계에 이 물질(tar)과 비슷한 물질이 관련되어 있다는 추측이 있었다. 담배를 많이 피우는 사람들이 폐암에 걸리기 매우 쉽다는 것은 이젠 의심의 여지가 없지만 디젤 연기 같은 다른 요인 역시 관련이 있을 것이다. 아직 어느 정부도 이렇게 특별하게 불쾌한 방법으로 사망을 방지함으로써 평판이 나빠지거나 (담배갑에 광고문을 넣는 정도) 수입이 저조해지게 되면 감히 그 이상의 단계를 밟으려 하지 않을 것이다. 만약 화학물질이 암의 원인이라면 화학물질로 치료되는 것도 당연히 가능하다. 실제 문제점은 건강한 세포에 해를 주지 않고 화학물질을 암세포에 대해 가장 효과적인 곳에 투입하는 것이다. 명확한 이해 없이 암치료에 오랫동안 쓰여왔던 것은 엑스선과 라듐이다. 리(Lea), 보네 모리(Bonet-Maury), 마가(Magat) 등 여러 사람의 연구에 의하면 이런 방사선은 직접 암세포에 작용하지 않지만 수산기(OH)간은 강력한 화학기를 만들어내 정상세포보다 빨리 분열하는 세포를 효과적으로 공격한다고 한다(6. 193). 이 이유는 복제중인 DNA가 화학기에 의해 공격을 받기 때문일 것이다.

두번째로, 암을 유발하는 물질은 그 자체가 세포증식을 유도하는 특히 성호르몬 같은 여러 호르몬과 밀접하게 관련이 있다. 적어도 한 가지 종류의 암(인간의 전립선암)은 실제로 성호르몬으로 치료된다. 암은

또 우리가 이미 논했던 여러 종류의 바이러스성 질환과도 관계가 있다
(pp. 246ff.). 따라서 암 연구는 생화학, 세포학 그리고 바이러스에 대한
연구와 긴밀히 연결되어 있다. 그리고 애초에 암과 관련이 없는 분야
를 포함한 모든 분야에서 매우 많고 계획적인 연구만이 신뢰있고, 기
대되는 해답을 줄 것이다.

11. 7　전체로서의 생물체와 그 제어메카니즘

20세기초까지 기계론자와 생명론자 사이에 존재했던 논쟁의 하나는
전체로써의 생물체에 대한 개념이다. 이것은 그리스까지 거슬러 올라
가는 형식과 질료에 대한 오랜 논쟁의 또다른 면이다. 피타고라스-플
라톤의 견해는 개체로서의 개개의 생물체는 개성, 마음, 정신 또는 생
명호흡과 일치하는 어떤 것을 가져야 한다는 것이다(제4장 5절). 이 견
해는 그리스에서 아랍을 거쳐 현대 과학에 이르기까지 합리화된 고래
의 마술적인(신기한) 생각이다. 혼의 실체에 대한 아무런 증거를 갖지
못한 원시 불교도처럼 그들은 동물의 확실한 목적과 통일성에 대한 몇
몇 확고한 이유를 발견하길 원했다. 르네상스 때 자연 그대로 제시됐
고 데카르트가 열정적으로 성취한 해답은 동물은 기계라는 것이다. 사
람은 물론 달랐다. 사람은 신에 의한 합리적인 혼이라는 것이었다(제7
장 6절).

생명론과 기계론

현대과학에 있어서 이 두 가지 견해의 차이는 철학에 기초한다. 영
혼에 대한 믿음으로 인하여 행위, 만족이라는 것에 대한 설명은 더 이
상 연구를 필요치 않는다. 왜냐하면 전체로서의 육체의 어떤 행동이든
과학적인 조사의 범주를 넘어서는 정신적인 것으로서의 영혼의 활동으
로 간주되기 때문이다. 영혼이라는 것을 무시하고 육체의 행동을 설명
하려면 기계의 제어에 대한 대단히 조심스런 분석과 실험적인 조사가
필요하다. 사실 그 차이는 실제보다 더 명확하다. 비록 그들 자신을 위
한 것이지만, 생명론자는 기계론자의 해석이 틀렸다는 것을 보이기 위
해 생체에 대한 연구가 필요하며, 기계론자들에 의한 발견을 강력히

자극할 도전을 계속하였다. 사실 17세기부터 거의 19세기말까지 동물에 대한 생리학적 지식이 동물이 전체로써 행동하는 방법에 대한 어떠한 합리적인 설명도 충분치 못해, 설명에 있어서 정신적인 형태를 펴게 하는 여지를 남겼다(제7장 2절).

20세기의 연구로 인해 합리적이고 물질적인 견해가 충분히 밝혀졌다. 고대인들은 생명력있는 동물의 호흡, 소화, 분비 기능의 유지 등 외부 행위를 결정하는데 좀더 고상한 동물혼과 반대되는 내부의 생명력있는 영혼이 관계하는 것으로 간주했다(제4장 8절). 19세기까지 더 나은 설명이 없으며 현재까지도 많은 부분이 밝혀져 있지 않다. 그러나 관찰과 실험으로 인해 많은 것이 명백해졌다.

호흡과 소화

의학에 의한 오래 전의 충격에 기계화되고 군사화된 세상을 누구나 대할 수밖에 없는 비정상인 상태에 대한 대처가 필요함으로 해서 생기는 새로운 조류가 첨가되었다. 깊이 다이빙함으로써 생기는 압력과 고공비행, 또는 등반에서 생기는 무산소증에 대한 생체의 저항한계에 대한 광범위한 연구가 갱내에 갇힌 광부 중 생존자 또는 잠수함과 비행기 탑승원과 관련하여 국가 재정의 막대한 지원아래 호흡기능에 대해 행해지고 있다. 홀데인(J. S. Haldane : 1860~1936)과 그의 아들(J. B. S. Haldane : 1892~1964)은 자신들을 재료로 한 영웅적인 실험을 했는데(6. 186), 정량적으로 상이한 공기농도에 생체가 어느 정도 견딜 수 있나를 측정하고 생체가 찾아낼 수 있는 주목할 만한 농도변이에 생체가 적응하는 합리적인 모습을 제시했다. 이것은 허파, 심장, 신경과 뇌를 포함한 매우 복잡한 것이어서 그의 아들은 물질론과 비유될 수 있다고 한 반면, J. S. 홀데인은 초자연적인 해석을 받아들이게 되었다.

소화에 관한 연구는 금세기에 걸쳐 산만하게 수행되었는데 두 부문으로부터 추진되었다. 그 하나는 이미 언급한 생화학이고, 다른 하나는 실험생화학이다. 생화학적 방법으로 인해 프티알린, 펩신과 트립신 등 효소에 의한 음식물의 연속적인 파괴와 소장점막에 의한 소화산물의 흡수, 그 후의 변환과 간에서의 저장 등의 문제가 풀렸다. 이 모든 화학적 활성은 분리된 제제로 연구되었다. 이것들의 종합적 연구를 위해선 개체 전체가 필요하다.

파블로프

1897년 파블로프(Pavlov : 1849~1936)가 생리학의 시대를 개시하였다. 그것은 그가 관찰과 실험을 했기 때문만은 아니다. 이 점에서 그는 스팔란자니(Spallanzani : 1729~99)와 뷰몽(Beaumont : 1785~1853)을 추종했다. 그가 개척한 새로운 종류의 체계적이고 정량적이며 생리적인 조사를 계획하고 실행했기 때문이다. 특별한 질문에 대한 대답을 얻어내기 위해, 부차적 반응에 눈을 돌려 추적하는 실험 동안 그는 천재적 능력을 발휘했다. 그래서 그는 위액 분비 속도를 결정할 수 있었고, 그후에 조건반사를 발견하게 되었다. 그는 소화가 위에서의 단순한 화학적 요리기가 아니라 중추신경과 교감신경과의 연결로 인해 중개된 위, 입, 코, 눈으로부터의 자극에 대한 동물의 전체적인 복잡한 반응이라고 밝혔다. 그 자체가 오랜 진화의 산물인 생물의 통일성은 그 구조 위에 성립한다.

임상, 실험, 생화학적 연구를 포함한 위와 같은 진전이 단순히 더 복잡함만을 나타내는 다른 체내 기능에서도 이루어졌다. 복잡성을 드러내는 것은 후퇴하는 것이 아니라 이해와 조절을 증가시키는 새로운 감각의 발견을 위한 것이다. 그래서 예를 들어 그의 분비에 대한 비교생화학적 연구에서 니담(Needham)은(6. 208) 진화적 연계를 보여주었다. 질소는 간단한 수생동물의 경우 암모니아로 분비되며 쉽게 물에 녹는다. 포유류를 포함한 좀더 큰 대부분의 동물들은 비교적 불용성인 요소 형태로 분비하며 조직에 해를 주지 않고 저장할 수 있다. 마지막으로, 파충류와 조류의 경우 거의 불용성인 뇨산을 만드는데, 이것은 니담이 제안하기를 내부의 알에 필요한 제한된 물을 아끼기 위한 것으로 진화한 것이라고 한다.

내분비학

최근에 진전된 모든 것 중에 가장 눈에 띄는 것은 내분비기관의 작용에 대한 연구이다──이 내분비기관은 호르몬을 만드는 분비관이 없는 분비선(분비샘)으로 이미 논의된 것이다(p. 231). 이 분비선들은 서로 격리된 것이 아니다. 이 분비선은 스스로 다른 화학 및 신경자극에 반응한다. 이 분비선은 전개체를 화학적으로 조절한다. 이 분비선은 정상 유지나 성장뿐 아니라 내외부의 자극에 의한 반응에도 관여한다. 이런 작용을 가진 것 중 제일 먼저 발견된 호르몬은 아드레날린인데, 이 호르몬은 전생체를 자극하는, 공포나 화가 난 상황에서 분비되어 도주하거나 싸움을 하도록 한다.

좀더 연구를, 특히 성호르몬에 대해서 진행함으로써 화학적 조절기전이 더욱 복잡함이 밝혀졌다. 각기 다른 호르몬은 각각의 특이한 작용을 할 뿐 아니라, 호르몬을 만들어내는 분비선에도 작용하여 그 분비선으로 하여금 호르몬의 생성을 증가 또는 감소하도록 작용한다. 사실 뇌의 아래 부분에 위치하는 뇌하수체로부터 화학적으로 조정하는 일반 호르몬 또는 **내분비**계는 체내의 다른 부분에 있는 다른 선에 영향을 끼치는 수십 종의 다른 호르몬을 각각 분비해 벌 수 있는 것 같다. 더구나 신경계와 내분비계는 항상적이고 복잡한 상호작용을 한다.

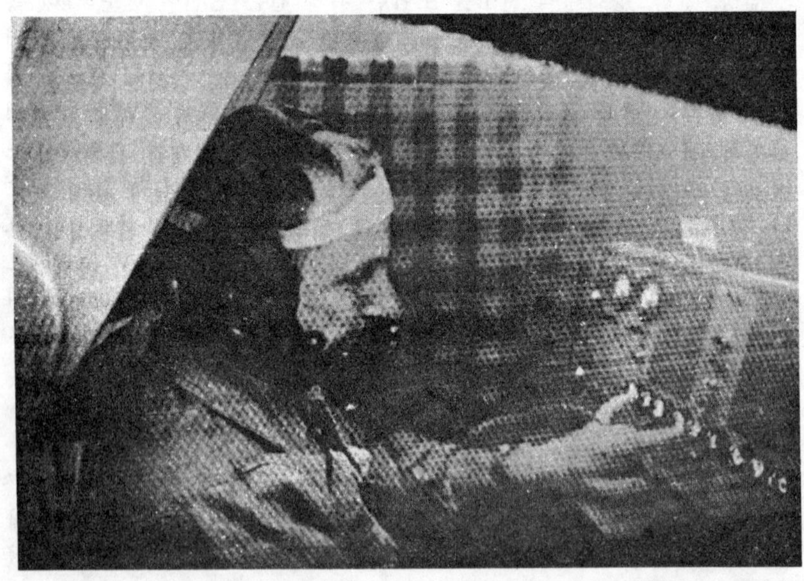

288. 일종의 머리띠 모양의 전극을 사용하여, 우주선 유사장치내에서 우주비행사 신경의 반응과 조작능력을 시험하고 있다. 조지아 아틀란타 근처의 록키드 인간인 자연구소에서 한쪽만 난 창문을 통해 찍은 사진.

뇌하수체선과 뇌의 시상하부 사이의 신경연결을 통해 상기한 작용이 부분적으로는 명확하다. 호르몬은 정서에 영향을 끼치고 다시 정서는 호르몬 생성에 영향을 끼친다.

생체는 서로 겹치는 2개의 **전달체계**가 있는데 하나는 화학적인 전달로 늦은 속도인 우편체계이고 다른 하나는 신경의 빠른 전신이다. 후자가 2차적 발생이거나 또는 두 개 모두 나란히 진화했을 것이다. 어떤 경우든 생물의 기능적 통합성은 단순히 부분들이 기계적으로 옆으로 분열한 때문은 아니다. 조정 실재, 영혼 또는 엔텔레키(entelechies, 질료가 형상을 얻어서 완성되는 현실을 말함-옮긴이)를 기원하는 이유는 (제7장 2절) 세익스피어의 『코리올라누스』(*Coriolanus*)에 나오는 위장의 반란이라는 우화에서 보여주듯이 사회의 지배계층, 특히 계급사회라는 의미로 위와 같은 것들의 행위를 설명하려 한 것이다. 현대과학은 계속적으로 이같은 생각을 무용하게 한다. 현대과학은 생물이 환경에 대한 통일적 기능성을 보증하는 구조와 과정들을 해명하거나 이들의 진화에 대한 관계를 설명할 수 있도록 노력해야 한다.

신경계의 활동성

이제까지 우리는 비교적 느린 생물체의 생동적인 과정에 대해서만 얘기했다. 생물체가 환경에 대한 즉각적인 반응을 하기 위해서는 감각기관, 신경계와 근육이 복합적으로 필요하다. 이런 체계에 대한 연구는 우리가 보았듯이(제4장 5절) 곧바로 과학의 기원 자체로 거슬러 올라가며, 20세기 연구가들은 이 기원에 대한 이해를 더욱 진전시켰다. 19세기말에 인간과 많은 다른 형태의 동물들의 신경계는 해부학적으로 밝혀졌는데 그 주요연결부는 부분적인 동작과 감각이 없는 것과 동물실험에 힘입어 여러 부분의 질병과 상처를 동반한 연구를 연관시켜 밝혀냈다. 인간과 고등척추동물은 뇌로부터 나온 의식적 인식과 임의적 운동에 주로 관여하는 중앙 신경계와 중요하지만 무의식적 운동, 내부기관의 분비 등에 관여하는 교감, 부교감계로 구성되어 있다.

신경전달의 전기적 특성

신경전달방법과 신경통합방법에 대해 20세기초까지도 많은 부분을 모르고 있다. 현대 생물리나 생화학적 방법없이 신경작용의 구조와 과정을 이해하기는 불가능하다. 아드리안(Adrian)과 몇몇 연구가들은 전기증폭장치를 이용하여. 신경신호(Signal)는 모두 같은 크기이나 빈도는 한계가 있는 전기포텐셜로 구성되어 있고 최초의 자극의 크기에 비례함을 1926년 이후에 밝혀냈다. 그러므로 신경은 충격의 양에 대한 정보만 전달할 수 있고 명령이 지나가는 통로의 위치로부터 나타내야 할 색상, 음색, 느낌 같은 특이한 질을 전달한다.

이 분석은 큰 영향을 끼쳤으며 사고와 의식에 대한 우리의 이해도 더욱 넓어졌다. 수많은 신경정보가 인식에 도달하지는 않지만 서로 분리되어 있는 것은 아니다. 많은 신경정보가 어떤 감지로 인해 자동적으로 어떤 행동이 표현되도록 하는 반사중에 연결되어 있다. 20세기의 이런 위대한 업적은 1897년 파블로프로부터 시작했는데, 그는 반사가 전적으로 마음에 독립된 것이 아니라 서로 관계가 있으며 인식에 의해 변형될 수 있다는 것이다. **조건반사**에 대한 실험적 연구로 인해 생리학으로부터 심리학에로의 고차원적 접근이 가능하게 되었다.

최근에 버탈(Buchthal), 호지킨(Hodgkin) 등에 의하면 신경충격에 있어서 전기작용 포텐셜의 운동은 한 쪽에서 다른 한쪽으로 이동하는 금속이온을 통해 막을 따라 형성되는 전기극화가 확장되기 때문이라는 것이다. 그러나 행위를 만든다거나 감각을 받아들이는 데 있어서 신경충격의 제어는 본질적으로 화학적인 것 같다. 1929년 데일(Dale)과 더들리(Dudley)가 보여주듯이, 신경의 말단부분 혹은 2개의 신경을 연결하는 시냅스에 전기자극이 도착하면 화학물질을 분비하고 이 화학물질은 다시 이곳을 지나가는 세포를 자극한다.

신경연결과 전자체계

생물학 연구가 물리학의 진전, 특히 전자학과 더욱 가깝게 연결되는 것은 특히 뇌에서의 신경충격의 상호연관을 통해서이다. 1928년 베르거(Berger)는 환자의 머리에 장치한 전극 사이에 전기포텐셜의 파장이 지나가는 것을 발견했다. 이것으로 해서 간질과 같은 뇌질환의 진단과 치료에 대단히 가치있는 **뇌전도파사진**을 더욱 민감하도록 발전시킬 수 있었다. 또한 이로 인해 월터(Grey Walter) 같은 연구가의 수중에서 의식과 사고를 동반하는 전기발생에 서광이 비치게 되었다.*(6. 142).

좀더 하등동물의 뇌를 연구하여 많은 지식을 얻을 수 있었다. 영(J. Z. Young)은 연체동물 중 가장 영리한 문어의 뇌에 대한 연구를 함으로써 감각기관에서 생긴 충격이 운동을 결정하는 근육수축에 전달되는 연결형태가 조금씩 밝혀지기 시작했다.

뇌와 서보(servo)기구와 전자기사에 의해 현재 급속히 발전하는 컴퓨터 사이에는 비슷한 점이 존재한다. 여기서 컴퓨터는 3가지 주요한 형식요소가 있다. 입수된 지식을 기계에 유용한 형태로 전환시키는 입력기, 일시적인 사용을 위한 것이 아닌 정보유지를 위한 **기억**을 포함하는 **기계** 자체, 기계정보를 어떤 외부형태로 변환시키는 출력기가 있다. 이것들은 **감각기관**, 뇌와 근육조직 또는 **작용기관** 등과 대략적으로 일치한다. 전자계산기 자체는 매우 간단하거나 이미 원시동물의 뇌에서조차 확립된, 인간의 뇌의 고도의 복잡성까지 띨 수 있는 구조와의 능동적인 연결체이다. 지각에 대한 연구는 현미경으로 볼 수 있는 뇌의 연결체계와 다양한 종류의 회로에 성립된 연결체계 사이의 유사성을 상술함으로써 시작된다. 예를 들어 눈의 피질은 눈의 망막으로부터 전해 받은 형태를 분석하고, 움직이는 물체같이 이미 명확히 분석된 개념으로 원초적인 인식을 바꿔 전해 받은 형태를 해석하는 일을 담당하는 층에 놓여 있다. 이 전해 받은 형태의 위치, 색상, 모양이 바뀐다는 사실에도 불구하고 하나의 실재로서 인식된다. 뇌의 복잡성을 밝혀낼 수 있는 기전을 해명 내지 성립시키기에는 아직 요원하다. 본질적인 차이점은 자극과 전달의 개체적 행위가 느린 것이 100억에 해당하는 매우 고등하게 정렬된 작용새포에 의해 보상되는 최소의 체계가 뇌라는 것이다. 이런 견해는 뇌가 계산기이고 더더욱 눈이 카메라라는 뜻은 아니다. 오랜 시간 동안 진화해왔고, 환경에 대한 대단한 인식과 매우 정확한 분석을 할 수 있었고 그 결과 환경을 더욱 조절할 수 있게 되는 자연적인 체계와 인간의 능력을 이런 2가지 방향으로 확장할 수 있도

---

*이미 언급한 대로(pp. 184 f.) 이런 방법은 궁극적으로 직접전달가능성을 보여준다. 월터(Grey Walter)는 하나의 자극으로 발생된 뇌전류가 다른 자극을 일으키는 데 사용될 수 있음을 보여주었다. 따라서 그것은 생각만으로 외부신호를 산출하는 방법을 알고, 그때 어떤 규칙을 통해 실지 전달에 영향을 미치고 있다. 인간의 사고 산출을 **빠르게** 해서 말하는 속도를 넘어 **최소한** 책읽는 속도로 하는 방법도 생각할 수 있다.

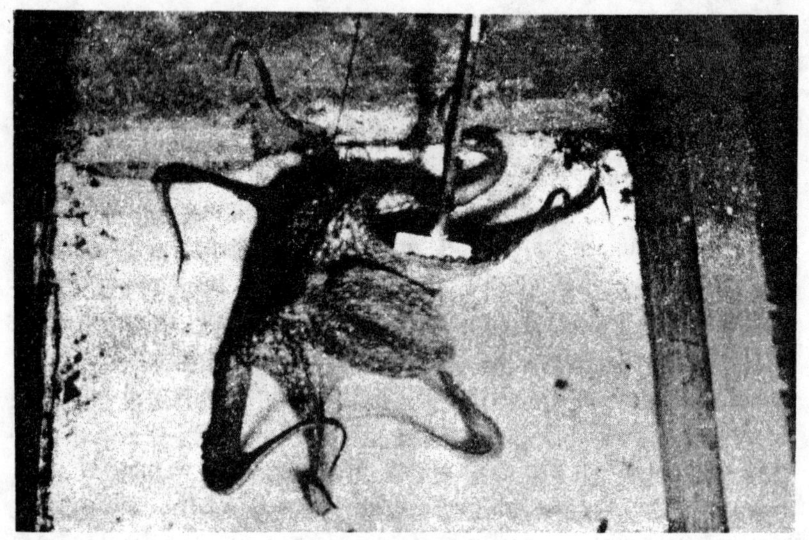

289. 런던대학의 영(J. Z. Yuong)교수와 그 연구진들의 낙지의 두뇌에 대한 연구는 감각기관의 자극이 운동을 일으키는 근육수축으로 바뀌는 연결양식이 있음을 밝혀 냈다. 이 사진에서는 낙지가 실에 매달린 게에게 첫 공격을 하고 있다. 백색판이 낙지에게 전기 쇼크를 주므로 낙지는 백색판이 나타나면 그것에 반응하여 먹이로부터 떨어진다.

록 계획적으로 고안된 인공체계 사이에서 많은 것을 배울 수 있다는 뜻이다(6. 142).

동물행위

동물의 내적 통합성의 문제에 대한 또다른 접근은 20세기의 동물행위에 대한 과학적 연구에 의해 광범위하게 발달했다. 주로 파블로프 덕분에 이 접근은 신경기전 연구와 연관지어져 왔다. 동물행위는 매우 오랫동안 인간들이 연구했는데, 인간이 동물사냥을 시작한 구석기시대와 최초로 동물을 길들인 신석기시대의 초기에 가장 의도적으로 연구되었을 것이다. 그 후 이 지식은 옛것으로 파묻히고 새로운 면에 대한 관심은 줄어들었다. 동물에 대한 위와 같은 공리적인 견해로부터 처음에는 마술적인, 미래를 예견하는 많은 장치 중의 하나로 생각되었고 그후 용감한 사자, 교활한 여우, 자기희생적인 펠리칸 등 고대의 동물 우화집과 중세의 동물우화집에서와 같이 도덕적 교화용으로 생각되었 다. 드디어 빅토리아시대에 와서 동물은 상냥심사 운동에 주로 관련된 단지 일화적이고 감상적인 것으로 되었다. 설명할 어떤 근거가 없어서 폭넓은 양적 연구와 발달이 늦어졌다. 제임스으로 말해, 이성이 없는 동물은 틀림없이 모든 것을 본성에 의해 행한 것이다. 사실이 밝혀질 새로운 세계가 기다리고 있다. 다윈은 그의 인『인간과 동물에 있어 서의 정서발현』과 함께 이 부분에서의 개척자이다.

본성과 학습

동물행위에 대한 연구는 닭과 쥐로부터 원숭이에 이르기까지 동물을 어떤 상황에서 반응시키고 그것에 대한 문제를 푸는 방법이 모르간(C. L. Morgan : 1872~1936)의 업적에서부터 시작된다. 어려운 점은 동물이 활용할 것과 비슷한 충분한 상황을 발견하고 조절과 해석을 충분히 단 순하게 하는 것이다. 미국의 와트슨(Watson : 1878~1958)과 독일의 퀼

290. 두 마리의 숫양들이 교미철 동안 그들의 뿔로 서로 받아넘기려고 하는 것에서 동물의 본능적인 행동을 볼 수 있다. 크루거 국립공원에서 찍은 사진.

러(Köhler) 등의 초기의 결과는 동물의 정신보다는 연구가의 정신을 반영하는 듯했다. 한 사람은 완전히 임의로운 행동을 다른 사람은 사고적인 행동을 발견하였다. 여기에서 그들은 2개의 합리적인 설을 만들었다. 와트슨은 정신을 뒤로 젖혀두고 실용적인 설에 따라 동물뿐 아니라 인간에게 존재하는 것은 자극과 적당한 행위라고 단언했다. 쾰러는 묘하게도 플라톤의 이데아를 상기시키는 새로운 일원론적 구조들——형상들(Gestalts)——로 동물의 정신이 채워져 있다고 했다.

더 최근의 비판적 연구를 통해 정신적 능력의 가장 중요한 어떤 작용(경험을 통해 학습하는 능력)과 다양한 동물에 대한 관심에서의 분야 개척이 새롭게 시작되었다. **학습**은 기억을 함축하지만 기억보다 더욱 진전된 것이다. 받아들인 경험은 저장되고, 비교되고, 선택되어야 하며 배워둔 행위 형태가 성립되기 전에 새로운 경험이 부가되어야 한다. 이런 **학습**에 대한 개념으로 해서 비록 매우 간단한 범주에서이지만 전자계기에 주입되어 그들 주위를 움직이거나 주위 상황에 따라 '학습된' 형태로 반응할 수 있는 자동기계를 만들 수 있게 되었다.

기억

현재 다양한 실험방법을 통해 동물 기억의 본성에 대한 연구가 진행 중이다. 기억은 생물에 있어서 매우 초기적인 특성으로 생각된다. 메이(May)가 촌충 같은 하등동물을 사용한 실험에 따르면 반응형태가 전 생체로 전달된다고 한다. 촌충이 여러 조각으로 잘리고서도 다시 원래대로 재생되는 것을 보면 이들은 과거 경험에 대한 기억이 있는 것 같다. 더 최근의 쥐를 사용한 실험에서는 기억이 감각기관에 있는 변화한 핵산에, 아마도 또한 뇌에 실제적으로 저장되었을 것이라는 몇몇 가능성을 보였다. 만약 이 가능성이 확증된다면 기억은 인화된 사진에 나타나는 상의 한 장치와 같다. 그러나 말하자면 그 기억은 사진기의 은에서부터가 아니라 적절한 자극을 통해 계속 사용할 능력이 있는 핵산에서부터 나타날 것이다. 능동적인 방법으로 순환하는 같은 정보가 계속적으로 반복함으로써 기억과 신경계가 구성된다는 과도적인 착상을 적어도 일부분은 버려야 할 것이다. 그러나 기억이 한 가지만일 필요는 없다. 기억은 순간적인 것과 오래 지속되는 것의 두 가지가 있다.

동물의 언어

주의깊은 관찰과 깊이있게 계획된 실험들이 조화를 이루면서 짝짓기, 모성애, 다른 구성원 또는 다른 종류와의 관계 등을 포함한 자연상태에서의 동물행위에 대한 해석이 가능해졌다. 이와 같은 연구는 구래의 일화적인 자연의 역사를 대신하고, 동물언어를 알고자 하는 소망을 만족시켜 주는데, 동물언어가 비록 우리 인간과 비교하면 간단하지만, 아직은 매우 복잡한 것으로 밝혀졌다. 틴베르겐(Tinbergen) 같은 연구가의 성과에서 볼 수 있는 것은(6. 227) 운동이나 양육에 필요한 행위 형태는 대치되거나 변형되거나 뜻을 전달하거나 다른 동물에게 적당한 행위를 취하도록 하기 위해 과장될 수 있다는 것이다. 새의 노래는 짝을 부르거나 적에게 경고하는 것일 수 있다. 폰 프리쉬(Von Frisch)의 산뜻한 연구가 보여주듯이, 벌에게까지 꿀이 있는 곳의 방향과 거리를 나타내는 춤으로 표시되는 그들의 언어가 있다. 틀림없이 예상되었던 것이지만 사회생활을 하는 동물들 거의 모두가 어떤 종류의 언어를 갖고 있다. 이런 몇몇 언어는 소리나 시각으로 표시되지 않고 페로몬을 이용하는 것과 같은 냄새 또한 개미의 경우 음식물의 소재를 가리키는 특별한 감각으로 표시된다. 이런 연구들은 신경기전을 밝혀주기 때문만 아니라, 인간의 의사전달과 이 의사전달이 형성하고 결합하는 사회의 기원을 밝혀주기 때문에 극히 중요하다(제12장 1절). 같은 이유로해서 동물행위에 대한 해석은 아주 간단한 것이라도 이것이 전적으로 국부적 복합성에 대한 것이 아니라는 어려움에 봉착하게 된다. 이런 경계 영역에서 다음 장에서 논하겠지만 더더욱 종교와 정치적 편견에 묶여 있어서 인간의 사상과 언어의 유물을 축출하기 어렵다.

정신병 : 심리학과 정신의학

이런 견해들은 마음과 몸에서 명확히 나타내는 정신질환과 관련된 최근의 가장 어려운 의학의 분과에서의 진전에 대단히 들어맞는다. 지난 50년간 대단한 관심은 있었지만 보증될 만한 진전은 없었다. 이 분야는 논쟁과 유행의 장이었다. 많은 사람들은 프로이드의 업적이 아인시타인 만큼 획기적이라고 단언하곤 했다. 심리학에서 많은 철학적 쓰레기를 없앴다는 의미에서는 위의 말이 확실하다. 그러나 분수를 알아야 될 것은 자본주의 국가의 지식인들 사이에 현재 널리 쓰이는 **임기응변식**의 단어제작, 즉 무의식, 본능적 충동, 컴플렉스, 우울증 등이다 (제13장 5절). 이런 심리학에 대한 명상적 기초들은 어떤 정확한 실험적 근거로서 정당성을 부여받지 못했다. 정신질환을 고치는 데 있어서, 프로이드 심리학과 그 변형들은 치료비를 지불가능한 자들은 치료함이 밝혀졌지만 자체에 일찌감치 존재했던 희망들을 따라 실천하지 못했다. 극도로 복잡한 뇌에 대한 이해는 파괴적인 전기, 외과적 방해, 충격요법, 절제술 등에 의한 신경고장을 다루는 대체술에 실망을 끼치고 있다. 다른 한편으로 가장 흔한 정신병 중의 하나인 정신분열증은 비록 그 시작과 진행이 심리학적 상태에서 결정되지만 부분적으로 생화학적 기원이 있는 것으로 보인다. 이런 신경전류와 생화학의 상호작용이 가려지려면 막대한 양의 연구가 필요할 것이다.

인간의 마음은 한편으로 단지 신경연결장치가 아닐 뿐더러 다른 한편으로 영과 육체가 분리된 생명실체도 아니다. 인간은 스스로 진화한 것이 아니라 그의 환경과 관계하면서 사회 속에서 자신은 점차 사회적 존재로 진화하였다는 의미이다. 이런 이유 때문에 경제적·정치적 기반과 결별한 심리학은 옳지 않은 방향으로 흐르게 되어 있다. 대체적인 방법이 사회과학에 있어서 본질적인 것이므로 다음 장에서 다루겠다.

11. 8 유전과 진화

20세기에 들어 발전된 생물학 분야 중 남은 것——유전, 진화, 생태학——은 의학보다 농학과 관련이 깊다. 19세기에 동·식물의 광범위한 종류에 대한 관심은 주로 수집가와 박물학자에 의한 것인데, 그들은 먼저 많은 생명체를 발견하여 그 **폭**을 넓혔고 현미경을 사용하여서 그 **깊이**를 더해갔다. 다윈의 진화라는 개념의 폭발적인 효과도 이 조류를 바꾸지 못했다. 다윈이론에 대한 첫번째 결과는 생명체의 계통수를 세우려고 모아둔 것에 순서를 부여하려는 시도라는 생물학적 노력을 하는 박물관학자들에 의해 탈출구가 마련되었다. 한동안 실질적인 면에서 농업은 농업기계, 발효기, 약간의 동물약 등만 과학의 혜택을 입었고, 전통적인 방법을 여전히 고수했다. 개량된 종자는 정열적인 견습가와 양치기 등 실제 일에 종사하는 인간들에게 남겨져 있었다.

식물과 동물의 종자개혁을 위한 진전

그러나 필연적으로 세기가 바뀔 무렵, 다윈에 대한 논쟁은 사라지고 실제적인 생식에서의 과학이 새로이 필요하게 되었고 마찬가지로 유전학에서도 같은 관심이 일어났다. 이후에 호밀을 위한 서유럽 초원, 양을 위한 열대작물을 위해 아시아·아프리카를 분할할 열강 등이 생기고 절대적으로 개량과 함께 실패한 종자보다 더 나은 것을 요구하게 되었다. 과학적 측면에서 주요 진화 부문은 보류되고 그 기전에 집중되기 시작했다. 유전의 법칙은 새로운 중요성을 얻기 시작했다. 지금 우리가 어떻게 알과 씨가 개구리와 참나무로 자라는지 모르더라도 우리는 합리적으로 그렇다고 확신할 수 있다. 그러나 자손이 부모와 비슷한 것은 절대적인 것은 아니다. 자손 몇몇은 보통 크거나 어떤 용도에서는 다른 종류보다 인간에게 더욱 유용하다. 그리고 이런 것들은 역사 이전에 생식에 적용됐었다. 유전 현상을 조절할 수 있는 정도의 공식화되고 규정적인 법칙이 있기 전에 유전현상에 대한 완전한 설명은 불가능하다. 사실상 오래 지속된 진리가 있음에도 불구하고 유전학은 과학의 한 분야로 제일 늦게 독립을 했다. 접종은 농업과 동물경작의 시작단계에서 조심스럽게 시작되었음에 틀림없다. 예를 들면 말의 혈통가계도에 대한 문서는 B.C 2000년까지 거슬러 올라가며 사실 구석기시대에 이미 개의 가축화와 여러 변이가 존재했고, 문명의 초기로부터 단순히 경험적 바탕으로 실제적인 용도와 운동기호를 위한 주요한 종의 이전방법은 잘 성립되어 있었다.

다윈과 변이

동물뿐 아니라 인간도 접종되었고 계급과 인종적 특징이 사회 안에서 상속되기 때문에, 유전학에 대한 문제는 종교와 정치적인 사고에 의해 계속 악용되어 왔고 아직까지도 그렇다. 상속(inheritance) 또는 유전(heredify)이라는 단어는 계승자라는 성질을 어느 정도 지닌 사회적 개념으로써 본질적으로 밀접한 관계에 있다. 이 단어의 사용은 생물학적 상속에조차 물질적이고 형식적인 어떤 것이 전해진다는 것이다.

마치 신성로마제국이라는 이름이 붙어있는 합스부르그의 떡같이.

다윈의 진화에 대한 이론은 유전의 변이라는 원리에 크게 관심을 쏟았는데 사실상 이 이론이 해결한 것보다 훨씬 어렵다. 그는 많은 종(species)들이 환경에 다양하게 반응하고 도태는 그들 변이를 제어한다고 생각했다. 그도 어느 정도는 환경이 직접적으로 이 변이에 영향을 끼

291. 진화에 대한 환경의 영향은 점박이 나방(Biston betularia)에서 잘 설명된다. 그림에서 정상형태의 위쪽과, 아래쪽 은폐형인 카보나리아(carbonaria)를 볼 수 있다. 나방이 버밍검 근처의 먼지가 뒤덮인 나무 위에 앉아 있다.

친다는 면에서 라마르크적인 견해를 지녔다. 매우 다양한 환경조건에 대한 동물들의 신기로운 적응이라는 것은 어느 정도 위와 같은 조형효과(moulding effect)를 나타낸다. 그러나 다윈의 생각이 즉각적인 효험이 있는 것은 아니다. 그 주된 이유는 양적인 실험적 토대가 없기 때문이다. 실제적으로 변이가 어떻게 생기고 그 변이가 어떻게 고정되는지는 관찰이 불가능하다(제9장 5절).

유전, 계급과 인종

다윈은 그외 자료들을 목축업자 양치기로부터 많이 구한데 반해, 그의 후계자들은 더 학술적이어서 그들과 접근하지 못했다. 접종의 중요성에 대한 확신은 사실상 오래된 것이고, 귀족의 봉건제를 본질적으로 지지하는데 19세기까지 그들은 과학적 정당성을 요구하지 않았다. 이런 지지가 19세기 후반의 근본적 조류에 반하여 필요해졌을 때 과학은 우생학 운동의 기치 아래 인정을 받게 된다. 이런 초기의 성공은 우연히도 부유하고 연줄이 좋은 아마추어이자 다윈의 조카인 갈톤(Galton : 1822~1911)과 수학자이며 수학을 거의 최초로 생물 문제에 적용하려 했었던 실증 철학자 칼 피어슨(Karl Pearson)에 의해 주로 이루어졌다(제12장 8절). 이 둘은 과학적 배경을 정당화함에 있어서 중·상계층이 하류층보다 유전적으로 우수하다는 증명을 통해 평등주의적인 사회주의자들의 등장에 흔들리기 시작하는 중·상계층의 도덕적 위치에 본질적으로 관여하였다. 그 기저에는 백색인종이 유색인종보다 우세하고 북유럽인종이 다른 백색, 특히 유태인에 대해 우세하다는 것을 증명키 위해 같은 논조가 쓰일 수 있었다(제12장 8절).

바이스만과 배층질의 지속

종의 유전의 고정화는 19세기말 배층질의 계속성——어떤 가족적인 보배성은 불가피하게 생식에 의해 만들어진 것이 섞일 때만 변형이 일어나고, 아무런 파손없이 부모에서 자식에게로 전해진다는 설——이란 형식적인 가설을 발전시키고 획득된 형질의 유전현상을 만드는 데 계속 실패한 데 기초한 바이스만(Weisman : 1834~1914)에 의해 더욱 강조되었다. 이런 견해로 본다면 살아 있는 생물체 또는 **발현형**(phenotype)

은 영원한 **유전형**(genotype)의 변하기 쉬운 많은 형태 발현 중의 하나
일 뿐이다. 19세기의 이 생각은 17세기의 형성론(performation)의 생각
으로 완전히 되돌아간 것이다. 모든 동물과 식물의 잠재적 형질은 첫
번째 배(胚)에 존재하고 분류화(分類化)하여 나올 필요분임을 함축하는
것에서 볼 수 있듯이 이것은 진화에 있어서의 터무니없는 것을 효과적
으로 만들었다. 유전의 모든 중요성을 더욱 지지하는 것들이 1856년에
빌머린(Villmorin : 1816~1860)과 1903년 요한센(Johannsen : 1857~1927)
이 들판에서 행한 실험으로부터 나왔다. 그들은 보통의 곡물들은 매우
다양한 유전형태를 지닌 개체들로 구성되나 고집스런 교잡과 선택으로
원리적으로 항상 계속적으로 교잡할 수 있는 순종을 만들 수 있음을
발표했다.

유전의 불연속성 : 멘델법칙의 재발견

그러나 유전에서의 변이가 연속성이라고 간주되는 한 이와 같은 모
든 연구들은 본질적으로 단순히 묘사적인 것으로 남고 다른 생물학과
연결될 수 있다. 불연속변화가 존재함을 인식하자 유전학의 이 위치가
변형되었다. 1894년 베이트슨(Bateson : 1861~1926)은 진화에 중요한 것
은 무한정의 점차적인 것이 아닌 돌연적인 변이라고 단언했다(6. 105).
1901년 드프리스(de Vries : 1848~1935)는 앵초에서 갑작스런 변화——
돌연변이——를 발견했다. 위 두 사람은 1857년과 1868년 사이에 제작
되고 1869년에 발표됐던 그 당시에는 무시되었던 멘델(1822~1884)법칙
을 발견하고 확장하는 데 있어서 그들의 실험을 통해 지지했다. 체코
슬로바키아의 브르노의 수도원의 정원에서 완두콩으로 실험을 행한 그
는 성의 유전이 특이하게 간단한 방법으로 많은 형질이 전이됨을 밝혔
고, 그것을 그는 꽃의 색, 씨의 찌그러짐 같은 것을 결정하는 어떤 단
위인자의 존재를 가리키는 것이라고 해석했다. 이 유전인자 또는 유전
단위설의 큰 이점은 본질적으로 간단하고 수학적이라는 것이다. 그러
나 물론 단번에 알 수 없는 위험이 따르는데 그것은 간단한 연관을 나
타내는 형질로 연구가 제한되어야 하고 유전의 어떤 부분을 설명했던
설이 전체에서도 적용되어야 한다는 점이다.

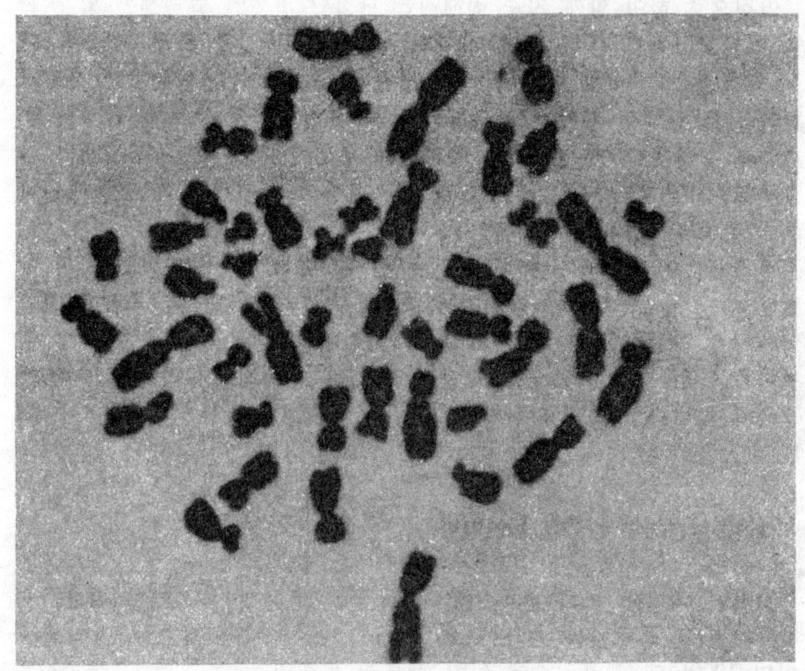

292. 정상의 남성 임파세포에서 찍은 염색체. 염색체는 쌍으로 존재한다.

모르간 : 유전자와 염색체

멘델의 간단한 법칙은 단위 유전형질과 세포분열 중인 핵에서 관찰하는 염색체 사이의 연관이 성립되면 더욱 그럴 듯 해 보인다. 이것은 본질적으로 미국의 모르간(T. H. Morgan)의 업적이다. 1910년부터 그는 작은 파리의 모든 변이 범위를 광범위하게 연구했다. 이 파리는 Drosophila melanogaster 라는 학명을 가지며 교잡시기가 빠르고 보관하기 쉬운 잇점이 있다. 유전론이 간단하고 정확한 수학적 특징을 지님으로 해서 염색체 구조에 따른 파리의 자세한 형질과 관련된 막대한 양의 연구가 가능해졌다.

이것으로 하여 함께 자주 전해지는 다양한 형질이 염색체의 한 부분에 결합되었거나 또한 서로 가깝게 놓였다는 발견을 하게 되었다. 다시 말하면, 염색체가 발생에 따라 정열된 형질들의 전체발생의 지도에 일치한다. 따라서 성체에서 나타나는 각 유전형질은 부모의 염색체 중 하나에 물질조각, 즉 **유전자**와 일치하는 부분이 있다. 모든 생물체의 각 세포는 각 부모로부터 1개씩 전해 받은 1쌍의 염색체를 지니기 때문에 모든 형질은 1쌍의 유전자를 지닌다.

결과적으로 교잡과정은 자손의 유전자를 뒤섞거나 분배하는 여러 방법에 따라서 그 자체가 감소한다. 만약 부모 중 어느 한 쪽의 형질이 나타나지 않는다면, 다른 쪽의 더 강하거나 우세한 유전자에 의해 억제되거나 그 유전자가 없다고 생각할 수 있다. 유전자가 물질로써 눈에 보이지 않더라도 염색체에서의 그 위치를 진실에 가깝게 측정할 수 있다.

자연돌연변이와 인공적 돌연변이

시간의 지남에 따라 **초파리**와 몇몇 다른 생물의 유전학이 자세하게 연구되었다. 유전자는 모두가 다 안정된 것이 아닌 것으로 나타났다. 이미 1900년에 드프리스에 의해 새로운 형질이 종종 아무런 경고없이 심지어 교잡된 것에서 일어나곤 하며 교잡되기도 한다. 이제 이런 **돌연변이**의 발생은 유전자에 우연한 변이가 일어나고 외부 환경에 영향받는다는 것을 제시하게 되었다.

이 사실은 1927년 뮬러가 엑스선을 사용해 돌연변이체 생산이 많아지는 것에서 볼 수 있었음에 의해 밝혀졌다. 이런 관찰은 그 당시에는 어느 정도 학술적이었고 기껏해야 농업경영학의 관심사였으나, 원자, 수소폭탄과 이돌의 방사선 낙진에 의해 생기는 방사선 효과를 통해(pp. 289f.). 위와 같은 돌연변이가 동·식물, 인간에게서 만들어질 수 있기 때문에 인간성에 반하여 생명에 관한 가장 중요한 것이 되었다. 이미 꽤 많은 이와 같은 돌연변이가 1945년에 일본에서 생겼고 널리 퍼져 있지만 폭탄실험으로 계속해서 생겨나고 있다(p.168 ; 6.184 ; 6.118 ; 6.204 ; 6.205 ; 6.231).

293. 감마선에 의해 발생한 카네이션의 돌연변이. 이 식물은 정상적인 조건하에서 흰 꽃을 피우지만 투사 후에는 가운데 대공에 붉은 카아네이션이 나타났다. 사진은 뉴욕의 브루크하벤 국립연구소 제공.

생명에 대한 방사선의 효과

특별히 수폭의 위험 때문에 생긴 경계로 인해 모든 생물에서 이온화 되는 방사선의 효과에 유용한 매우 제한된 지식을 낳게 했으며 이 부분에서 활력있는 연구가 현재 진행되고 있다. 핵저장고를 제어하다 생기는 우연한 사고와 폭탄 또는 낙진에 직접 노출되거나 해서 생기는 막대한 양의 방사선은 많은 양의 $-OH$기가 효소 작용을 방해함으로서 (p. 224) 생기는 세포대사의 합정도의 방사선은 핵산-단백질 합성과정에 주로 해를 끼치므로, 하여 우선적으로 분열 중인 세포에 영향을 미처 영원한 해를 끼치거나 암형성작용을 촉발시킨다. 피해를 입은 세포

중 한 가지로서 백혈구는 변형되어 치명적인 백혈병을 생성하며 이것은 히로시마에 기록된 것처럼 핵피해 몇 년 후에 자주 나타났다.

원자무기의 유전학적 영향

적은 양의 방사능은 정상 분열세포에서는 최소한의 변화만 생기지만 생식세포 같은 특별한 경우에 결과는 동일한 돌연변이를 지닌 다른 사람과 이 변이한 생식세포를 지닌 사람이 교잡을 하지 않거나 이 돌연변이가 열성이면 나타나지 않지만 교잡의 정도와 전체 인구종에 이 결함을 지닌 사람의 농도에 따라 머지않아 나타날 돌연변이이다. 다양한 양의 정도에 따르는 폭탄에 의한 방사선의 효과는 지지받지 못하는 실험 덕분에 매우 대략적으로 정해질 수밖에 없다. 어떤 일반적인 전쟁에서 핵폭발의 위력과 수자가 막대한 양으로 증가하면 폭발 그 자체에 의한 직접적인 인명의 손실과 더불어 열폭풍은 주요한 유전적 영향을 널리 끼칠 것이다. 이같은 전쟁에도 적은 수나마 생존자가 있을 것이며 그들의 후손은 필연적으로 유전병을 앓을 것이다. 우선적으로 생식 불능과 기형들이 널리 나타날 것이다. 생존한 소수 인구는 폭탄의 방사선의 흔적이 이 세상에서 사라진 오랜 후에 열성 유전인자의 조화 덕분에 수백 세대에 걸쳐 그 회복은 폭넓게 나타날 것이다. 물론 이런 피해는 인간에게만 국한되지 않는다. 동·식물의 기형적 생산 역시 불가피하며 유전적 평형을 이루려면 수천년이 걸리게 될 것이다.

1962년의 폭발실험의 영향은 매우 걱정스러운 것이었다. 돌연변이의 비율을 매우 낮춰 발표한 정부의 보고는 안심스러운 것 같이 보이지 않으나 아직도 방사능 낙진은 대개의 위층으로부터 가라앉고 있다(6.188 ; 6.205). 이미 불임, 기형의 불완전한 1,000명 중 10명은 다음 세대에 계속 전달하고 있고 많은 가족의 경우 고통을 당하고 있음이 틀림없을 것이다. 이런 범죄적인 어리석은 짓을 훨씬 더 나빠지기 전에 정지시키려는 일이 널리 나타났는데, 이는 1963년 정부가 부분적으로 실험금지조약에 서명하도록 대중의 압력이 있은 후부터이다. 그러나 이 조약은 몇 년 후에 핵무기의 비축은 고사하고 지하실험의 개발을 정지시키지 못하였다. 핵은 점차 계속적으로 우리의 목을 죄여들 것이다.

유전학의 적용

그 발단서부터 개개 유전자의 영향이 명백히 밝혀지고 상이한 유전
자 효과가 상이한 조화로 연구될 수 있는 여러 경우에서 유전자에 대
한 유전자설은 그 주요 적용뿐만 아니라 주요 관심이 표명되었다. 이
러한 것은 꽃의 색상, 깃털, 소변 등의 최종산물을 변형시키든 아니든
여기에 적용하는 개개의 생화학적 작용을 유전자가 조절한다는 데서
볼 수 있다.

이런 유전학적 적용은 생리학적으로 중요하지 않을지도 모른다. 가
령 인간의 경우 이러한 것이 여러 종류의 백치를 만들 수도 있지만 어
떤 경우 표시체로서는 매우 유용하다. 홀데인(Haldane)이나 펜로즈(Pen-
rose) 등이 인간유전학을 연구함은 임상적으로 충분한 가치가 있는 것
이다. 특히 혈액형 집단의 유전학적 결정(pp. 234f.)은 헌혈의 필요성을

294. 양에서 보이는 유전학적 변화. 오른쪽의 숫양은 (다리가 짧은) 앙코우나종으
로 정상의 암양(왼쪽)과 번식하여 다리가 짧은 어린 양(가운데)을 낳는다. 야생 상
태에서 이런 돌연변이는 불리한 입장일 테지만, 다리가 짧은 양은 울타리를 뛰어넘
지 못하기 때문에 육양업자에게는 유용하며 이 변종은 특별히 양식되어진다.

나타냄으로써 많은 아기들의 생명을 구해왔다. 농업에 있어서는 그 성과가 매우 제한되어 왔다. 병에 대한 저항성이 있는 형태의 식물은 정확한 유전학적 실험에 따라 만들어지나 개량에 있어서 대부분의 유전학적 성과는 잡종 옥수수, 또는 흰목화 같이 대충 그때그때의 방법으로 이루어져왔다. 그 이유는 무게 수확령 같은 경제적으로 유용한 대부분의 동식물의 형질이 많은 유전적 요인에 의존해야 되기 때문이다. 이론이 이런 복잡한 것들을 다루는 데까지 충분히 진전하지 못했는데 반면 완전한 유전학적 분석은 유전학 부문이 보통 때 최대로 필요한 것보다 그 내용이 많이 들며 농부는 그 분석이 완결될 때까지 기다릴 수가 없는 것이다.

유전변형의 대체술

최근 몇 년 사이에 이루어진 DNA-RNA-단백질 회로에서의 복잡한 분자적 기전에 대한 주의는 이것이 생물체의 재생산에 관련된 오직 한 개의 요인이 아니라는 사실로 혼미해지기 시작했다. 현대 세포학적 연구는 세포가 극도로 복잡하다는 것을 밝혔으며 모든 형태의 유전이 핵의 DNA에서 시작한다는 것을 확신할 수 없게 되었다. 바이러스만의 증거로 볼 때 RNA가 단백질 구조의 규칙적인 재생산을 실지로 완전히 감당할지도 모른다. 세포에서 발견되는 많은 종류의 세포소 기관으로 해서 세포의 재생산방법이 실제로 복잡함에 틀림없다. 더우기 DNA 회로에서와 같이 다소 고정된 법칙으로 재생산방법을 설명해서는 안될 것이다.

그러나 이런 기전의 해명을 가다리거나 다양한 환경 요인에 의한 그 조절에 대한 경험적인 방법으로 유전을 변화시키려는 시도를 포기한다는 것은 어리석은 일일 것이다. 본질적으로 강조되는 것 중의 하나인 이 모순은 멘델 유전학에 반대입장을 취하는 소련의, 예를 들면 미쉬린(I. V. Michurin : 1855~1935)과 뤼셍코(T. D. Lysenk) 학파의 주장에 과학적 기초가 되었다. 지금은 그 논쟁이 그후의 이해의 빛으로 사라져버렸다. 소련이나 다른 사회주의 국가 밖에서 행해진 많은 업적을 나타내는 것으로 아마포에서처럼 직접적인 환경의 변형에 의하거나 미쉬린-뤼셍코 학파의 주장을 일정 정도 지지해 주는 것으로서 조직 이식을 통해 일어나는 많은 유전 현상을 밝혔지만 지금까지 그 기전에 대한 충분한 설명이 없다. 식물성장 조절에 관한 생리적인 면은 이제 조금 많이 해명되었고, 식물성장의 여러 단계에서의 온도변화를 말하는 춘화현상(春花現象)도 소련 이외의 국가에서 잘 이용되기 시작했다. 이 책의 초기판에서 나는 이 논쟁을 더 상술하려 했지만, 현재 전세계적으로도 유전에 대한 유전학적 접근이 거의 단일화되어 그렇게 할 필요가 없게 되었다. 논쟁이 한창인 때에 논쟁자들은 대부분 목적에 어긋난 말만 하고 있었다. 전통적인 유전학자들은 기전을 이해하는 데 관심이 있거나 서광이 비치는 이론의 결과를 연구할 뿐이었다. 소련의 농생물학자들은 번식이나 도태가 아닌 지적인 환경 변형을 통해 그들 나라의 작물들을 보다 빠르게 진보시키는 방법을 찾고자 노력해왔다. 이러한 시도는 생리학과 더 넓게는 생태학과 본질적으로 관계한다. 유전의 문제는 말하자면 이런 분야의 과학들에게로 옮겨졌다.

진화

비록 논리적으로는 **생태학**과 실제 농업에서의 동식물의 관련성을 논의한 후에 해야 하겠지만 **진화**문제는 유전문제와 밀접하게 관련되어 있어서, 여기에서 취급하는 것이 더욱 적절한 것 같다. 제9장에서 유기진화에 대한 19세기의 위대한 논제의 윤곽은 이미 저술하였다.

다윈의 승리는 진화의 발견에 있는 것이지, 그것이 과학적으로 적절한 생각이었다는 것은 아니다. 그 덕분에 진화는 일어나고 또 일어나고 있다는 사실이 몇몇 고집불통만 제외한 모두에게 받아들여졌다. 19세말의 대부분이 상이한 형태의 동식물 사이의 관계를 가장 그럴듯하게 연계지으려는 데 소비되었——소위, 진화의 계층수를 묘사하는 데에 20세기에는 새로운 형태가 출현하는 방법, 이유, 시간, 장소 등 진화의 진행 형태로 관심이 바뀌었다. 여기서 궁극적인 것까지 밝히지 못했지만 사실 이 과제는 생물과학에 대한 견해차가 나타나는 문제일 것이다.

돌연변이와 자연도태에 의한 새 멘델 진화

지난 20년 동안 멘델의 유전자설로 다윈의 자연도태의 개념이 다시 설명됨을 알 수 있었다. 다윈에 의해 가정되었던 알 수 없는 변이 대신 유전자 치환, 즉 유전자 증식, 염색체의 복제와 다핵산체, 유전자 변이에 의한 갑작스런 변화가 설명되었다.

이 모든 변화는 성체(成體)에 있어서 결과적 형질의 적응가치와 아무런 관계가 없는 것으로 추측된다. 이런 견해로 본다면 도태는 형질을 지닌 유전자 조화 또는 유전자를 제어하지 그 형질을 제어하지는 않는다. 자연도태는 체로써 작용하며 집단의 유전자 구성을 결정하는 수학적 방법을 변화시킨다. 적응은 단순히 절대적으로 우연한 수많은 겨냥의 가장 성공적인 것이다.

공식적으로 히서(Hisher : 1890~1963), 홀데인 같은 수학 생물학자의 통계학적 노력을 통해 이와 같은 기전은 종의 진화와 새로운 종의 창조를 위한 교잡 불가능한 2종으로 분화를 설명할 수 있게 되었다. 그러나 이런 이론은 환경을 양적으로 조절하기 어렵고 더더욱 진화가 늦은 속도로 발생하므로 실제적인 시험이 매우 어렵다.

획득형질의 유전

우연한 변이의 단순한 선택이 진화과정을 설명하기에 충분한지에 대한 자연학자가 느끼는 주요한 어려움을 그 자체에서 해결할지 모르는 진화에 대한 부담을 안고서 최근 몇 년 동안 몇몇 실험들이 수행되고 있다. 라마르크 이후 환경이 어떤 경로를 통해 생물체의 확연한 이점을 유도한다고 생각되어 왔다(제9장 5절). 획득형질의 유전을 증명키 위한 노력은 아직 실패했다(pp. 285f).

이제 우리는 고등 동식물에 있어서의 이해하기 힘든 생식기전과 긴 생식주기란 문제를 가지고 획득형질의 유전에 대한 실험이 어려운 이유를 알아볼 수 있다. 박테리아 같은 하등생물을 보면 일생이 분 단위로 측정되며, 새로운 배지에서 자랄 수 있다는 면에서 한정적으로 적응적인 화학적 환경에 대한 변화를 관찰할 수 있다.

핵산 – 단백질의 유전물질에서의 직접적 효과는 1946년으로 거슬러 올라가 다른 형태의 핵산을 넣어서 폐렴균을 변화시키는 애버리(Avery)의 실험에서와 같이 가능하게 보인다. 이제 우리는 바이러스 감염에 의한 매우 비슷한 효과를 볼 수 있었다(pp. 268f).

그러나 아직은 일반적인 환경 자극과 연결된 적응적 유전으로부터의 먼 길 위에 있는 것이다. 한 가지 유현은 워딩턴(Waddington)에 의해 발견되었다. 파리의 어떤 변종은 번데기 시기에 고온에 노출되면 분명히 사소한 변이인 1개의 가로줄 무늬가 없는 날개가 발생한다. 이 과정이 몇 세대에 걸쳐서 계속되면 번데기가 가열되지 않더라도 파리는 가로줄 무늬가 없이 교잡하게 된다. 그러나 가열하지 않고 더욱 세대가 지나면 정상형태로 되돌아 온다. 워딩턴이 어떤 복잡한 것을 제안하였든, 그리고 그 해석이야 어떻든, 적어도 비교적 적은 세대 동안 한 생물체의 유전에서 발생변화를 포함하는 것들이 어떤 방법으로든 합치되는 것 같다.

구조가 아닌 습관이 유전된다는 더욱 놀랄 만한 경우가 보고되었다 (6. 182 ; 6. 187). 야생 카나리아는 깃털 때문에 300년 전에 애완용으로 선택되었다. 이 새는 노래를 부르지 못하고 짹짹 울기만 한다. 그러나 새를 기르는 이들이 서로 다른 장소에서 서로 다른 노래를 가까스로 가르쳤고, 이제 카나리아 새끼나 심지어 알에서 깨어난 것들이 가르치지 않아도 그들 특유의 방법으로 노래한다. 이와 같은 것이 우리에게도 있는 것 같다. 우리가 말은 배운 지는 오래되지 않는다──각기 다른 상황에 따라 200~1,000세대쯤인 현재까지도 우리는 말을 배우고 있다. 그러나 인간의 뇌와 귀는 피질의 어느 정도가 말을 위해 할당되고, 벙어리 형태에 대한 선택의 증거가 없을 정도로 변형되었다. 이렇게 빨리 유전적 변화가 수행될 수 있는 기전에 대한 어떤 것을 알 때까지, 이런 종류의 유전은 정설이라고 가정될 수는 없지만 독단적으로 이설을 제외한다든지 진화에 있어서 형태전이의 오직 한 형태라는 것이 가능하다는 것은 아니다.

유전과 진화의 중심인 이 문제에 대한 이론적인 관심뿐만 아니라, 그에 대한 해답이 중요한 실제적인 결과를 낳을 것이다. 교잡과 선택은, 특히 교잡주기가 늦은 종에서는 매우 늦은 과정이다. 주먹구구식의 현존하는 실제적 방법과 비교해 계획적으로 행한 변화는 매우 개량 속도를 증가시킬 것이다. 그러나 아직 인공적 진화방법이 발견되고, 이것에 대한 서광이 비친다고 주장하기에 이른다. 막대한 비용과 함께 계획된 실천내에서 폭넓고 비판적인 연구가 수행되어야 이에 대한 발견이 이루어질 것이다. 생의 기원으로부터 자연에서 일어났던 일들을 인간이 의식적으로 행하고 싶은 희망이 아직은 실제로 허락되어 있지 않은 상태이다.

11. 9 생체와 환경 : 생태학

생물을 여러 가지 자연환경과 실험적 환경에 관련지어 연구하는 학문은 20세기 들어 생물학에서 급성장해 왔다. 그 이전에는 하나의 동물 혹은 식물에 대한 설명이 형태학적·해부학적인 묘사에 그치는 경향이 있었으며 거기에 그 생물 개개의 제기능에 대한 생리학적 및 습성에 관한 박물학적인 설명이 약간 덧붙여지는 데 불과했다. 따라서 이제 이러한 지식은, 생물 생활의 매우 복잡하고 동적인 제측면을 이해하기 위해 필요한 첫걸음에 불과하다고 여겨진다. 단순한 관찰과 박물학만으로는 불충분하며 더 자세하고 대규모적인 실험들이 또한 요구된다.

이 장의 첫 부분에서 지적한 것처럼, 금세기 들어 실험생물학이라는 학파가 등장하여, 동식물의 생활조건을 변화시키고 그 결과 생긴 변화를 관찰함으로써 살아 있는 동식물의 기능을 연구한다고 하는 학풍이 생겨났다. 20세기 실험생물학의 지위는 19세기의 유기화학의 지위와 유사하다. 실험생물학은 여러 환경에 대한 생물체의 반응을 연구함으로써 그 생물체의 실제 구조에 대한 여러 가지 것들을 발견해내는 것인, 이는 마치 화학자가 여러 가지 시약을 분자와 반응시켜 그 분자의 구조를 찾아내는 것과 같다.

생물이 통상 생활하고 있는 조건들에만 국한된 관찰을 통해서는 그러한 것을 발견해낼 수 없다. 따라서 더 넓은 범위의 가능한 제환경에 대하여 연구해 볼 필요가 있다. 상황이 복잡한 경우에는 환경내의 구별 가능한 제요인 전체를 매우 주의깊게 분석하는 일이 필요하며, 한 순간에 한 요인, 또는 통계적 방법에 의해 정해진 방법에 따라 한 순간에 여러 요인을 바꾸어 볼 필요도 있으며 생물체에 대해서도 앞에서와 같은 복합적 관찰을 할 필요성이 있다.

생물의 상호작용

이 문제를 훨씬 더 어렵게 하는 것은, 어떤 생물의 환경은 반드시 그 외의 무수히 많은 생물을 포함하고 있다는 사실이다. 다윈 자신은

295. 1859년 오스트레일리아에 처음 도입된 야생 토끼는 자연의 균형파괴를 가져왔
으며 그것의 근절과 제한을 위해 특별한 조치들이 취해졌다. 사진은 남동 오스트레
일리아에 특별히 설치된 토끼 방어용 울타리를 사이로 토끼 출몰지역과 자유로운
지역을 대비해 보이고 있다.

이것을 19세기 중엽, 특히 꽃의 수정에 관한 연구 및 지렁이에 대한
연구 속에서 충분히 깨닫고 있었다(6. 169). 그러나 이제까지 이루어져
온 연구는 생물 상호간의 관계가 극도로 뒤얽혀져 있으며, 우리들이
그 의의를 사실상 전혀 알지 못함을 분명히 보여주는 데 지나지 않는
다. 예를 들어 육상의 모든 동식물의 생활토대인 토양은 표면적으로
보여지는 것보다 훨씬 더 많은 생물을 내포하고 있다. 최근에 이르기
까지 토양과학은 본질적으로 묘사적이며 상당히 무기적이었고 그 기초
를 지질학과 광물학에 두고 있었다. 토양 그 자체가 여러 생물을 총합
한 하나의 복합체이며 그 속의 어느 한 생물만 변화시켜도 다른 모든
생물에 영향이 미친다고 하는 사실은 이제야 알려지기 시작했다.

생물군의 상호의존

제생물——동물, 식물, 세균——이 상호 관련해 있는 복합체가 어떠한 장소에서 발견되어도 모두 생태학의 연구대상이 된다. 생태학이란 특정 장소에 사는 모든 생물이 상호 미치는 영향의 총체에 대한 분석이다. 들판이나 연못 속의 생물군락은 그 자신의 전체적인 통합과 지속성을 가지며, 그것은 개개의 생물 개체의 통합과 지속성보다 크다. 생존을 위한 투쟁(생존경쟁)이라는 고리타분한 개념은 개개 생물의 상호의존이라는 개념으로 대체되고 있다. 이 협력은 예를 들어 육식동물과 초식동물 사이의 그것처럼 때로는 역설적인 모습을 취하기도 한다. 사슴의 생활조건은 늑대와 포수에 의해서 조건지어지는 상황에서 그들이 보존되는 정도에 의해 상당한 정도까지 결정된다. 사슴이 뉴질랜드로 옮겨진 결과 겪은 비운도 그것을 나타내고 있다. 그러나 대체적으로 말하면, 대자연의 어느 특정 환경 속에서는 어떤 특정한 균형이 유지되고 있으며, 따라서 이중 어느 한 종의 수가 증가하거나 감소하기만 하면 그것은 다른 전체의 종에 영향을 미칠 수밖에 없다.

생존을 위한 투쟁이라는 다윈의 주장의 조잡한 오해는 생물의 진정한 상호의존을 더욱더 이해하지 못하게 한다. 어떤 개체, 어떤 종을 취해도, 다른 모든 것의 전멸이라는 희생을 통해 번영하는 일은 아마 그 가치가 거의 없을 것이다. 이것은 다른 종들 사이에서보다는 같은 종인 경우에 훨씬 더 잘 적용된다. 그럼에도 불구하고 생존경쟁이라는 개념은 아직까지 만연하고 있는데 그것은 주로 인간사 속에서의 잔인한 투쟁과 보다 강한 자의 지배를 정당화하는 데에 종래 이 관념이 유용했고 아직도 상당히 유용하기 때문이다. 뤼셍코가 지적한대로 동일 종의 개체들이 경쟁하게 되는 것은 개체의 밀도가 지나치게 큰 경우뿐으로 이것은 자연계에서 좀처럼 일어나지 않는다. 식물이든 동물이든 지간에 대부분의 경우 동종의 상이한 개체가 있음으로 인해 환경의 적합성은 향상되어진다. 가령 숲은 그 속에 살고 있는 모든 나무들에게 적합한 환경이다.

대자연의 균형에 대한 인간의 간섭

인류가 이전에 확립되어 있던 대자연의 균형에 다른 생물과는 본질적으로 다른 방식으로 간섭하기 시작했을 때, 우리 혹성의 역사에 새로운 국면이 열렸다. 포수로서 또는 농부로서──처음은 무의식적인 동시에 소규모로 나중에는 의식적이며 지구 전체에 걸친 대규모로──

296. 머리셔스(Mouritius)원산인 도우도우새(시대에 **뒤떨어진 것이라는 뜻이다**)는 크고 성가신 몸과 나는 데 전혀 소용이 안되는 작은 날개를 가지고 있었다. 이 좋은 무제한 사냥에 의해 멸종되었다.

인류는 대자연의 균형을 자기에게 유리한 방향으로 변형하기 시작했다. 이것에 인류가 처음부터 얼마만큼 성공했는가는 오늘날까지 가속되어 온 인류의 수의 증가와 생활터전의 확대를 통해 보면 알 수 있다. 초기단계에 인류는 자신이 도대체 무엇을 하고 있는가를 올바르게 이해하고 있지 않았으며, 자신들이 바라지 않았던 결과를 낳는 경우도 많이 있었다. 가령 자신들이 먹고 사는 사냥감을 전멸시켜 버리거나 목초를 지나치게 뜯어 땅을 벌거벗기거나, 지력을 감퇴시키거나 했다. 그러나 이들 작업은 소규모였기 때문에 지구의 자원을 영구적으로 손상시키는 데까지 이르지는 않았다. 그렇지만 이제는 상황이 달라졌다. 지식이나 힘 그 어느 것도 부족하지는 않지만, 근대의 기계제 농업과 벌채의 성공은 지구토양의 위험하리만큼 많은 부분을 황폐화시키고, 기후를 모든 형태의 생명에게 부적합하도록 변화시키고 있다.

자본주의하의 농업의 파괴적 영향

이와 같은 극심한 황폐화의 원인은, 많은 평론가가 민중으로 하여금 믿게끔 하고 싶은 인류의 선천적인 사악함과 어리석음, 또는 억제되지 않는 번식욕과는 아무 관계가 없으며, 그것은 단지 오늘날 제국주의로서 세계의 광범한 영역으로 확장되고 있는 자본주의의 약탈적인 본성에 기인할 뿐이다. 눈앞의 이익을 추구하는 잔인한 자본주의적 착취의 특유한 제방법에 의해서 지난 50년 동안 토양의 파괴는 급속도로 가속되어 왔다. 토양의 실제적인 파괴자가 자본가 자신일 필요는 없다. 그들은 아마도 토지에서 축출되지 않기 위해 환금작물의 수확을 대량으로 확보해야만 하는 가난한 소작농이거나 혹은 가장 좋은 토지를 모두 가지고 있는 유럽인에 의해 예비지로 축출된 아프리카인일 것이다. 그러나 그 원인은 다르지만 결과는 같으며 이 과정은 끊임없이 가속되고 있다. 토지 안에 있는 사람이 적으면 적을수록 토지는 더 많이 착취되어야만 하기 때문에 토지의 상태는 더욱 악화되어질 수밖에 없다.

자원보호

그럼에도 불구하고 대체 불가능한 자원이 이처럼 자주 낭비되고 파괴되어야만 할 절대적 이유는 없다. 자본주의하에서조차 황폐화를 막으려고 하는 산발적이고 제한된 시도들이 행해지고 있으며, 그것은 기술적으로 완전히 가능한 것이다. 1930년대의 미국의 불황은 우리들에게 테네시강 유역 개발회사의 광범한 토양보전 운동을 가져다 주었으며 둘 다 생물학적 토목기술에 관한 한 성공했던 것이다(제12장 1절). 그러나 사적 이해관계 탓으로 TVA는 지역계획의 효능을 보여주는 유일한 견본으로서 머물게 되고, 토양보호시책은 그것을 행할 만한 자력을 가진 장소에 국한되었으며, 집약농법이 유리하게 될 때면 언제나

297. 토양 보호와 관개는 불모의 땅을 변화시킬 수 있다. 뚜르고 근방의 사하라사막에서는 깊은 용천수의 발견과 방풍벽, 관개수로의 건설로 야자수가 숲을 이룰 정도로 재배될 수 있게 되었다.

회피되어 버리는 경향이 생겼다.

　그러나 이 문제 전체가 지금 새로운 양상을 펴기 시작하고 있다. 그것은 이전의 식민지 제국가가 속속들이 독립을 획득하고 있기 때문이다. 그러나 이 독립도 그 나라의 경제가 플랜테이션이나 자본주의 공업국의 상사에게 팔기 위한 환금작물의 단작에 의존하고 있는 한 참된 독립은 아니다. 열대지역의 사회주의국가의 실례, 특히 중국과 현 쿠바의 그것은 주민의 복지를 위해 농업의 수확고를 향상시키는 동시에 토지를 보호하는 정책을 추진할 수 있음을 증명하고 있다.

298. 소련 타지크지방의 건조지대에 건설중인 관개시스템을 위한 철근 콘크리트 도
관.

대자연의 개조

오늘날 세계 속에서 자유시장과 독점트러스트의 활동영역으로부터
벗어나 있는 부분에서는 그 모습이 매우 다르다. 이 부분 특히 그중에
서도 장기계획의 성숙에 충분한 시간을 가질 수 있었던 유일한 나라인
소비에트 연방에서는 토지의 개량과 불모지의 개간이 20년 동안 진행
되어져 왔다. 그 곳에서는 토지가 국민의 것이고, 토지의 항구적 보호
와 개량에 자본투하가 제일 먼저 행해지도록 하고 있다.

전후 수년에 걸친 이 과정은 그 범위가 매우 넓어지고 가속화되어
이 지구의 역사에 근본적으로 새로운 어떤 것을 만들어냈다. 그것은
인류에게 유용한 모습으로 대자연을 개조하고 지리를 변화시키는 일을
의식적으로 시도한 것이다. 그러한 기획을 고안해서 실행에 옮기기 위
해서는, 우선 먼저 그 국민이 공동의 계획을 위해 일하는 데 익숙해져

있어야 하며, 장래의 보다 큰 보수를 확보하기 위해 현재의 희생을 감수할 뿐이라는 확신을 충분히 가지고 있어야만 한다. 그렇지만 이 선의를 유효하게 하기 위해서는 과학을 최대한으로 이용——하천에 댐을 만들고 운하를 파고 발전소를 건설하기 위한 기계기술과 삼림대를 만들고 관개설비를 갖추고 동물과 식물을 조화롭게 하기 위한 생물학적 기술——할 필요가 있다.

가뭄에 직면하고 반(半)사막화한 러시아 남동부의 카스피해 지방을 보호하기 위한 매우 큰 사업이 이미 시작되었다. 그 원칙은 토지의 토질과 위치에 상응하는, 이용방식상 다른 몇 개의 단계를 두어 토지를 최대한으로 이용하는 데에 있다. 저지대의 평야는 저수지로부터 중력으로 운송되어진 물에 의해 관개되어 있으며, 고지대도 전력에 의해 끌어올려진 물에 의해 관개되어 있다. 영구적인 관개지역 이외의 지역은 가축사육지로 되어 여기에는 송수관 내지 전력으로 끌어올려진 물을 저장해 놓는 우물이 갖추어져 있다. 그 바깥쪽에 펼쳐져 있는 사막에서는 모래가 암지착생선인 수목에 의해 고정되어 있고 햇빛마저도 물펌프와 냉각용 동력으로 이용되고 있다.

계획의 단위는 하천유역 전체이다. 볼가강, 돈강, 드네프로강 등과 같이 큰 하천은 일련의 호수들로 바뀌어지고 있으며 각 호수는 수문과 발전소를 구비한 댐에 의해 분리되고, 관개용 운하가 지류를 연장하고 있다. 이와 같은 관개시설로 인해 홍수와 가뭄은 서로 균형을 이루게 될 것이다. 이미 10개소 이상의 커다란 발전소가 가동하고 있으며, 이 방법은 아시아의 큰 하천지역에도 널리 퍼져 있다. 시베리아에서 새로이 건설된 브랏스크 발전소는 그 규모가 세계 최대이다. 아무다리아강은 연장 공사중인데 그 관개용 운하망에 의해 카라쿰사막이 점차로 개간되어지고 있으며, 이 하천은 곧 그것이 본래 흘러들던 카스피해까지 이르게 될 것이다.

발전소에서 생산된 전력은 관개뿐만 아니라 공업과 농업에도 이용될 것이다. 이와 같은 다양한 이용은 부하를 분산시켜 전력의 유효 사용률은 증가시키고, 물리적으로나 화학적으로나 물 한방울 한방울을 최대한 이용할 수 있게 한다. 이것은 대하천은 물론이고 모든 지류에도 해당된다. 집단농장이나 작은 농장군의 하나하나까지 자가용의 댐, 저수지, 발전소의 건설을 장려받아 도움받고 있다. 연구실의 실험과 현장의 실험을 결합한 혼합방식의 농경이 모든 곳에서 강조되고 있는데,

299. 아스완 댐 계획에 따라 고대의 수로에서 새 영구적인 하상으로 나일강의 수로가 변경되어지고 있다. 이곳에서 강물이 새로 만들어진 하상으로 흘러들어간다.

그것은 잘 균형지워진 동물과 식물의 생태학을 이용하여 토양을 보호하고 비옥하게 하는 농법을 발견함과 동시에 실행에 옮기려는 데 그 목적이 있다(6. 200).

불모지를 꽃이 어우려져 피는 옥토로 바꾸고 수세기에 걸친 농민의 개량사업을 수년으로 줄이는 것을 가능하게 한 것은 새로운 대토목기계이다(제8장 2절). 거대한 트럭, 불도저, 굴삭기, 그리고 수중 굴착기 등은 수천명분의 일을 하며, 기계는 이미 대자연과 똑같은 규모로 작업하고 있다. 이제 지리는 자연 그대로 받아들여질 수 없으며 지표는 금후 인간이 선택한 모습으로 변형되어갈 것이다. 예컨대 발틱지방은 빙하기의 유물들——퇴석, 표석, 배수가 막혀 생긴 토탄 늪——때문에 땅이 척박하고 비생산적이었으나, 농부들의 손으로는 수천 년에 걸쳐서도 가능하지 않았던 일을 기계가 수년에 해치우고, 토지로부터 암석과 표석을 제거하고, 배수 처리를 위해 새로운 강을 만드는 작업을 하는 데 필요한 동력을 토탄으로부터 얻음으로써 마침내 풍요로운 농지가 조성된 것이다.

이것은 그 어느 것도 소련의 독점물은 아니다. 중국은 내전이 끝나자마자 국토보전계획을 개시하였다. 회하(淮河)는 홍수 때마다 동부 여러 성을 정기적으로 황폐화시키고 있었는데 그 치수가 1년 동안에 이루어졌으며 양자강과 황하도 지류의 제어와 완충호(緩衝湖)의 이용에 의해서 이미 상당이 진척되었다. 이들 모두가 처음에는 최소한의 장비만으로, 흙을 괭이로 파서 바구니로 운반해냄으로써 수행되었다. 이러한 것은 과거 6천년간의 그 어느 때라도 수행 가능했지만 그렇지 못한 것은 황제와 관료의 무력함 때문이다. 왜냐하면 그들이 비록 그것을 원한다고 하여도 인민의 적극적인 지지 없이는 아무 것도 할 수 없기 때문이다.

이 방법——영웅적이지만 시간이 오래 걸리는 방법——은 매우 일찍 전면적 기계화로 급속히 바뀌어졌다. 이미 하나의 거대한 댐과 발전소가 황하에 건설되어 종래 북부지방을 괴롭혀왔던 대홍수를 영구히 소멸시켰고, 이들 비옥하지만 건조한 토지에 건기(乾期)마다 물을 공급하는 일을 도와주고 있다. 이들 사업은 아직 1959~62년의 대흉작을

300. 중국 체키양성의 신안치앙 수력발전소 계획. 중국인 기술요원에 의해 건설되었다.

301. 영농의 기계화를 이용한 시비로 농업은 변화되고 있다. 중국 츄산 국영 농장의 콩밭 고랑갈이와 비료살포.

막는 데는 충분하지 않았지만, 그러한 가뭄과 홍수가 만일 아무런 준비도 없는 때에 습격했더라면 예로부터의 수천만의 아사자(餓死者)를 틀림없이 발생시켰을 것이다. 멀지않아 모든 사업이 완성되면, 그것은 앞으로 10년 이상 소요되지는 않을 터이지만, 가뭄과 홍수의 위험은 중국 전토로부터 영구히 소멸될 것이다.

세계의 다른 모든 지역의 국민에게도 과학 기술의 이용에 의해 자기들의 국토를 개조할 수 있는 가능성이 충분히 있다. 일부 나라에서는 이미 그것을 실현하고 있다. 인도는 다모다(Damodar)계획 등으로 출발은 잘 하였지만 현재는 자본 부족으로 고통당하고 있는 실정이다.

거대한 아스완(Aswan)댐은 그 건설을 둘러싸고 1956년에 위험한 세계대전을 초래할 뻔하기도 했지만 이제는 소련의 원조에 힘입어 거의 완성 단계에 있다. 또한 세계의 재개발지역 전체에 걸쳐 새로운 댐들이 계획되거나 건설되고 있다. 서아프리카의 가장 큰 하천은 가나(Gha-na)에 있는 볼타(Volta)댐에 의해 비슷하게 통제되고 있다. 이들 사업을 통해 볼 때, 인류의 복지증진을 위해 세계의 모습 전체를 변화시키는 것은 가능하다.

만일 외국의 직·간접적인 지배에서 해방되면, 저개발국은 모두 이런 사업을 실행할 수 있을 것이다. 오늘날 군비에 낭비되는 기술력의 일부라도 인간 살상이 아니라 대자연을 개조하는 데 사용된다면, 그것은 한 세대도 지나지 않아 가능해질 것이다. 오늘날 원폭과 초음속제트기에 낭비되는 미국의 기술과 자금이, 이윤이 아닌 이용을 위해 대자연을 개조하는 러시아식의 게임에서 러시아를 이기기 위해 사용된다면, 결실있고 훌륭한 효용을 발휘할 것이다(6. 161).

농업의 변혁

치수(治水)는 필수적이지만 오늘날 전세계적으로 급속히 일어나는 농경방법의 전면적 방법 중 일부에 불과하다. 공업국의 커다란 도시식량시장의 자극을 받아 종래 행해진 것은 오늘날 새로 해방된 열대지역의 저개발국으로 확대될 수 있으며 그 과정에서 상당히 개량될 수 있는데, 이것은 18세기 영국에서 시작된 것보다 훨씬 큰 규모의 농업혁명이다. 근본적으로 그것은 비료와 식량을 실제로 생산하는 동식물의 생물학적 통제와, 심고 가꾸고 수확하는 데 필요한 노동력을 최소화하는 기계화에 의존한다. 기계화가 어느 정도인가는 다음 사실을 통해 알 수 있다. 충분한 식량을 공급하기 위해 100년 전에는 미국에서 도시인구 1인당 20명이 필요했는데, 지금은 도시공업이 공급할 수 있는 비료와 기계류의 도움을 받아 농업인구 1인당 도시주민 20명을 부양할 수 있다.

분명히 이와 같은 변화에는 우선 대량의 자본설비가 필요하다. 그것을 자본없이 수행하기 위해서는 농업과 공업을 동시에 개발해야만 한다. 그를 위해서는 민중의 영웅적인 노력이 필요하다는 사실이 소련에서 최초로 그리고 오늘날은 중국에서 입증되었다. 그럼에도 불구하고 과거의 착취적 내지 봉건적인 농업제도의 속박이 일단 제거되면, 이 변화는 반드시 일어나며 가속도가 붙어 추진된다. 오늘날 소련과 중국의 경험에 비추어 실패가 아니라 성공을 본받아 이 변화를 더 급속히 추진할 수 있다. 기계화의 충분한 발달을 기다리고 있을 필요도 없다. 무엇보다도 현대의 최대 비극의 하나는, 자본주의 공업국에서는 농업기계 생산능력이 남아돌고 농업기계를 쉽게 입수할 수 있으며 이들 기계가 전세계의 농업을 수년내에 개조할 수 있는 반면, 자급자족의 자력갱생방식으로는 그 4배의 시간이 걸린다는 사실이다.

즉시 실행될 수 있는 실례로서 중국의 농업생산 8대요강을 살펴보면 (1) 토양개량, (2) 비료이용, (3) 치수의 확장과 개선, (4) 종자개량,

302. 메뚜기에 의해 황폐화한 모로코 타로단 지역의 수 벨리(Sous Valley)에 있는 귤밭. 과일은 땅에 떨어져 있고 잎은 물론 심지어 나무껍질까지도 벗겨져 있다. 번식지역에 살충제를 살포하고 '뛰어다니는' 단계에 죽이는 것이 유일한 효과적 처방이다.

(5) 파종방법의 개량, (6) 작물의 병충해방제 개량, (7) 밭관리의 개선, (8) 도구의 개량 등이다. 이것은 모두 지방인민공사에 소속된 농민의 능력범위 안에 있으며, 게다가 그것을 수행하기 위해서는 인민공사가 필요했는데 특히 치수사업이 행해지기 어려운 지역에서 그러했다.

이와 같이 새로운 농업혁명은 농업생물학, 농업화학, 농업물리학 등 농업과학을 촉진한다. 농업연구는 이미 수확을 2~4배 증가시켰는데, 이것은 흥미를 갖고 필요한 과학지식을 습득할 수 있는 사람들이 적용할 때만 충분한 효과를 나타낼 수 있다. 많은 분야에서 생물학의 새로운 진보가 농업에 큰 효과를 가져올 것은 분명하다. 토양학과 생태학의 발달은 최선의 토지사용법을 결정해야 된다. 수확량을 증대시키는 비료의 큰 힘은 비료를 값싸게 개량할 수 있는 비료공업의 향상과 결부되어야만 한다. 끝으로 동식물의 병충해와의 오랜 투쟁에서 결정적으로 승리하여 해충을 위해서가 아니라 인간을 위해서 토지의 산물을 확보해야 된다. 상세한 생물학적 연구를 이용하면 먼 옛날부터 큰 피해를 초래해 온 메뚜기류를 오늘날은 지상에서 완전히 소멸시킬 수 있을 것 같다. 농민은 열심히 일하고 전통적인 기술을 갖고 있지만, 세계는 이미 문맹 때문에 과학을 이해할 수 없는 상태를 계속할 여유가 없다. 농업노동자와 농업과학자――양자가 같은 사람일 수도 있다――가 인간활동의 다른 분야에서 필요한 것 이상으로 과학을 넓고 깊게 이해해야만 한다. 토지가 완전히 이용되기 위해서는 토지가 전적으로 '귀족'의 손에 장악되고, 기계는 '노예'가 되어야 할 것이다.

인구문제

과거 20년 동안 해방된 지역의 면적이 점점 증가하여 직접 식민주의의 종말이 눈앞에 다가왔고, 그에 따른 인구증가에 대응하기 위해 식량증산이 절대적으로 필요하게 되었다. 이러한 발전에 따라 **말로는** 문맹의 농민이 농업을 계속할 수 없게 했지만, **사실상** FAO 같은 UN기관의 노력이나 자발적인 기아구제 캠페인에도 불구하고 그 상태는 계속되고 있다. 맬더스가 제창한 낡은 인구제한(굶주림과 질병)이 아직도 우리 주위에 만연하지만, 이제 그것을 정당화하는 것은 더욱 곤란해졌다. 그럼에도 불구하고 할 수 있는 것과 지금 하고 있는 것 사이에는 깊은 심연이 놓여 있다. 오늘날 세계의 인구증가율이 2.1%(이것은 도저히 감소되리라고 생각되지 않는다)임을 생각하면(6. 229), 자본주의를 유지한 채로 가난한 국민들의 인구증가를 막음으로써 문제를 해결하려는 생각은 반드시 실패하리라고 필자는 생각한다.

그렇다고 해서 임신과 출산이 과학적으로 조절될 필요가 없다는 것은 아니고, 그것이 모든 가정의 부모의 이익을 위해 행해져야 하고, 다윈(Charles Darwin : 1887~1962) 경이 말하곤 했던 '1900년의 황금시대'의 세계에서 안락하게 사는 **엘리트**로서의 지위를 유지하려는 사람의 이익을 위해 행해지면 안된다는 것이다.

사회주의 사상과 실천에서 이제까지 이룩된 것은 이미 문명──공업과 농업 전체──의 막대한 확장을 의미한다. 거기서 토양은 이미 단순히 보호받는 것이 아니라 무한히 개량되어 토지가 부양하는 생명의 수도 몇 배로 증가할 것이다. 이러한 지식과 경험을 통해서 보면 인구과잉의 위험을 말하는 것은 모두 완전히 명확한 반동적인 넌센스다. 이와 같이 맬더스가 20세기형으로 부활된 토대에는 자본주의국과 그 지배지역에서 나타나는 부정할 수 없는 사실이 있다. 그것은 바로 자본주의가 민중을 생존하게 하는 기본적인 문제에 근본적으로 실패했음을 보여주는 것이다. 그러나 자본주의의 실제 조작자가 마음 속으로는 느끼지만 말을 해서는 안된다고 생각하는 것처럼 민중의 생존은 그들의 임무가 아니다. 만일 민중을 생존하게 하는 일이 수지맞지 않으면, 그때는 죽게 버려둘 것이다.

이제 분명하지만 옛지주제도와 농장제도뿐 아니라 외국상사에 속박되어 명목상으로만 자유로운 농민제도를 타파하지 않는 한, 후진국 농민의 생활수준 향상은 전혀 불가능하다. 말레이반도, 필리핀, 남미의 바나나공화국들의 운명이 이 점을 충분히 입증해 준다(6. 171 ; 6. 174). 참된 경제적 독립은 농한기 노동을 이용하고 과학영농에 필요한 장비를 공급하는 데 요구되는 공업화의 발달을 기초로 해야 가능해진다. 소련에서 처음 시작되고 오늘날 중국과 인도가 뒤따르는 정책은 다음과 같은 인식에 의거하는데, 즉 충분한 식량생산을 보장하는 올바른 길은 높은 수준의 토지보전농업에 의거하여 경지면적을 충분히 확장하기 위해 도시에서 사람을 모아 생산재와 기계, 특히 비료를 생산함과 동시에 또한 더 적은 농업인구가 종래보다 더 높은 생활수준을 영위할 수 있도록 소비재를 생산할 수 있게 하는 것이라는 인식이다(p. 149). 토지로 돌아가라는 신비주의를 전반적으로 채용한다면 현재의 인구수준에서도 반복적인 굶주림이 초래될 것이다(6. 191). 그러나 그렇게 전면적인 농업개발이 이제까지 자본주의권에 속한 지역에서 일어나기를 기대하는 것은 지나친 낙관론이다. 외국자본은 금방 오려고 하지 않으며, 국내의 사적 자본은 너무 작고 게다가 눈앞의 이익에 집착한다. 인도와 이집트가 이미 보여준 유일한 방법은 일종의 사회주의화다. 다른 저개발국가도 머지않아 이렇게 될 것이다. 특히 자본주의가 기술적 비결에 대한 독점을 이미 상실했기 때문에 더욱 그렇다(pp. 158 f.). 인구증가는 궁핍한 생활수준의 생존선상에서 유지되는데, 이 악순환에서 탈출할 유일한 방법은 바로 사회주의화다.

이른바 '인구폭발'은 한탄할 일도 저지할 일도 아니며, 오히려 새로운 세계를 건설하는 데 필요한 사람들에게 제공한 목표이다. 민중에게 식량을 공급한다는 기본적 과제에 과학을 이용하는 데 관해 얻어진 지식과 획득된 성과는 신맬더스주의의 서적에는 자취가 없다. 그렇지만 이런 지식과 성과는 응용생물학이 할 수 있는 일의 시작일 뿐이다. 연간 2% 정도의 세계인구증가율은 자체로 파국적이지는 않으며, 생활수준이 향상됨에 따라 감소될 것이다. 그러므로 식량소비의 증가에 대응하여 필요한 일은 식량생산을 약간 높은 비율로 증가하는 일이다. 연간 2% 증산은 현재의 기술로도 충분히 달성할 수 있다. 세월이 흘러 토지가 심각하게 부족하면 새로운 연구를 적용할 필요가 있을 것이다.

그러나 현재는 그런 경우가 아니다. 330억 에이커에 달하는 세계의 육지 중 30억 에이커, 즉 약 9~10%만이 경작된다고 FAO는 추정하고 있다(6. 178). 나머지 토지의 대부분, 특히 적도지역은 이미 소련과 중국에서 실시한 방법과 한정된 양의 자본으로 경지화할 수 있다. 지리학자 스탬프(L. D. Stamp)가 대략 추정한 바에 따르면 현재의 기술수준으로 약 100억명, 즉 현재 세계인구의 4배 이상을 충분한 영양수준으로 부양할 수 있다. 따라서 현재의 인구증가율로도 우리는 서기 2100년까지 잘 지낼 수 있으며, 그때까지는 식료, 인구문제의 해결이 얼마나 필요한가를 민중이 지금보다 더 잘 깨닫게 될 것이다. 만일 민중이 인구증가를 계속하겠다고 결정해도 더 과학적으로 개발할 수 있는 토지는 아직 많다. 사막지대가 특히 그러하며 바다는 이제 막 개발되기 시작했을 뿐이다. 이미 경작되는 토지의 이용도를 강화해도 5~10배의 증산이 가능하다. 현재의 평균수확량은 최고수확량의 1/3 이하이며, 최고수확량도 아직 매우 낮으므로 생물학적 연구로 훨씬 높은 수준까지 확실히 증가될 수 있다. 현재는 힘들게 노동하여 생산한 식물의 4/5가 불타거나 흙 속에 파묻히고 있다. 그러면 절대로 안된다. 피리(Pirie)가 보여준 것처럼(6. 214) 초목이 생산하는 풍부한 단백질은 압축하여 추출해서 동물에게 사용되고, 긴급할 때는 인간의 소비에도 충당된다. 한편 나머지 섬유질은 소의 먹이가 된다. 이러한 방식으로 농민은 한 목장에서 젖소와 우유, 버터에다 돼지고기와 달걀을 얻을 수 있다. 효모와 균류를 이용하여 폐기식물물질에서 식품을 만드는 일과 조류(藻類)를 이용하여 광합성을 통제하는 일은 가능성이 더욱 크다. 당면한 영양부족문제를 해결할 수 있는 유망한 연구결과의 하나로 열대지역의 단백질이 부족한 식사를 보완해주는 단백질 생산에 관한 것이 있다. 샴파나(Champagnat)는 박테리아가 원유로도 경제적이고 대규모로 자랄 수 있음을 발견했다. 그 박테리아는 원유 중의 파라핀만을 섭취하여 실질적으로 원유의 질도 개선한다. 그 박테리아에서 추출된 단백질을 직접 인간이 양질의 식량으로 사용할 수는 없을지라도 조미료의 원

303. 하펜덴의 로드암스테드 실험기지에 있는 신선한 잎에서 단백질을 추출하는 기계. 수확된 잎은 사진 오른쪽의 승강기를 통해 펄프제조기(가운데)로 들어간다. 여기에서 다시 커버 밑을 떨어져 압축기의 원형선반의 한 쪽에 떨어진다. 선반은 왼쪽의 말뚝해머가 있는 단으로 움직이고, 해머는 아래로 힘을 가하였다가 왼쪽에 있는 캠(회전운동을 왕복운동으로 바꾸어주는 장치－옮긴이)에 의해 5～10초 후에 들어올려진다. 단백질을 함유한 액즙이 해머 밑에 있는 쟁반에 모인다. 사진에서는 콩통조림 공장의 폐기물이 사용되고 있다. 풀도 사용될 수 있겠으나 덜 적절하다.

료와 가축사료로는 사용할 수 있다. 이 박테리아의 지방-단백질 변환율은 같은 양의 지방을 가축에 준 경우의 약 1만배에 달한다.

　과학적 방법으로 증산할 수 있는 식량의 양이 어느 정도인가를 따지는 것은 탁상공론이다. 왜냐하면 이 방법은 이용빈도에 따라 발달되고 변화하기 때문이다. 앞에서 서술한 것은 모두 현대의 에너지원을 이용해도 가능할 것이다. 그렇지만 오늘날 핵분열에너지가 생산되는 중이고, 더욱 많은 양의 에너지를 핵융합으로 얻을 수 있으리라고 기대되므로(pp. 82 f.), 식량생산의 장기적인 전망은 사실상 무한하다. 현재의 농업에 필요한 물과 열을 원자력이 공급할 수 있으며(p. 179), 인구가 현재의 천 배 또는 그 이상 증가하면 다른 더욱 직접적인 방법——필요하면 원자변환도 포함하여——의 고안도 가능하며, 확실히 그런 방법이 나올 것이다. 그러면 맬더스라는 유령은 당연히 소멸된다.

　그러나 이들 어느 것도 현재 먹을 것이 충분하지 않은 사람을 편안하게 할 수는 없다. 여기에서의 실제 난점은 과학기술적인 면이 아니라 오히려 과학을 적용하는 사회경제적 조건을 달성하는 데 있다. 만일 제국주의의 지배를 일단 뒤흔들어 기술자원이 군비로 흘러가는 것을 저지할 수 있다면, 10년 이내에 농업을 변혁하는 데 필요한 기계류와 화학물질을 위한 충분한 자원과 과학의 연구개발에 필요한 충분한 자금을 얻을 수 있을 것이다. 미국 자동차공업의 유휴능력만으로도 중국의 곡물생산을 50% 향상시키는 데 충분한 트랙터를 1년만에 공급할 수 있다. 1951년 UN 사무총장이 임명한 전문가 집단의 평가에 따르면, 저개발국의 생활수준을 연간 2% 향상시키는 데는 연간 190억 달러 정도만 투자하면 충분하다(6. 135). 확실한 진보를 위해 필요한 생활수준 향상율은 연간 약 6%이다. 그렇지만 오늘날 매년 약 1,000억 달러 정도가 직접·간접으로 군비에 쓰이므로 앞의 생활수준향상율은 즉시 달성할 수 있다(6. 19* ; 6. 134).

---

* 1962년 UN의 『군축의 사회경제적 결과에 관한 보고』(*Report on the Economic and Social Consequences of Disarmament*)(6. 134)에는 약 2%의 국민 1인당 실질소득상승율을 달성하기 위해 저개발국에 필요한 외국자본의 총량이 6조 내지 10조 달러에 달한다고 되어 있다.

　필자는 졸저 『전쟁없는 세계』(*World Without War*, 1961)(6. 19)에서 세계의 군비가 1/3로 축소되면 저개발국을 위해 무이자로 20조 5천억 달러의 차

그러나 전쟁은 지금까지 가장 유리한 투자선이며, 신맬더스주의자들은 이 인류의 참화에 더욱 진지하게 관심을 기울여야 할 것이다. 만일 그들이 전쟁을 중지시킬 수 있다면 그들은 품위있는 수준으로 인류애를 치장한 채 굶주림과 질병에 호소할 필요가 전혀 없을 것이다.

사회의학

농업의 변혁은 현대 생물학이 사회에 미친 충격의 한 면에 불과하다. 다른 면은 이에 대응하는 의학의 변혁이다. 20세기의 생물학, 특히 생화학이 인류에 끼친 막대한 공헌——비타민, 호르몬, 항생물질, 엑스선 진단법, 방사선요법——은 치료기술에서 보건과학에 이르는 대단히 큰 변혁의 일부에 불과하다. 처음에는 질병이 천벌이나 경고, 음주·불순·사악한 생의 자연적인 결과로 여겨졌지만, 주로 창조적 사회주의의 이념으로 무장한 노동자계급의 항의를 받아 현재는 잘못된 사회구조가 부과한 생활조건의 반영이라고 생각되어진 것이다.

사회의학은 의학통계의 수집과 분석에서 출발하였는데(6. 195), 병의 주된 원인은 빈곤이라는 옛부터 명백했던 사실을 냉정한 수자로 나타내기 시작했다(6. 197). 직업병이 첫번째 공격화살이었다. 이윤을 얻기 위해서는 인명의 희생도 아랑곳하지 않는 사람들의 완고한 반대에도 불구하고 가장 명확한 직업병——페인트공과 도기공의 납중독, 성냥제조공의 위턱뼈를 위협하는 인중독, 광부와 쇠연마공의 진폐——은 공공연히 비난받게 되었고 몇 년이 지난 후 법률에 의해 보호받고 보상받을 방법이 약간 생겨났다. 그러나 오늘날에도 영국 국내에서 연간 800여명이 이런 병으로 죽어간다. 연기로 꽉 찬 공업도시의 공기는 여전히 희생자를 내고 있다. 맨체스터에서는 영국 남부에 비해 5배에 달하는 사람이 기관지 질환으로 죽어간다. 1952년 예방할 수 있었던 런던의 살인스모그는 이틀 동안 400명 이상의 생명을 앗아갔다.

19세기의 사회의학이 가져온 최대성과는 위생시설이었다. 그 덕택으로 수인성 전염병인 콜레라와 장티푸스는 공업국에서 일소되었지만, 결핵과 유아병 같은 대살인자는 아직도 남아 있었다. 이것들도 20세기

관 공여가 가능하다고 주장했다. 필자는 현재(1964) 그 액수가 25조 달러에 가까우리라 생각한다.

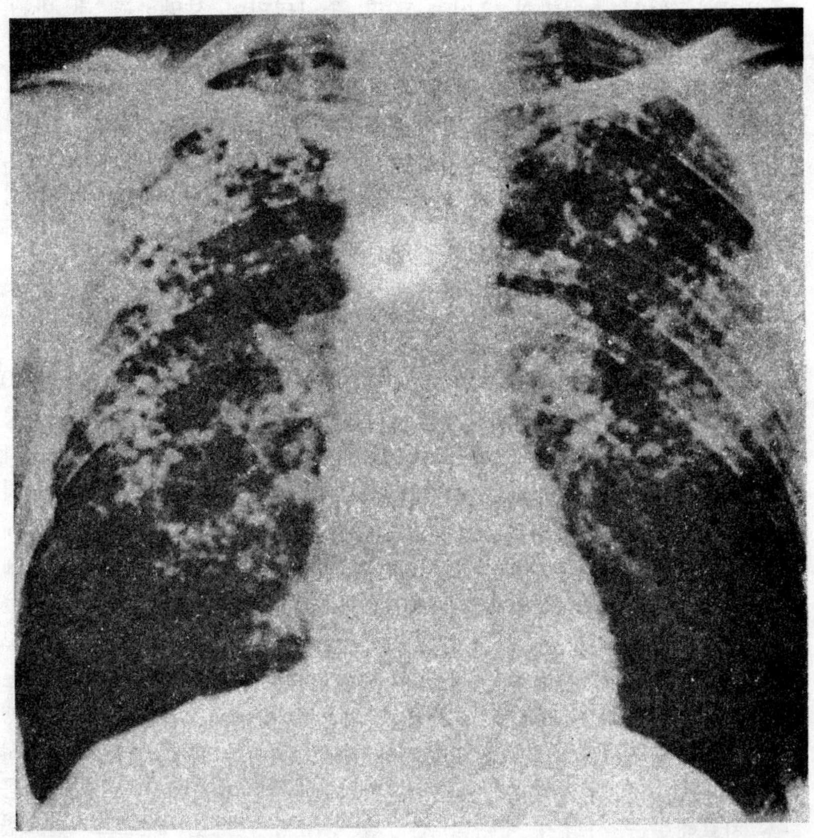

304. 광부들의 직업병 중의 하나는 규폐증이다. 그러나 이제 그 예방행동에 대한 집중적인 연구가 수행되고 있다. 이 엑스선 사진은 규폐증이 진전된 상태에 있는(결과적으로 그는 이 병으로 죽었다) 광부의 폐 사진으로 감염의 증거로 사진 왼쪽 위에 작은 부스러기들이 보인다.

에 들어서는 주택 및 보건수단의 개선, 그리고 최대수단으로서의 식사의 양 및 질의 향상으로 극복된다. 비타민 발견의 사회적 가치는 비타민의 보급보다는 건강의 첫째 요인이 영양에 있으며 특히 아이들에게는 더욱 그렇다는 사실에 세인의 관심을 돌린 점에 있다. 그와 동시에 결핵도 감소하고 유아의 사망율도 극적으로 낮아졌다.

　이러한 성공은 가난한 나라의 불필요한 병과 죽음을 충격적으로 두

드러지게 했다. 스웨덴의 유아는 50명 중 1명만이 사망하는 데 반해, 왜 인도에서는 6명 중 1명이나 죽어야 될까? 세계 인구의 2/3나 되는 민중이 식량과 의료부족으로 인해 죽어가고 있다는 사실은 이제 분명해졌다. 지금 죽어가는 10명의 유아중 9명까지는 구할 수 있음도 또한 분명하다. 이것을 알면서도 방치하는 것은 살인행위와 마찬가지이며, 단지 원자폭탄이나 네이팜탄에 의한 살인을 묵인하는 것에 비해 덜 직접적인 뿐이다.

국립공공의료시설

그러나 이러한 지식이 아무런 효과도 없었던 것은 아니다. 최근 50년간 보건도 다른 것과 마찬가지로 영리사업이 되는 개인주의의 아성을 제외하고는, 전세계에 걸쳐 무료의료를 인권으로 요구하는 소리가 성과를 거두었다. 영국에서도 의사들은 내키지는 않지만 충실히 국립공공의료시설을 받아들였다. 그것은 아직 유명무실하다. 국방 때문에 영국은 제2차대전이 종결된 이래 새로운 병원과 보건센터를 조금밖에는 짓지 않았다. 과로한 의사가 줄지어 선 환자에게 효력도 없는 약을 조제해주고 지킬 수도 없는 조언을 해주고 있지만, 그럼에도 불구하고 이것은 보건에 대한 새로운 태도의 시작으로 볼 수 있다. 그것은 모든 노약자가 충분히 활동적으로 건강한 생활을 유지하기 위해 필요한 생물학적·사회적 환경을 요구할 권리를 우선 고려하는 태도이다. 여기서도 의사는 아직 필요하지만 잘못된 환경 때문에 구부러지고 망가진 몸을 치료해주는 사람이 아니라 건강의 상담역이나 감시인으로 필요한 것이다.

사회의료는 당연히 사회적 생산과 사회적 분배를 의미한다. 그렇지 않다면 만인의 건강을 위해 좋은 노동과 휴식과 식사를 보증할 수 있겠는가? 간단히 말하면 그것은 사회주의를 의미한다. 그것이야말로 사회의료가 특히 미국에서 격렬하게 거부당하는 이유이다. 게으르고 욕심많은 사람들의 말에 따르면, 실제로 그것은 게으른 가난뱅이를 노동하게 하는 유일한 수단인 결핍과 비참을 뒤흔들기 때문이다.

이와 대조적으로 민중이 승리한 곳에서는 어디서나 보건사업의 개선, 특히 어린이를 위한 개선이 끊임없이 추진되었다. 의사와 간호원의 지위를 향상하고 소수의 유료환자를 유치하기 위해 경쟁할 필요성을 제거함으로써, 의사의 수를 늘리는 데 대한 예로부터의 반대를 극복하게 되었다. 예를 들면 오늘날 우즈베키스탄(Uzbekistan)으로 알려진 지역에서는 제정(帝政)시대 인구 31,000명당 1명이었던 의사가 1960년에는 750명당 1명이 되었고, 아제르바이잔(Azerbaidzhan)에서는 450명당 1명이 되었다. 이 수자를 860명당 1명인 영국과 1960년에 33,000명당 1명이던 나이제리아(Nigeria)와 비교해보아도 좋을 것이다(6. 176 ; 6. 228).

중국에서의 진보는 더욱 현저했다. 여기에서는 보건향상이 대중운동의 형태로 진행되었다. 제1단계는 감염원을 일소하는 것이었다. 중국은 세계에서 파리가 가장 많이 들끓는 나라 중의 하나였다. 인민정부 치하 2년 후 중국의 어느 도시나 촌락에서도 파리는 거의 보이지 않게 되었다. 나쁜 병의 유행중심지는 깨끗이 청소되었고, 4억인 이상에게 종두 접종이 실시되었다. 의료사업은 크게 증가했다. 예를 들어 중국 동북부에서는 1952년 6월말까지 해방 이전에 비해 12배나 많은 보건소와 20배나 많은 병원이 공장과 광산에 건설되었다. 그 지방에는 이제 노동자 625명당 1명의 의사가 배치되어 있다. 새로운 구명약(求命藥)을 생산하는 공장도 세워져, 그것의 수입을 방해하는 미국의 잔인한 의도를 깨뜨렸다.

305 a, b. 항생제에 의한 치료는 종종 극적인 효과로 나타난다. 세계보건기구(WHO)의 호머 페이지(Homer Page)가 찍은 두 장의 사진은 실명의 가능성도 갖고 있던 눈병을 앓은 한 어린이의 오레오마이신 치료 전과 후의 사진이다.

이와 비슷한 개혁은 불건강한 열대와 아열대지역에서 모두 이룩될 수 있다. 이들 지역이 불건강한 것은 빈곤과 착취에서 기인한다. 이 개혁은 그 지역의 민중 자신에 의해서 수행될 수 있으며 오직 그들 자신에 의해서만 가능하다. 외부에서의 의료원조는 아무리 의도가 좋더라도 임시방편적일 뿐이다. 토지개혁이 수행되지 않으면 이 원조는 전면적 빈곤을 조장할 따름이다. 1944년 벵골지방에서 말라리아가 유행했을 때 무료로 공급된 약은 급속히 암시장으로 흘러갔다. 약을 받은 사람은 확실히 닥쳐올 아사(餓死)보다는 당장의 병사(病死) 위험을 감수하기로 선택한 것이다.

최근 50년간 생물과학과 사회의료의 실천은 인류가 지금까지 수천년 짊어지고 온 질병과 죽음의 중압을 제거할 능력을 이미 습득했음을 입증했다. 이것을 안 이상 아무 것도, 수소폭탄과 초독극물의 엄청난 발달도 인류가 건강한 생활을 유지하는 것을 막지 못할 것이다.

11. 10 생물학의 미래

생물학의 현재 상황과 사회에 준 영향에 대한 이같은 설명은 새로 획득한 지식이 어떻게 세계의 모든 사람의 생명과 관계했는가를 전반적이고도 다각도로 살펴볼 필요가 있다. 생물학은 물리과학보다 더 늦지는 않을 정도로 성장하는데, 전쟁에 대한 봉사를 제외하고는 물리과학보다 훨씬 빨리 사회에 영향을 준다. 새로운 약품이나 새로운 식물 품종은 새로운 건축법이나 공학, 심지어 새로운 비행기보다도 빨리 사용될 수 있다. 이렇게 다른 방법으로 고찰한다는 것은, 생물학이 중공업과 직접적으로 밀접한 관련을 맺고 있지 않음을 의미한다. 이것이 바로 생물학에 대한 재정지원과 생물학 연구자의 수가 물리과학보다 훨씬 적은 주된 이유이다.

가까운 미래에 냉전이 끝나면 생물학은 재빠른 성장으로 보상받을 것이다. 동시에 생물학 고유의 흥미로움은 더욱 유능한 연구자를 끌어들일 것이다. 이미 가장 흥미있는 연구 분야는 핵물리학이 아니라 생물학, 특히 생화학과 생물리학이다. 왜냐하면 생물학은 재능이 필요한 아주 복잡한 문제를 제기하기 때문이다. 지난 반세기 동안 발견된 사실로 볼 때 초기의 연구자들이 유기체와 유기체의 상호작용에 관해 너무도 제한적이고 단순한 견해를 갖고 있었음은 명백하다. 유기체 중에서 가장 간단한 것도 절대적인 복잡성에서는 인간이 고안해낸 가장 복잡한 체계보다 천 배 내지 백만 배 뛰어나다. 사실 마르크스가 지적한 것처럼 인간은 어떤 문제를 해결할 수단을 갖지 않으면 문제에 착수하지 않으므로, 초기 생물학자들은 자기들이 다루는 대상의 복잡성을 알았더라도 아마 임무를 수행할 용기가 없었을 것이다. 생물과학의 군대가 늘어날수록 생물과학이 다루는 문제의 복잡성도 더해 갈 것이다.

생물학에서의 획기적인 진전

이러한 설명을 통해서 249페이지부터 기술된 핵산-단백질 합성구조를 이해하는 데 생물학이 획기적으로 진전한 것은 사실상 최근 5년간이지만, 오랜 시간이 지나서야 그러한 성공의 효과가 모든 분야, 특히 의학과 농업에 적용될 만큼 충분히 인식될 것이라는 사실이 이미 확실해졌을 것이다. 그것은 이론뿐 아니라 실험기술 분야에서도 획기적인 진전이다. 새로운 화학적·물리적 방법은 생물학적 구조 뿐아니라 생물학적 기능에 대한 우리의 생각을 이미 변화시키고 있다. 전자현미경, 추적자, 전자탐지장치는 생물학의 새로운 차원을 제시한다. 중합체화학이나 전자계산기의 도움을 받는 통계적 기술이란 개념은 바이러스의 내부에서 동물집단의 행동까지를 분석하는 데 도움을 줄 수 있다. 가까운 미래에 우리는 벌써 위대한 획기적 진전, 즉 무지의 모든 영역을 최종적으로 일소할 것을 예측할 수 있다. 이런 과정은 확실히 더 많은 무지의 영역을 드러내지만 많은 분야를 정복하여 이용할 수 있을 것이다. 생물학은 분명히 알기 쉽고 논리적인 학문이 되고 있으며, 과거의 단순한 자연사적 접근방법을 벗어났다. 우리는 세포구조에 대한 연구와 그 생화학적 중요성을 완전히 알 필요가 있고, 단백질을 생성할 때 여러 형태를 갖는 핵산의 역할, 특히 거의 다루어지지 않은 리포이드(lipoid, 類脂質) 구조 분야를 더욱 철저히 이해할 필요가 있다. 이들은 세포 동물은 물론 세포내에서 일어나는 과정을 통제하는 데 중요한 역할을 수행한다. 또한 유기체의 내부 신경조절과 유기체 간의 의사전달문제를 파헤칠 전망이 대단한 진보를 약속할 것 같다. 더욱 일관성과 진화론을 만들어내고, 지구상의 생명 기원에 모든 관심을 돌려 인간집단의 출현을 설명하리라는 전망은 이들 양자와 연결되어 있다.

새로운 생물학이론을 향하여

많은 분야에 걸쳐서 다양하게 진보할 전망은 협동의 필요성을 더욱 강조한다. 효과적인 생물학의 진보는 필연적으로 거대하게 결합된 작업을 통해서 이루어진다. 왜냐하면 인식하든 하지 못하든 각 개인의 연구의 가치는 많은 다른 사람의 연구에 의존하기 때문이다. 그러려면 예기치 않은 사실을 인식하고 이용하는 데 방해가 되지 않도록 잘 통제된 정보서비스와 어떤 의미의 전략(제14장 6절)이 필요하다.

생물학은 본질적으로 이런 속성을 포함하므로, 물리학 또는 화학만큼 단순할 수 없다. 생물학은 또한 일일이 열거하기에는 너무 복잡해서 정확한 수학용어로 표현할 수도 없다. 물론 생물학을 수학으로 환원하려던 시도의 대부분은 추상성과 비적절함 때문에 실패로 끝났는데, 똑같은 개념이 언어로 표현되었으면 실패하지 않았을 것이다. 그럼에도 불구하고 우리는 생명계를 실제로 다룰 수 있어야 하므로, 생명계를 묘사하고 그에 관해 생각하고, 전통적인 방법보다는 합리적으로 통제할 적당한 언어를 발견해야 된다. 어떠한 유용한 생물학적 언어도 유기체의 구조와 행위를 그 자체로 다루어야 하며, 유기체의 고도한 복잡성에 적절해야 된다. 현재 생물학적 발견과 논쟁의 혼돈에서도 우리는 그 언어가 갖출 형태를 보기 시작하고 있다.

새로운 일반화

분자생물학에서의 위대한 새로운 발견은 이미 생명의 본질에 관한 새로운 일반화를 이루고 있다. 생명은 지금 훨씬 정확한 용어로 정의될 수 있고, 동시에 생명에 일어날 수 있는 조건은 더욱 확실히 파악될 수 있다. 생명은 엥겔스처럼 '단백질의 운동양식'이라는 한정적인 형태가 아니라 동일한 분자의 생상과 재생양식으로 정의할 수 있다. 유기체의 생명 외부에서 우리가 보는 것은 실제로 분자 내부의 구조의 반영이다. 생물이 번식능력을 갖기 전에도 분자는 재생하고 늘어난다. 생물학에서 대단히 중요성을 갖는 새로운 일반화가 나타나기 시작하는 사실은 지금 점점 더 확실해진다. 생명의 기초인 화학적 본질과 화학적 기원을 밝혀낸 생화학의 중심적인 발견은 아직도 일반적인 생물학이론으로 번역되어야 한다. 그런 이론은 내재적으로 진화적일 수밖에 없다. 즉 그것은 현재의 모습이 생물학적 구조와 기능에서 과거가 구체화된 결과라고 본다. 진화에 대한 고전적인 접근방법은 눈으로 볼 수 있는 겉모습과 행위에 기초를 둔 데 반해, 새로운 접근방법은 유기체와 집단의 더 큰 통일성을 놓치지는 않더라도 원자규모를 철저히 관찰하려 한다. 새로운 접근방법은 물질과 역사에 모두 관계해야 되므로 오직 변증법적 유물론에 따라서만 세워질 수 있다. 뉴튼시대에서 유래된 역학적 이론은 생물학의 본질적으로 역사적인 측면과 대응할 수 없다. 물리학에서는 일반적으로 시스템의 작동법을 아는 것으로 충분하다. 생물학에서는 시스템이 왜 그렇게 작동되게 되었는가를 아는 것이 똑같이 중요하다. 진화의 전체 드라마는 유기체 내부의 필연적인 모순과 환경과 관계된 필연적인 모순 때문에 앞단계의 투쟁에서 본질적으로 새로운 형태가 연속적으로 생산된 예이다.

생명의 기원

생명의 기원에 관한 문제는 이전 판(版)의 생물학 부분에서 논의되었다. 생명의 기원문제에 대한 우리의 인식이 급속하게 변하였고 우주에서의 물체를 연구하여 새로운 증거를 얻음으로써 기존의 생각이 바뀌었으며 동시에 그 문제를 과학에서 제일 흥미있는 문제 중의 하나로 만들었다. 지금 어떤 형태의 확정된 결론에 도달하기는 불가능하다. 따라서 그 문제는 생물학의 현재보다는 미래의 부분으로 다루어야 한다.

오랫동안 생명의 기원문제는 과거의 신비적·종교적 개념의 유물로 취급받은 자연발생문제와 연관되어 어떤 신학적 의미를 부여받으면서 생물학적 토론의 범위 밖에 있었다. 사실상 과거에는 자연에 대한 잘못된 관찰 덕분에 자연발생이 극히 당연한 것으로 간주되었으므로 어떤 특별한 형이상학적 개념도 제기되지 않았다. 과거에는 파리는 고기에서, 개구리는 진흙 속에서 겨울을 보냈다고 믿고 싶어했다.

더욱 엄밀한 과학적 원리가 채용되고 파스퇴르의 고전적 연구(제9장 5절)가 실험실의 정상조건에서는 자연발생이 일어나지 않음을 증명한 것이 겨우 19세기였다. 활력론철학자(vitalist philosophers)들은 이것이 실험실에서는 재생할 수 없는 어떤 것, 즉 유기체를 발생시키는 어떤 '생명력'이 있어야 함을 의미한다고 이해했다. 그러나 다윈의 진화론에

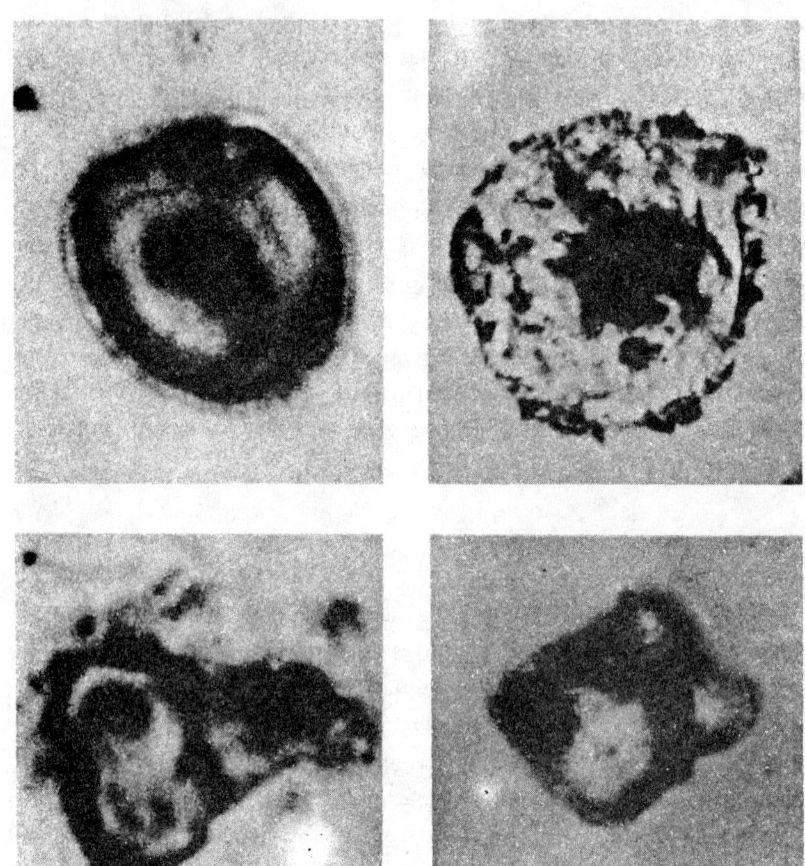

306. 지구에서 유래한 미세유기물질과 탄소를 함유하는 운석에서 발견되는 물체와의 비교. 위의 좌측 사진은 오르구엘에서 발견된 운석의 물질 한 성분을 보여주고 있고(G. Claus &Nagy, Ferdham University, New York로부터) 위의 우측사진은 알레이스 운석 중심을 이루고 있는 감람석 덩어리이다(G. Mueller, Brirkbeck College, London Nature, 1962, vol. 196. pp 929~92). 아래 좌측은 오르구엘 운석의 성분이고(Claus & Nagy), 아래 우측은 키가 작은 쑥갓(Ambrosia elator)의 꽃가루이다(시카고 대학. 엘리코 페르미 핵연구소의 F. W. Fitch, E. Anders로부터). 이 사진들로부터 함수물질의 증거와 유기물의 잔재를 알 수 있다. 물체들과 함수광물들을 조합해 보면 우주 어느 곳에나 생명이 존재하리라는 징후는 있지만, 아직 결정적인 증거는 없다.

서는 발생에 필요한 모든 것이 원래의 유기체였고, 다른 것은 거기서 진화될 수 있는 것이었다.

오파린(Oparin)과 할데인이 생명은 처음에 산화보다는 환원되는 상이한 대기를 가진 지구의 표면에서 생화학적으로 발생될 수 있었으리라는 가설을 제기한 것은 겨우 20세기에 들어서였다. 따라서 태양빛은 메탄, 암모니아, 물 같은 간단한 수소화물에서 시작되는 유기화합물을 만들 수 있었고, 이들은 나중에 매개 콜로이드(colloid)나 코아세르베이트(coacerbate)단계를 거쳐 유기체로 발전할 수 있었다(6. 177 ; 6. 212 ; 6. 220).

그때 생화학의 발전은 이러한 발전을 더욱 자세히 추적할 수 없는 수준이었다. 그러나 1940~50년대, 특히 현재에는 생명 발생의 가능성과 어려움을 모두 더 자세히 이해하게 되었다.

재생과정의 핵산-단백질 합성의 위대한 성공은 생명의 관점에서 소위 생명 기원의 '종결점'이다. 그때 이후로 우리는 생화학과 진화의 정규분야에 와 있다. 최근의 변화는 기초소분자, 즉 생명과정의 물질대사단위를 구성하는 아미노산, 퓨린과 피리미딘의 형성에 관한 1차단계의 개념에서 일어났다. 이런 것들이 생명없이 형성될 수 있음은 이미 명백해졌다. 유리(Urey)와 밀러(Miller)가 이것을 1953년에 실험실에서 처음으로 실험했다. 한편 이런 현상이 우주에서도 일어났다는 증거가 희귀한 탄소함유운석의 모습으로 이미 박물관에 있었다. 이 운석은 이런 화합물을 포함하고 있는 것으로 나타났다. 이 화합물은 초기행성 또는 소행성의 일부일지도 모르지만, 운석뿐 아니라 실제로 어쩌면 고대의 우주먼지에서도 잘 결합된 형태로 발견할 수 있었다. 우주먼지는 항상 대기권 상층으로 쏟아져 들어와서, 오로라의 높이와 지상 80Km 정도인 유성의 높이 사이에서 고위도지방에서 보이는 밤에 빛나는 구름 같은 현상을 일으킨다.

이런 입자는 우주선과 단순하고 휘발성이 있는 메탄과 암모니아 화합물의 상호작용으로 만들어졌을 얇고, 아마 유기적인 껍질에 싸여 있고, 대부분이 철을 포함한 니켈로 구성된 것으로 보인다. 만일 이것이 사실이고 상당한 확증을 필요로 한다면, 복잡한 탄소함유물질은 외계에서 처음 만들어졌고 대단히 공통적임이 틀림없다. 이런 방식으로 형성된 물질은 처음에 행성으로 되고, 점차 식으면서 굳어지는 과정에서 화학적으로 변화될지도 모른다. 지구의 화성암에는 탄소를 함유한 물질이 많은 그중에는 다이아몬드의 형태로 알려진 것도 있다. 다이아몬드는 탄소뿐 아니라 질소도 포함하고 있음이 우연히 알려졌다.

그럴지라도 우리는 지금 유기체가 발생할 수 있는 초기의 수프라는 완전히 독립된 근원을 갖고 있다. 이 수프는 필수원소뿐 아니라 화학변화를 전개하기 위한 추진력을 제공할 고에너지화합물도 포함한다. 이것은 생명의 기원을 이전에 예상된 것보다 훨씬 가능한 과정으로 만든다. 우리에게는 서로 다른 방법이 너무 많기 때문에 어떻게 생명이 발생될 수 있었는가라는 문제가 아니라, 실제로 생명이 발생된 방법을 정확히 발견하는 문제가 남아 있다. 이 분야에서의 더 이상의 진보는 상당히 빠를 것 같다. 운석에서 실제 유기체를 검출했다는 주장도 나왔지만 지금은 무시되어 버린 것 같다. 현재의 연구는 생명의 기원이란 문제를 태양과 태양계의 기원이란 문제와 연결시킨다.

필자는 생명에 관한 또 하나의 있을 법한 연구, 즉 다른 행성의 생명에 관한 연구를 다룰 것이다. 새로운 생화학 지식으로 무장하면 우리는 지상의 생물학이 아니라 비교생물학을 연구하는 위치로 갈 수 있다. 고등유기체와 식물이 존재를 영위하는 많은 방법을 조사함으로써 19세기 생물학자들이 진화론을 만들어낼 수 있었던 것처럼, 다른 행성의 생명과 비교함으로써 지구에서 생명이 발생한 방법을 찾아낼 수 있을지도 모른다. 철학적으로 중요한 측면은 기원, 구조, 기능이란 개념을 전체 분야로 연결하는 것이다. 이것은 이미 마르크스가 사회과학과 관련해서, 엥겔스가 자연과학의 양상과 관련해서 예시한 생각이다.

생물학연구의 응용

외견상 학문적일지라도 이러한 고찰은 역시 잠재적으로 사회적, 경제적으로 대단히 중요하다. 우리가 생물학을 더욱 근본적으로 이해할수록, 우리는 더 빨리 우리의 생명환경과 신체를 의식적으로 통제할 수 있다. 이미 많은 전망이 열리고 있다. 토양학, 생태학, 식물생리학의 많은 지식은 훨씬 많은 수확을 가져왔고 그것을 확실하게 했다. 유전조절의 가능성은 품종개량뿐 아니라 모든 기후에 적합한 새로운 종류의 식용식물 개발로 나아갈 것이 틀림없다. 효모, 균류(菌類), 조류(藻類)를 배양함에 따라 새로운 식량과 약품을 생산할 가능성이 무한해졌다. 생화학을 응용하여 우리는 식료품을 완전하게 잘 이용하고, 조리의 성공을 기술로 보존하면서 조리를 과학화할 것이다.

의학에서의 발전은 더욱 직접적으로 우리에게 영향을 준다. 생화학과 생리학지식이 깊어질수록 우리는 신체의 기능을 환경에 더욱 정밀히 조절하여, 병을 치료해야할 상태로서보다 피해야 될 경향으로 간주될 것이다. 우리가 아직 이루지는 못했지만 전체 생명주기에 걸쳐 각 개인에 적합한 최선의 식사에 관한 지식은 약의 필요성을 최소한으로 줄일 것이다. 동시에 그런 의도로 고안된 약은 신진대사의 어느 부분이 갑자기 비정상인 것을 조사하는 데 쓰일 것이다. 전염병과 암이 없어지지는 않더라도 무해해지면서, 관심은 현재의 한계를 충분히 넘어서까지 생명과 건강을 늘이는 데로 집중될 것이다. 외과수술은 심장이나 콩팥 같은 중요한 기관을 이미 고칠 수 있고, 일시적으로 대치할 수도 있게 한다. 세포신진대사에 관한 지식이 깊어지면 우리는 손상된 기관을 재생할 수 있을 것이다. 사회적 원인보다는 생리학적 원인으로 생기는 정신병은 신경기능의 지식진보에 굴복할 것이다.

이런 모든 것, 그리고 아직 예측할 수 없는 더 이상의 것이 생물학 분야에 지금 소요된 연구노력보다 빨리 다가올 것이다. 이것은 연구노력을 군사부분에서 이전함으로써 쉽고 빨리 증가될 수 있다. 인구증가 문제와 정지되거나 감소되는 식량공급문제는 적극적이고 전진하는 생물학으로만 해결할 수 있다. 아무리 훌륭하게 확립되었을지라도 사회제도는 인간의 긴급한 요구를 방해할 수 없다. 특히 동시에 인간을 위해 생물학을 완전히 이용하려는 실제 움직임이 있다면 더욱 그렇다. 생물학의 미래는 생눌학적인 문제인 만큼 사회적인 문제이므로, 이런 전환기에 인간사회의 형태가 겪을 변화는 확실히 인류의 생물학적 환경뿐만 아니라 생물과학을 변화시킬 것이다.

〈표 7〉 **20세기의 생물과학**(11장)

20세기의 생물과학은 물리과학과 시기구분을 같이 해서 이 표에 나와 있다. 각 단은 11장의 각 절과 거의 대응하여 배열되었다. 주요한 진보 몇가지만이 수록되었다. 물리학보다는 더욱 생물학에서 단일한 연구가 20년동안 계속되었다. 예를 들면 혈액형에 관한 랜드스타이너(Landsteiner)의 고전적인 연구는 20세기의 처음 30년에 걸친다. 표에 기입된 처음의 연도는 약간 임의적이다. 그렇지만 가장 결정적인 연구결과가 성취된 날짜를 나타내려고 시도했다.

역사적 사건	생화학	분자생물학	의학
1890 식민지 전쟁	생화학의 발생		
독점체의 성장	Buchner 효소	Ivanowski 식물바이러스	
		Löffer 동물바이러스	Eykmann 영양학 연구
1900 러일전쟁			
1차 러시아혁명	Wilstatter 광합성	Landsteiner 혈액형	Hopkins 비타민
1910 제국주의간의 긴장 고조	Henderson 환경의 적합성		Ehrlich 화학요법 살바르산
제1차세계대전		Herelle 박테리오파지	
러시아혁명	Warburg 호흡효소		
1920 전후 불경기	Svedberg 초원심 분리기		호르몬
이탈리아의 파시즘			Banting 인슐린
영국의 총파업			Doisy 난소 호르몬
			Minot 악성빈혈 인자
1930	Sumner 결정효소	Stanley-Bawden-Pirie 결정 바이러스	Windaus 비타민 D
대공황			St. Gyorgy 비타민 C
나찌즘의 등장	Keilin 시토크롬		항생물질
스페인시민전쟁	Krebs 생화학적 주기	Engelhart 효소와 같은 근육	Domagk 설파제
제2차세계대전			Fleming, Florey, Chain, 페니실린
1940 소련 침략	Perutz 결정단백질의 엑스선 연구	Avery 폐렴구균의 변형세포	페니실린 대량생산 다른 항생물질
해방	Martin, Synge 종이 크로마토그래피	바이러스와 박테리오파지의 전자현미경 연구	
냉전			
중화인민공화국	Sanger 단백질의 아미노산 배열		코티손(Cortisone) B. 12
1950 한국전쟁			
1955 수에즈	종합 ACTH		Gudov, Androsov 기계화된 외과수술
헝가리	Calvin 광합성해명	Fraenkel-Conrat 핵산에 의한 바이러스 감염	
1960 아프리카의 해방	Kendrew 단백질구조	바이러스구조	Sera for pollomyelitis
콩고			
쿠바			
1965			

	세포학과 발생학	제어기구	유전, 진화, 생태학
1890	Roux, Driesch 실험발생학 Loeb 달걀 인공수정	Staling 심전계 Pavlov 조건반사	Bateson 멘델법칙 재발견 De Vries 돌연변이 Schimper 식물생태학
1900		J. S. Haldane 호흡작용 Sherrington 신경계	Glinka 토양학 Johannsen 순계 Baterson 연계
1910	수정과 세포분열에 대한 많은 연구		Morgan 초파리의 유전
1920	Harrison, Fell 조직배양 기관의 발전	Watson, Köhler 동물심리 Von Frisch 벌의 의사 소통 Berger 뇌파전위기록장치 Adrian 신경자극의 전기적 성질	염색체와 유전자 Volterra 먹이사슬 Müller 엑스선유도 돌연변이
1930	Spemann 유도 배 성장, 형성체		Fisher 진화의 통계적 이론 J. B. S. Haldane, Ford 생태학과 진화 Lysenko 개화 결실 촉진
1940	Ruzcka, Ardenne 전자현미경 Wyckoff 유기체와 조직 연구	Young 낙지의 행동과 신경학	소련에서의 유전논쟁
1950		Hodgkin 신경에서의 화학적 변화	
1955	전자현미경 세포내 구조 결정 Huxley 근섬유 구조	Grey Walter 뇌전류 분석	분자생물학 Watson, Crick 핵산의 구조, 유전 번호
1960	세포소기관, 미토콘드리아, 리보소옴을 전자 현미경으로 연구		

참 고 문 헌
〔제 6 부〕

1. ALLEN,J.S., *Atomic Imperialism*, New York, 1952

2. APPLETON, Sir E., 'Science for its Own Sake', *The Advancement of Science*, vol. 10, 1953

3. ARMITAGE, A., *A Centrury of Astronomy*, London, 1950

4. ASHBY, Sir E., *Technology and the Academics : an Essay on Universities and the Scientific Revolution*, London, 1958

5. AYER,A.J., *The foundations of Empirical Knowledge*, London, 1947

6. AYER,A.J., *Language, Truth and Logic*, London, 1947

7. BARAN,P.A., *The Political Economy of Growth*, London, 1958

8. BARBER,B., *Science and the Social Order*, London, 1953

9. BAUER,E., *L'Electromagnetisme hier et aujourd'hui*, Paris, 1949

10. BERNAL,J.D., 'The Answer to the Hydrogen Bomb', *Labour Monthly*, vol. 35, 1953

11. BERNAL,J.D., *The Freedom of Necessity*, London, 1949

12. BERNAL,J.D., *Marx and Science*, London, 1952

13. BERNAL,J.D., *Science for a Developing World*, London, 1962

14. BERNAL,J.D., *Science and Industry in the Nineteenth Century*, London, 1953

15. BERNAL,J.D., 'Science in the Service of Society', *Marxist Quarterly*, vol. 1, 1954

16. BERNAL,J.D., and CORNFORTH, M., *Science for Peace and Socialism*, London, 1949

17. BERNAL,J.D., 'Science and Technology in China', *Universities Quarterly*, vol. 11, 1956

18. BERNAL,J.D., *The World, the Flesh and the Devil*, London, 1929

19. BERNAL,J.D., *World Without War*, 2nd ed., London, 1961

20. BICHOWSKY,F.R., *Industrial Research*, New York, 1942

21. BIRKS.,J.B.(ed.), *Rutherford at Manchester*, London, 1963

22. BJERCNES,J., *Investigations of Selected European Cyclones by Means of Serial Ascents*, Oslo, 1935

23. BLACKETT,P.M.S., *Atomic Weapons and East-West Relations*, Cambridge, 1956

24. BLACKETT,P.M.S., *Military and Political Consequences of Atomic Energy*, London, 1948

25. BLACKETT,P.M.S., *Studies of War, Nuclear and Conventional*, Edinburgh, 1962

26. BONDI,H., *Cosmology*, Cambridge, 1952

27. BORN,M., *The Natural Philosophy of Cause and Change*, Oxford, 1949

28. BOWEN,E.G., 'An Unorthodox View of the Weather', *Nature*, vol. 177, 1956

29. BRENNAN,D.G.(ed.), *Arms Control and Disarmament*, London, 1961

30. BRIDGMAN,P.W., *The Logic of Modern Physics*, New York, 1927

31. BRODIE, B., *Strategy in the Missile Age*, Oxford, 1959

32. BROGLIE,L.DE, *The Revolution in Physics*, New York, 1953

33. BROGLIE,L.DE, *Savants et découvertes*, Paris, 1951

34. BRUNSCHVIEG,L., *L'Expérience humaine et la causalité physique*, Paris, 1922

35. *Bulletion of the Atomic Scientists*, vol. 12, 1956, p. 270

36. BURHOP,E.H.S., *The Challenge of Atomic Energy*, London, 1951

37. BURHOP.E.H.S., 'The Origins of the Pugwash Movement', *Scientific World*, 1961, no. 3

38. BUSH,V., *Modern Arms and Free Men*, London, 1950

39. CARDWELL,D.S.L., *The Organisation of Science in England*, London, 1957

40. CARTER,C.F., and WILLIAMS,B.R., *Investment in Innovation*, London, 1958

41. CARTER,C.F., and WILLIAMS,B.R., *Science In Industry*, London, 1959

42. CAUDWELL,C., *The Crisis in Physics*, London, 1950

43. CORNFORTH,M., *In Defence of Philosophy*, London, 1950

44. CORNFORTH,M., *Science Versus Idealism*, London, 1946

45. COSSLET,T.E.(ed.), *The Relations Between Scientific Research in the Universities and Industrial Research*, London, 1955

46. COUZENS,E.G., and YARSLEY,V.E., *Plastics in the Service of Man*, Penguin Books, 1956

47. CROWTHER,J.G., *Science in Liberated Europe*, London, 1949

48. CROWTHER,J.G., and WHIDDINGTON,R., *Science at War*, HMSO, Lon-

don, 1947

49. CUSHMAN,R.E., 'The Repercussions of Foreign Affairs on the American Tradition of Civil Liberty', *Amer, Phil. Soc. Proc.*, vol. 92, 1948

50. DARWIN,C.G., *The Next Million Years*, London, 1952

51. DAVY,M.J.B., *Interpretative History of Flight*, HMSO, London, 1946

52. DEMBOWSKI,J, *Sience in New Poland*, London, 1952

53. DENNIS, N., et al., *Coal is Our Life*, London, 1956

54. DE WITT,N., *Education and Professional Employment in the U.S.S.R.*, Washington, 1961

55. DIEBOLD,J., *Automation*, New York, 1952

56. DINGLE,H.(ed.), *A Century of Science*, London, 1951

57. DOBB,M.H., *Economic Growth and Underdeveloped Countries*, London, 1963

58. DOBB,M.H., *Essay on Economic Growth*, London, 1960

59. DUNSHEATH,P., *A Century of Technology*, London, 1951

60. EATON,J., *Socialism in the Nuclear Age*, London, 1961

61. EINSTEIN,A., and INFELD,L., *The Evolution of Physics*, Cambridge, 1938

62. EINZIG,P., *The Economic Consequences of Automation*, London, 1956

63. DUHEM,P., *Le Systeme du monde*, 5 vols., Paris, 1913–17

64. EVANS,I.B.N., *Rutherford of Nelson*, Penguin Books, 1939

65. FEDERATION OF BRITISH INDUSTRIES, *Industrial Research in Manufacturing Indurstry, 1959–60*, London, 1961

66. FEDERATION OF BRITISH INDUSTRIES, *Research and Development in British Industry*, London, 1952

67. FEDERATION OF BRITISH INDUSTRIES, *Scientific and Technical Research in British Industry*, London, 1947

68. FINDLAY,A., *A Hundred Years of Chemistry*, 2nd ed., London, 1948

69. FLEMING, Sir J.A., *Fifty Years of Electricity*, London, 1921

70. FLEMING, Sir J.A., *The Thermionic Valve*, 2nd ed., London, 1924

71. FORD,H., *My Life and Work*, New York, 1926

72. FREEDMAN,P., *The Principles of Scientific Research*, London, 1949

73. GELLHORN,W., *Security, Loyalty and Science*, Ithaca, New York, 1950

74. GIEDION,S., *Mechanization Takes Command*, Oxford, 1948

75. GLASS,B., 'Academic Freedom and Tenure in the Quest for National Security', *Bulletin of the Atomic Scientists*, vol. 12, 1956

76. GOLDSTEIN,W., and MILLER,S.M., *Theories of Terror : the Indelicate Premises of Nuclear Deterrence*, Working, Surrey, 1962

77. GOODEVE, Sir C., 'Using Science to Reach Decisions', *The Manager*, May, 1953

78. GOUDSMIT,S.A., *ALSOS : The Failure in German Science*, London, 1947

79. HASLETT,A.W.(ed.), *Industrial Research in Britain*, 4th ed., London, 1962

80. HEATH,A.E.(ed.), *Scientific Thought in the Twentieth Century*, London, 1951

81. HEISENBERG,W., *Physics and Philosophy : the Revolution in Modern Science*, London, 1959

82. HERSEY,J., *Hiroshima*, Penguin Books, 1946

83. HMSO, *Committee of Enquiry into the Organization of Civil Science*, London, 1963

84. HMSO, *Government Scientific Organization in the Covilian Field*, London, 1954

85. HMSO, *Notes on Science in USA, 1954*, London, 1955

86. HMSO, *Statistical Summary of Mineral Industry*, Colonial Geological Surveys, Mineral Resources Division, London, 1954

87. HMSO, *United Kingdom Atomic Energy Authority : Second Annual Report, 1955~56*, London, 1956

88. HOYLE,F., *The Nature of the Universe*, Oxford, 1950, and Penguin Books, 1963

88a. JAMES,W., *The Moral Equivalent of War*, New York, 1910

89. JAY,K.E.B., *Britain's Atomic Factories*, HMSO, London, 1954

90. KAHN,H., *Thinking About the Unthinkable*, London, 1963

91. KURCHATOV,I.V., 'On the Possibility of Producing Thermonuclear Reactions in a Gas Discharge', *Discovery*, vol. 17, 1956

92. LANGE,O., *Disarmament, Economic Growth and Interantional Co-operation*, Leeds, 1963

93. LAPP,R.E., *Kill and Overkill : the Strategy of Annihilation*, New York, 1962

94. LARSEN,E., *The Cavendish Laboratory*, London, 1962

95. LILLEY,S., *Automation and Social Progress*, London, 1957

96. MACMILLAN,R.H., *Automation : Friend or Foe ?*, Cambridge, 1956

97. MARTIN,C.N., *The Atom : Friend or Foe ?*, London, 1962

98. *Marxist Quarterly*, vol. 3, 1956, no. 2 : articles on automation and atomic energy ; no.3 : articles on the Twentieth Congress of the Communist Party of the Soviet Union and the Sixth Five-Year Plan

99. MELVILLE, Sir H., *The Department of Scientific and Industrial Re-*

search, London, 1962

100. MILLS,C.W., *The Power Elite*, London, 1956

101. MOBERLEY, Sir W., *The Crisis in the University*, London, 1949

102. MONOD,J., 'Letter to the Editor', *Bulletin of the Atomic Scientists*, vol. 9, 1953

103. MORSE,P.M., and KIMBALL,G.E., *Methods of Operations Research*, London,1951

104. NEEDHAM,J., and DAVIES,J.S.(eds.), *Science in Soviet Russia*, London, 1942

105. NEEDHAM,J., and PAGEL, W.(eds.), *Background to Modern Science*, Cambridge, 1938

106. NESMEYANOV,A.H., 'The tasks of the USSR Academy of Sciences in Relation to the Fifth Five-Year Plan', *Bulletin of the Science Section : Society for Cultural Relations with the USSR*, Octover, 1953

107. ORD,L.C., *Secrets of Industry*, London, 1945

108. PEP(POLITICAL AND ECONOMIC PLANNING), *World Population and Resources*, London, 1955

109. PERLO,V., *Militarism and Industry : Arms Profiteering in the Missile Age*, New York, 1963

110. PIEL,G., *Science in the Cause of Man*, New York, 1961

111. PISARZHEVSKY,O., *New Paths of Soviet Seicnce*(Soviet News), London, 1954

112. POWELL.C.F., 'International Scientific Collaboration', *World Federation of Scientific Workers Bulletin*, no. 4, London, 1955

113. POWELL,C.F., and OCCHIASINI, G.P.S., *Nuclear Physics in Photographs*, Oxford, 1947

114. PRICE,D.J.DE S., *Little Science, Big Science*, New York, 1963

115. PRICE,D.J., 'Quantitative Measures of the Development of Science', *Archives Internationales d'Historire des Sciences*, vol. 30, 1951

116. PYKE,M., *Automation ; Its Purpose and Future*, London, 1956

117. RAYLEICH, LORD, *The Life of Sir J. J. Thomson*, Cambridege, 1942

118. READ,J., *Humour and Humanism in Chemistry*, London, 1947

119. ROSENFELD,L., 'Review : Science in History', *Centaurus*, vol. 4, 1956

120. ROTBLAT,J., *Science and Wolrd Affairs : a History of the Pugwash Conferences*, London, 1962

121. SCIENCE FOR PEACE, *Napalm*(pamphlet), London, 1952

122. 'Scientists Appeal for Abolition of War', *Bulletin of the Atomic Scientists*, vol. 11, 1955, pp. 236f.

334

123. SHANNON,C.E., and WEAVER,W., *The Mathematical Theory of Communication*, Urbana, 1949

124. SHAPLEY,H.(ed.), *Source Book in Astronomy 1900~1950*, Cambridge, Mass, 1960

125. SILK,L.S., *The Research Revolution*, New York, 1960

126. SIMON,F.E., *The Neglect of Science*, London, 1951

127. SNOW, Sir C., *Science and Government*, London, 1963

128. STERNBERG,F., *The Military and Industrial Revolution of Our Time*, London, 1959

129. STEWART,G.R., *The Year of the Oath*, New York, 1950

130. STUVE,O., and ZEBERGS,V., *Astronomy of the 20th Century*, London, 1962

131. SZILARD,L.,et al., 'The Facts about the Hydrogen Bomb', *Bulletion of the Atomic Scientists, vol. 6, 1950*

132. SCIENTIFIC AMERICAN, *Technology and Economic Development*, New York, 1963

133. TUGE.H., *Historical Development of Science and Technology in Japan*, Tokyo, 1961

134. UNITED NATIONS, *Economic and Social Consequences of Disarmament*, HMSO, London, 1962

135. UNITED NATIONS, *Measures for the Economic Development of Underdeveloped Countries*, New York, 1951

136. UNITED NATIONS, *Science and Technology for Development*, 8 vols., New York, 1963–4

137. UNITED NATIONS, *World Economic Survery, 1955*, New York, 1956

138. UREY,H.C., *The Planets*, London, 1952

139. VAUCOULEURS,G.DE, *Discovery of the Universe*, London, 1956

140. VAVILOV,S.I., *Soviet Science : Thirty Years*, Moscow, 1948

140a. VEBLEN,T., *The Theory of the Leisure Class*, New York, 1899

141. WODDIS,J., *Africa*, 3 vols., London, 1960–63

142. WALTER,W.G., *The Living Brain*, London, 1953, and Penguin Books, 1961

143. WHITEHEAD,A.N., *The Concept of Nature*, Cambridge, 1926

144. WHITTAKER,E.T., *A History of the Theories of the Ether and Electricity*, 2 vols., London, 1951–3

145. WHITTLE, Sir F., *Jet*, London, 1953

146. WIENER, N., *Cybernetics*, 2nd ed., New York, 1961

147. WIENER,N., *I am a Mathematician*, London, 1956

148. WIENER,N., *The Human Use of Human Beings*, London, 1951

149. WILSON,W., *A Hundred Years of Physics*, London, 1950

150. WOYTINSKY,W.S. and E., *World Population and Production*, New York, 1953

151. ASRATYAN,E.A., *I. P. Pavlov*, Moscow. 1953

152. AVERY,O.T., 'Studies in the chemical nature of the substance inducing transformation of pneumococcal types', *Jour. Exptl. Med., 83,* 1946

153. BALDWIN,E., *Dynamic Aspects of Biochemistry*, Cambridge, 1947

154. BANGA.I., and BALO,J., 'Elastin and Elastase', *Nature,* vol. 171, 1953

155. BERNAL,J.D., 'The Abdication of Science', *Modern Quarterly*, vol. 8, 1952

156. BERNAL.J.D., *The Physical Basis of Life*, London, 1951

157. BERNAL,J.D., 'A Speculation on Muscle', ed. J. Needham, *Perspectives in Biochemistry*, Cambridge, 1937

158. BERNAL,J.D., 'Structural Units in Cellular Physiology', *The Cell and Protoplasm*, ed. F.R.Moulton, Washington, 1940

159. BERNAL,J.D., and CARLISLE, C.H., 'Unit Cell Measurements of Wet and Dry Crystalline Turnip Yellow Mosaic Virus', *Nature,* vol. 162, 1948

160. BERNAL,J.D., and FANKUCHEN,I., 'X-ray and Crystallographic Studies of Plant Virus Preparations', *Journal of General Physiology*, vol. 25, 1941

161. BRITTAIN,R., *Let There Be Bread*, London, 1953

162. CALDER,R., *Men Against the Desert*, London, 1951

163. CLARK,F.LEGROS, and PIRIE,N.W.(eds.), *4,000 Million Mouths*, London, 1951

164. CLARKE,H.T.(ed.), *The Chemistry of Penicillin*, Princeton, 1949

165. CLEWS,J., *The Communists' New Weapon-Germ Warfare*, 1953

166. DARLINGTON,C.D., *The Facts of Life*, London, 1953

167. DARWIN,C.R., *The Effects of Cross and Self Fertilization in the Vegetable Kingdom*, London, 1876

168. DARWIN,C.R., *The Expression of the Emotions in Man and Animals*, London, 1872

169. DARWIN,C.R., *The Formation of Vegetable Mould Through the Action of Worms*, London, 1881

170. DAWES,B., *A Hundred Years of Biology*, London, 1952

171. DE CASTRO,J., *The Geography of Hunger*, London, 1952

172. DEISS,J,. *The Blue Chips*, London, 1957

173. DUDLEY, Sir S.F., *Our National Ill Health Service*, London, 1953

174. DUMONT,R., *Terres vivantes*, Paris, 1961

175. DUMONT,R., *Types of Rural Economy*, trans. D. Magnin, London, 1957

176. DUTT,R.P., *The Crisis of Britain and the British Empire*, London, 1953

177. EHRENSVARD,G., *Life : Origin and Development*, London, 1962

178. FAO, UNITED NATIONS, *Yearbook of Food and Agricultural Statistics 1962*, New York, 1963

179. FISH,G., *The People's Academy*, Moscow, 1949

180. FYFE,J.L., *Lysenko Is Right*, London, 1950

181. GREEN,D.E.(ed.), *Currents in Biochemical Research*, New York, 1946

182. HALDANE,J.B.S., 'Animal Ritual and Human Language', *Diogenes*, no. 4, 1953

183. HALDANE,J.B.S., *Enzymens*, London, 1930

184. HALDANE,J.B.S., 'Genetical Effects of Radiation from Products of Nuclear Explosions', *Nature*, vol. 176, 1955

185. HALDANE,J.B.S., 'The Origin of Life', *Rationalish Annual*, 1929

186. HALDANE,J.B.S., 'On Being One's Own Rabbit', *Possible Worlds*, London, 1927

187. HALDANE,J.B.S., 'La Signalisation Animale', *Annee Biologique*, vol. 30, 1964

188. HMSO, Medical Research Council, *The Hazards to man of Nuclear and Allied Radiations*, London, 1956

189. HOPKINS,F.G., 'Analyst and the Medical Man', *Analyst*, vol. 31, 1906

190. HUXLEY,J., *Soviet Genetics and World Science*, London, 1949

191. JACKS,G.V., 'The Influence of Man on Soil Fertility', *The Advancement of Science*, vol. 12, 1956

192. KILKENNY,B.C., and HINSHELWOOK, Sir C., 'Adaptation and Mendelian Segregation in the Utilization of Galactose by Yeast', *Proc. Roy. Soc.*, vol. 139, 1951

193. LEA,D.E., *Actions of Radiations on Living Cells*, Cambridge, 1946

194. LEFF,S. and V., *From Witchcraft to World Health*, London, 1956

195. LEFF,S., *The Health of the People*, London, 1950

196. LWOFF,A., *L'Evolution physiologique*, Paris, 1943

197. MCGONIGLE,G.C.M., and KIRBY,J., *Poverty and Public Health*, London, 1936

198. MADISON,K.M., 'The Organism and its Origin', *Evolution*, vol. 7, 1953

199. MAHALANOBIS,P.C., 'National Income, Ivestment, and National Development'. (Summary of a lecture delivered at the National Institute of Science of India, at New Delhi, 4 October 1952)

200. MAN CONQUERS NATURE(SCR pamphlet), London, 1952

201. MICHURIN,I.V., *Selected Works*, Moscow, 1949

202. MILLER,S.L., 'A Production of Amino Acids Under Possible Primitive Earth Conditions', *Science*, vol. 117, 1953

203. MORTON,A.G., *Soviet Genetics*, London, 1951

204. MULLER,H.J., 'How Radiation Changes the Genetic Constitution', *Bulletin of the Atomic Scientists*, vol. 11, 1955

205. NATIONAL ACADEMY OF SCIENCES-NATIONAL RESEARCH COUNCIL, *The Biological Effects of Atomic Radiation*, Washington, D.C., 1956

206. NEEDHAN,J., *Biochemistry and Morphogenesis*, Cambridge, 1942

207. NEEDHAN,J., *Chemical Embryology*, 3 vols., Cambridge, 1931

208. NEEDHAM,J., *A History of Embryology*, 2nd ed., Cambridge, 1959

209. NEW BIOLOGY, no. 11, Penguin Books, 1952

210. NEW BIOLOGY, no. 12, Penguin Books, 1952

211. NEW BIOLOGY, no. 16, Penguin Books, 1954

212. OPARIN,A.I., *Life : Its Nature, Origin and Development*, Edinburgh, 1961

213. OPARIN,A.I., *The Origin of Life*, New York, 1938

214. PIRIE,N.W., 'The Efficient Use of Sunlight for Food Production', *Chemistry and Industry*, 1953

215. PRIGOGINE,I., *Étude thermodynamique des phénomenes irréversibles*, Paris, 1947

216. REPORT OF THE INTERNATIONAL SCIENTIFIC COMMISSION, *Investigation of the Facts Concerning Bacterial Warfare in Korea and China*, Peking, 1952

217. ROSEBERY,T., *Peace or Pestilence*, New York, 1949

218. ROYAL STATISTICAL SOCIENTY, *Food Supplies and Population Growth*, Edinburgh, 1963

219. RÜHLE,O., *Brot für sechs Milliarden*, Leipzig, 1963

220. RUTTEN,M.G., *The Geological Aspects of the Origin of Life on Earth*, Amsterdam, 1962

221. SCIENCE FOR PEACE, 'The Export of Anti-Biotics and Sulpha Drugs to China', *Bullitin*, no. 9, 1953

222. SHERRINGTON, Sir C.S., *The Endeavours of Jean Fernel*, Cambrige, 1946

223. SIGERIST,H.E., *Civilization and Disease*, London, 1962

224. SITUATION IN BIOLOGICAL SCIENCE, THE, Moscow, 1949

225. SPURWAY,H., 'Can Wild Animals be kept in Captivity ? ', *New Biolo-*

gy, no. 13, 1952

226. STAMP,L.D., *Our Developing World*, London, 1960

227. TINBERGEN,N., *Social Behaviour in Animals*, London, 1953

228. UNITED NATIONS, *Compendium of Social Statistic : 1963*, Statistical Papers, Series K, no. 2, New York, 1963

229. UNITED NATIONS, *The Future Growth of World Population*, Population Studies, no. 28, New York, 1958

230. VOGT.W., *The Road to Survival*, London, 1949

231. WORLD FEDERATION OF SCIENTIFIC WORKERS, *Unmeasured Hazards*, London, 1956

■옮긴이들

김성연

서울대학교 계산통계학과 졸업
서울대학교 대학원 계산통계학 석사
노스캐롤라이나 주립대학 박사
현재 동아대학교 응용통계학과 부교수
<역서> 『자연과학과 변증법』(미래사, 1987)

이덕희

서울대학교 미생물학과 졸업
현재 공해추방운동청년협의회 회장

김상민

서울대학교 계산통계학과 졸업
(주)데이콤 종합연구소 선임연구원 역임
(주)데이콤 노조위원장 역임

과학의 역사 3
현대편

ⓒ 도서출판 한울, 1995

지은이/J. D. 버날
옮긴이/김성연·이덕희·김상민
펴낸이/김종수
펴낸곳/도서출판 한울

초판 1쇄 발행/1995년 2월 20일
초판 2쇄 발행/1999년 11월 25일

주소/120-180 서울시 서대문구 창천동 503-24 휴암빌딩 3층
전화/영업 326-0095(대표) 편집 336-6183(대표)
팩스/333-7543
등록/1980년 3월 13일, 제14-19호

Printed in Korea.
ISBN 89-460-2177-2 93400
ISBN 89-460-0100-3 (세트)

값 8,500원